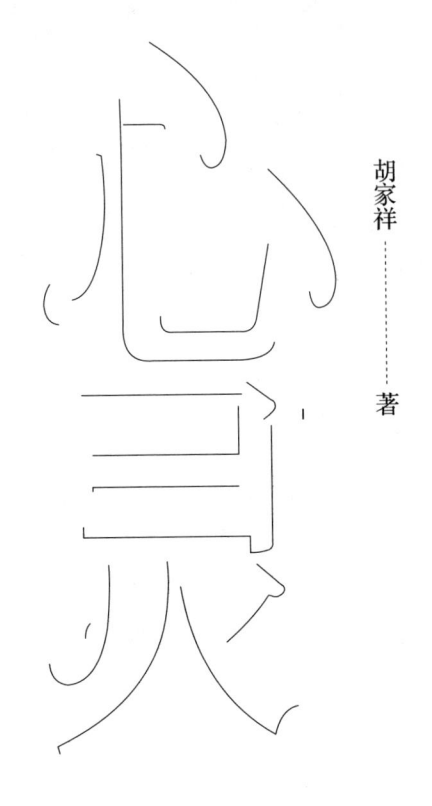

心灵第三层面探究

胡家祥 著

社会科学文献出版社
SOCIAL SCIENCES ACADEMIC PRESS(CHINA)

目录
CONTENTS

导 言

一　忽视心灵第三层面，很多问题不得其解　001
二　重视心灵第三层面，有助于人生再圣化　005
三　本书的基本理路：从述史到立论再征实　008

第一章
先哲对于心灵第三层面的认知

第一节　中国传统哲学的认知　｜　013
　一　先秦儒家对于心灵的体认　｜　014
　二　先秦道家对于心灵的体认　｜　017
　三　后世学者对于心灵的体认　｜　021
第二节　印度传统哲学的认知　｜　024
　一　对于心灵三个层面的体认　｜　025
　二　对于心灵深层两维的觉察　｜　029
　三　对于第三层面性相的描述　｜　033
第三节　西方哲学认知的演进　｜　036
　一　古希腊时代的观念奠基　｜　037
　二　康德哲学的系统性集成　｜　040
　三　康德之后的局部性拓展　｜　043

第二章
现代心理-脑科学的相关探索

第一节　心理分析学的相关理论　|　048
　　一　弗洛伊德描述的人格系统　|　049
　　二　荣格所描述的人格系统　|　052
　　三　两种系统的差异与融通　|　056
第二节　人本主义心理学的相关理论　|　059
　　一　詹姆士等先驱者的理论　|　059
　　二　马斯洛的自我实现理论　|　063
　　三　走向超个人心理学的必然　|　067
第三节　脑科学的研究前沿　|　070
　　一　古典脑科学的各种推测　|　071
　　二　艾克尔斯的身心二元论　|　073
　　三　麦克莱恩的脑进化理论　|　076

第三章
心灵第三层面的称谓问题

第一节　康德哲学的 Vernunft 范畴　|　082
　　一　康德区分理性与理智的重要意义　|　083
　　二　康德论述"理性"的晦涩与紊乱　|　086
　　三　康德思想继承者的修正或扬弃　|　091
第二节　中国传统哲学的"志"范畴　|　095
　　一　"志"范畴的历史展开　|　095
　　二　"志"范畴的含义解析　|　101
　　三　"志"范畴的现代价值　|　106

第三节 "志性"是较为合适的称谓 | 110
一 "灵性"与"智性"表意的局限性 | 110
二 汉语的"志性"具有广阔包蕴性 | 114
三 面向当代精神建设的优化选择 | 118

第四章
志性在心灵结构中的基础地位

第一节 情、知、志的层次之分 | 124
一 从平面划分进到层次之分 | 124
二 心灵的三层面与认识活动 | 127
三 心灵的三层面与评价活动 | 131

第二节 志性决定心灵两系列的活动 | 134
一 先哲对于心灵两系列的相似体认 | 134
二 心灵两系列当是天地之道的体现 | 138
三 志性决定心灵两系列的基本趋向 | 142

第三节 心灵的结构图式与文化世界 | 146
一 心灵的结构图式与真善美的位置 | 147
二 真善美三者对立与统一的关系 | 151
三 志性是人寻真持善求美的根基 | 155

第五章
体认第三层面的基本方法

第一节 中国哲学倡导的方法 | 160
一 为道日损的方法 | 161
二 反身而诚的方法 | 164
三 寂然感通的方法 | 168

第二节　印度哲学倡导的方法　| 171
　　一　从《吠陀》到吠檀多派　| 172
　　二　数论派与瑜伽派的理论与实践　| 175
　　三　佛学的禅定和瑜伽行法　| 178
第三节　西方哲学倡导的方法　| 182
　　一　柏拉图的"回忆"说　| 182
　　二　胡塞尔的"还原"法　| 185
　　三　柏格森的"直觉"说　| 189

第六章
心灵第三层面的广泛体现

第一节　志性在艺术领域的体现　| 194
　　一　艺术思维的立体结构　| 195
　　二　艺术作品的层次秩序　| 199
　　三　艺术接受的最高境地　| 203
第二节　志性在科学与道德领域的体现　| 207
　　一　信念在科学活动中的引导作用　| 207
　　二　志性在科学方法中的基础地位　| 211
　　三　志性是联通道－德－福的枢纽　| 215
第三节　志性在宗教与哲学领域的体现　| 220
　　一　志性在宗教活动中的地位与作用　| 220
　　二　志性在哲学活动中的地位与作用　| 224
　　三　志性决定着宗教与哲学的亲缘关系　| 228

结　语　| 234

附录

曲径通幽处，禅房花木深
——关于心灵第三层面的探讨

一 人类心灵应该存在第三层面 | 238

二 中外哲学家已觉察第三层面 | 244

三 "志性"是第三层面的合适称谓 | 251

四 心灵第三层面的来由与体现 | 258

五 体认第三层面的方法与路径 | 264

后记 | 272

导　言

2000多年前，热衷于求知的古希腊人在德尔斐神庙就铭文告诫人们："认识你自己！"经历漫长的中世纪之后，人们对于自身的关注又带来人文精神的复苏。据传，文艺复兴时期的大学生们往往在课堂上对新到任的教授呼喊："给我们讲讲人的心灵吧！"从对外在神祇的顶礼膜拜转向寻求对自身心灵的清晰认知，无疑具有启蒙甚至解放的性质。

"认识自己"这一目标似乎近在眼前，其实非常高远。启蒙运动时期的思想家卢梭坦言，"人类的各种知识中最有用而又最不完备的，就是关于'人'的知识"[①]。虽然19世纪初，德国哲学家和教育家赫尔巴特首倡心理学应成为一门独立学科，但其发展举步维艰，100多年后，罗素仍感慨地说："在科学知识的所有比较重要的学科中，心理学是最落后的。"[②] 尤其是对于心灵的第三层面，迄今为止占主流地位的实验心理学仍未能涉足。

一　忽视心灵第三层面，很多问题不得其解

一般说来，坚持经验主义立场的人只承认心灵具有感性与理性两个层面，以为人的认识行程是从感性认识开始而止于理性认识，而实践的行程则是将理性的目的与筹划见诸感性的劳作。如此看来，感性与理性的对立与统一就构成心理活动的整体。这种双层（感性与理性）与两维（认识与实践）的结构模式是当代世界的普遍认知。它其实只是发

[①] 〔法〕卢梭：《论人类不平等的起源和基础》，李常山译，商务印书馆，1962，第62页。
[②] 〔英〕罗素：《宗教与科学》，徐奕春、林国夫译，商务印书馆，2009，第63页。

现个体人格的显见部分，犹如人的半截身子，对于其潜在部分则置于视野之外，由此导致一系列问题不得其解。

首先是意识能动性的无由。无论是认识活动还是实践活动，都体现了人类意识的能动性，包括自由意志、灵感思维和超前意识等。

若没有自由意志，人就不能进行自由的选择，意识只是受必然律的绝对控制，其准确性和稳定性很可能比不上一台计算机，更无创造性可言。我们知道，富有创造力的人的精神活动经常处于秩序与混乱的张力之中。所谓自由意志，是指自律的、自己决定自己的意识。它与实验心理学所讲的"意志"并非同一概念，后者是指人有意识、有目的、有计划地调节和支配自己行为的心理过程，实际上更多是指为他者所决定的即他律的意志。

几十年前，钱学森先生倡导建立思维科学，提出人类拥有形象（直感）思维、抽象（逻辑）思维和灵感（顿悟）思维三种形式。遗憾的是，"思维学中只有抽象思维研究得比较深，已经有比较成熟的逻辑学，而形象思维和灵感思维还没有认真研究，提不出什么科学的学问"[①]。如果说形象思维与抽象思维分别属于感性层面和理性层面的活动，那么有理由认为，灵感思维源自意识阈下的心灵第三层面。目前，脑科学已经发现灵感思维与脑干中几列神经核的活动有关，它距离意识活动的新皮层甚远。

人类之所以具有超前意识，主要源于心灵深层之志，表现为心之所期，如见荒山而期变良田，遇沙漠而期成绿洲；仅凭纯粹的感性与理性能力，就只能局限于对现实的反映、认知或评价。一般说来，感性能力主要应对现在，理性能力更多包含过去，而指向未来的能力当来自心灵第三层面。形象一点描述，感性与理性能力一般执着于实实在在的大地，不可否认心灵还有一种可贵的能力，它驱策人们向往灵动缥缈的天宇。

其次是人类的价值系统无根。经验主义往往将外在的契约关系视为人类的价值系统的基础，或仅从人自身的感性与理性的需要阐释其来

[①] 钱学森主编《关于思维科学》，上海人民出版社，1986，第16页。

由；止步于此，所谓道德观念就仿佛是无根之木或无源之水。

我国的荀子便是如此。他认为道德是"化性起伪"的结果，因为人天生地只是好利、疾恶、好声色，那么争夺、残贼及淫乱便是其必然的和唯一可能的生存状态，除非有某种外力加以改变。幸亏有圣人出，发明了师法之化、礼义之道，然后才使人们懂得辞让、讲究文理，而使天下归于治。由此可以得出结论："人之性恶明矣，其善者伪也。"（《性恶》）荀子的推论看似严谨其实经不起推敲。如果有人提出质疑：圣人是不是人？他将无以回答。因为这一简单问题可以置他于两难境地：若圣人是人，那么他也性恶，同样只想争夺或淫乱；若圣人不是人，则周公、孔子等历史人物就不是圣人，立论的根据便子虚乌有。从深层次看，荀子所推崇的礼教其实不过是一座沙塔，的确"反于性而悖于情"。

比较而言，英国哲学家休谟的阐述较为精密。其《人性论》在理论哲学与实践哲学之后另加"论道德"一卷，基本思想是：人的道德情感为同情-同胞感，道德性或通过人为设计建立，形成诸如正义、忠诚、贞洁等，其原则（源泉、标准）是对社会有用和令他人愉快；或通过自然情感确立，形成诸如仁爱、仁慈、友谊等，其原则是对自己有用和令自己愉快。以"有用"和"愉快"为经，"群体"和"自己"为纬，便形成"四个基本原则"。从我国先哲的思想高度看，休谟洞察到了义外仁内、义刚仁柔的特性，只是未能意识到二者是易道的乾坤二元在人类身上的体现，且在深层次上与仁相对的是志而不是义，"志士仁人"才是孔子心目中的理想人格。经验层次的"有用"和"愉快"只有在超验的与天地合德基础上才具有神圣性。

笔者管见，道德的秘密在于精神回到根部进行评判和行动。为什么"娘疼儿，长江水；儿孝娘，扁担长"？为什么父母为儿女成家宁愿砸锅卖铁，而儿女见父亲或母亲再婚却多百般阻挠？前者无须教育即是如此；后者既有长期的关爱浸润（感性），又有家庭和社会各方面的观念灌输（理性），却终究敌不过人指向未来的潜能（自发地以"希望"为考量）。所谓回到根部就是《周易》所讲的"能通天下之志"，亦即康德哲学所谓自由意志得以呈现，它是道德立法的根基。

最后是人类精神趋向自由与完美的无解。感性和理性都受制于现实的境况，没有真正意义上的自由可言；人们总是感到现实的不完美，其实是不自觉地以心灵中的理想为参照。

人人均有理想，且在生活中几乎时时处处与理想相伴随，但"理想是什么"，却是一个千古难题。理想虽然见诸感性具体的形态，其实来源极深，绝非感性与理性所能规定。在现代科学提出宇宙大爆炸理论和完成基因组排序工程之后，人们更有理由相信存在亚里士多德所谓"隐德来希"即一切事物趋向的具完满性者或莱布尼茨所谓"前定和谐"。康德曾指出："在吾人所谓理想，以柏拉图之见解言之，则为神性之理念……为'一切可能的存在中之最完善者'，为'现象领域中一切模本之原型'。"① 理想是潘多拉匣子中的"希望"，是指引人生旅途的灯塔，任何人若要深入探究它，必然要超越有意识造作的感性和理性层面。

理想可以更朴实一些表述为梦想。一些崇尚理性且非常现实的人以为梦想犹如阳光下色彩斑斓的肥皂泡，在坚硬而粗糙的现实面前不堪一击而被碰得粉碎，殊不知它有树立起美好的生活目标并提供不竭的动力源泉，从而推动人不断进步的积极作用。弥补缺失与寻求超越当是滋生梦境的两极，正像生理需要和自我实现需要构成人类生存动力的两极一样，二者相辅相成而促进个体乃至全人类的不断进步和发展。蔡元培先生说得好："理想者，人之希望，虽在其意识中，而未能实现之于实在，且恒与实在者相反，及此理想之实现，而他理想又从而据之，故人之境遇日进步，而理想亦随而益进。"② 这可谓是中的之论。

人们在寻真（科学）和持善（道德）活动中均有理想和信念的潜在引导，审美和艺术更是一个展现理想的王国。在理想中，真与善达到水乳交融，有限和无限达到有机的统一，恢复了生存的自由和完满。梦与醉是人们从事艺术活动的佳境，二者显然突破了理性的束缚，表现出更为内在的"真我"。

---

① 〔德〕康德：《纯粹理性批判》，蓝公武译，商务印书馆，1960，第412页。
② 《蔡元培全集》第二卷，高平叔编，中华书局，1984，第246页。

心灵第三层面涉及人类超越有限而指向无限的能力和需要，体现为感性与理性并不具有的超越现实局限而扶摇直上的精神。如果不承认它的存在，我们周围的许多文化现象便无从合理地解释：人在艺术活动中为何执着追求美？科学研究为何趋向更高统一性？道德观念在很多场合为何不待灌输就油然而生？宗教家与哲学家企求整体地把握宇宙与人生，揭示存在的本体，岂非荒唐可笑的不自量力？经验主义者甚至断言人是机器，实验心理学往往将人等同于一只大白鼠，自然无从问津超验之域，解释诸如自由意志、灵感思维、理想等的来由。

二 重视心灵第三层面，有助于人生再圣化

"再圣化"（resacralize）是马斯洛首创的一个新词，旨在倡导在科学去魅化特别是精神分析学去圣化的情境中人们能发现自己心灵中本有的"上帝般完美"的潜能，并在现实生活中积极寻求自我实现。这不只是人本主义心理学的要求，其实也是哲学的基本宗旨。

长期以来，人们普遍遵循古希腊毕达哥拉斯的界定，将哲学看作"爱智慧"（philosophia）之学。此词经日本学者西周参照中国传统文化翻译为"哲学"，确有其独到的妙处，也许是这门学科更为适当的称谓。西方有爱智慧且积极入世的历史传统，在认识论方面建树颇丰；古代印度人爱智慧是为了求解脱，在本体论领域最为流连；中国先哲不轻视智慧但更重视德性，在价值论方面留下丰厚遗产。三大哲学传统各自深耕一个领域，合成个体人格和人类生活最高精神层次的整体，称之为"圣哲之学"较为确切。

在康德看来，哲学不仅阐释人为自然立法和为自身立法两种形式，而且从心灵能力上规定它是形而上的研究。尽管亚里士多德将哲学视为"物理学之后"的学问，但西方思想界长期以来将"理性"与"理智"混淆使用。康德认为要建立真正的形而上学（或一种能够作为科学出现的未来形而上学）就必须将二者区分开来，因为人的理智只能运用于认识所能经验到的现象界，不能僭越，而人的理性却追求领悟超验的本体界，把握无限者、无条件者："纯粹理智概念的使用仅仅是内在的，即关于经验的，仅就经验之能够被提供出来说的；而理性概念是关于完整

性的，即关于全部可能经验之集合的统一性的，这样一来，它就超出了任何既定的经验而变成了超验的。"① 康德的三大《批判》（即《纯粹理性批判》《实践理性批判》《判断力批判》）都围绕"人是什么"问题展开，其特定的指称心灵第三层面的"理性"范畴构成各领域立论的基础，可见作者的确以探究"理性"及其生成的理念（康德认为理性是理念的源泉）为形而上学的本旨。

更进一层说，哲学之所以有代替宗教的可能，就在于二者均是源于心灵第三层面的能力和需要。著名的德裔英籍语言学家、现代宗教学奠基人麦克斯·缪勒认为，康德哲学所谓"理性"（Vernunft）英译为 Reason（理性）是不确切的，应该理解为"the faculty of faith"（信仰的天赋），并且认为，这种天赋是滋生各种宗教的心理根源。的确，哲学和宗教都属于信仰领域，它们的基本意旨均在于揭显神圣，并引导人们指归神圣。

中国传统哲学充分体现了这种基本意旨。它倡导"与天地合其德，与日月合其明"（《周易·文言传》），实为造就理想人格的纲领。

何谓"与天地合其德"？在我国先哲看来，易有太极，是生两仪，一阴一阳之谓道；易道有乾、坤二元，乾健而坤顺，乾刚而坤柔，乾辟而坤翕，相辅相成而生出世界万物。这便是天地之道。它体现在人类身上而形成人应该有的德性："天行健，君子以自强不息"，"地势坤，君子以厚德载物"（《周易·象传》）。自强不息为志，厚德载物为仁；尚志有利于建功立业，守仁有利于人际和谐。此二德在人类本性中天然而存，只是个体可能有所偏蔽而已。孔子最先倡导人们在现实生活中应当将自己造就为"志士仁人"（《论语·卫灵公》），这是对道德精神的全面把握。孔子本人就是这样的典范，一方面奋斗不息，发愤忘食，不知老之将至，另一方面祈盼老者安之，朋友信之，少者怀之，主张己欲立而立人，己所不欲勿施于人。

当然，德行只是完满人格的一个基本方面，与之并列的是才智，简言之可称为"明"。柳宗元以"志"与"明"为人与生俱有且最为

---

① 〔德〕康德：《未来形而上学导论》，庞景仁译，商务印书馆，1978，第104页。

珍贵的"天爵"，同《周易》关于理想人格的思想相吻合，且二者约略相当于康德哲学所谓"实践理性"和"理论理性"。在柳宗元之前，刘劭对人们普遍称赞的"英雄"的辨识也颇合天地之道，他认为，"聪明秀出谓之英，胆力过人谓之雄"，二者当相辅相成，"英以其聪谋始，以其明见机，待雄之胆行之；雄以其力服众，以其勇排难，待英之智成之"（《人物志·英雄》）。不过，先哲尤为重视超越感性和知性的大清明，它其实是心灵第三层面的敞亮。如果说志是人的实践活动的根基，那么明则是人的认识活动的归属。《周易》倡导"寂然不动、感而遂通天下"（《系辞传》），《庄子》贬"知"而尚"明"，均系此之谓。

总之，无论是德行意义上的志士仁人，还是基本覆盖人格整体的德才兼备，都有赖于心灵第三层面的敞亮，因为它意味着存在的澄明。显而易见，人类社会需要富有才智的志士仁人担当脊梁，才能达到和谐的发展和持续的进步。

然而俯瞰当代世界，我们所见到的是物欲横流，功利至上，实用主义盛行。国际政治中往往正义不敌强权，有的为了维持自己的霸主地位，不择手段削弱新生力量，到处制造事端，甚至不惜损己以损人。如果将地球看作一个村落，这里仍残留着极其原始的弱肉强食法则。于是导致旷日持久的军备竞赛，虽然都知道同根同祖，却一定要拼个你死我活。当然，我们不能简单地归咎于极少数当权者，他们其实更多是在向选民负责。唯有普遍唤醒选民重视心灵第三层面，呈现潜藏于心灵深处的通天下之志和浑然与万物同体之仁，能确认自己为"世界公民"或"天民"，才能从根本上改变现状：地球村的许多纷争乃至战争就可以避免，和平时期相互削弱的零和游戏也可以叫停，人们会普遍将族类相残或相损的行径视为不道德和愚蠢；有争议的领土可以共同开发，甚至有丰富的资源可以共同利用，有尖端的技术可以共同分享，世界才真正步入持久的和平与发展的轨道——它正合乎乾辟坤翕的天地之道。

我国当代社会正在快速发展，总体上呈现出健康活泼的风貌。但也存在一些隐忧不容忽视，其中较为突出的问题之一是东部与西部发展的不平衡。其显见的物质生产方面的差距常为人们所提及，而隐含的精神生态的巨大差异则相对被忽视，其实它在很大程度上制约着社会发展的速度和质量。

西部地区受印度和阿拉伯文化的浸染悠久，普通百姓的社会心理迥异于东部地区。从新疆、甘肃到青海北部的穆斯林居住区，常见衣冠洁净的穆民们自发聚集，诵经通宵达旦；而在西藏及其周边受藏传佛教影响的区域，随处可见经幡漫山遍野，或叩拜者五体投地。之所以如此，是因为他们不仅相信，而且更看重来世。

在我国东部某些经济发达地区，人们的竞争意识的确被唤醒，能一心一意谋"发展"，可是诚信却成为远离日用之常的奢侈品，若不"一手交钱一手交货"，就很可能遭遇受骗上当的危险；一些不法分子，利用各种可能的途径和手段设置陷阱，牟取不义之财，让人防不胜防。有鉴于此，某些人甚至悲观地感叹："现今社会多为两类人：一类是骗子，一类是被骗者。二者在生活中不断相互转化，所以人数日增。"有上过当的外国友人抱怨："你们同胞中的一些人，什么事都干得出来。他们不但不想进天堂，甚至不怕下地狱！"

二者看似南辕北辙，其实都包含崇拜异己（外在于己的神或物）、丧失自我的共同点。关键在于找到一条既积极入世又不失神圣的价值重建之路，实现对现实状况的双向超越，由他律的拜神或拜物向自律的与天地合德转化，从而营造出民族大家庭精神生态的动态平衡。我们的时代呼唤与天地合其德、与日月合其明的"英雄"，我们的社会需要让人生再圣化与科学去魅化相得益彰。

三 本书的基本理路：从述史到立论再征实

本书共分六章，按"述史—立论—征实"的理路展开。一般说来，从事研究的宗旨是立论，以期为人们打开一种新视野，这也是著述的原创性之所在。但一方面，立论以史为基才不虚，而述史以论为归才不盲；另一方面，理论又须由实事来验证，所以征实是立论的必要延展。

借鉴波普尔"三个世界"的观点，"述史"主要着眼于对既有文化财富（世界3）的发掘和梳理；"立论"主要为在前人既有成果基础上"接着讲"甚至"自己讲",基本属于世界2的建构;"征实"则是将所构建者诉诸现实生活(世界1)以求亲证(辐集)和阐释(辐射)。当然,由于所做的是人文研究,这里所谓现实生活并非指物理世界。

结构如此安排是基于方便读者接受的考虑。若就一种新思想的形成而言,应该是世界3和世界1交互作用于世界2的结果。其中往往是对现实生活的一些现象不得其解,于是参照所掌握的既有文化成果尝试进行阐释,在证实与证伪之间而滋生并选择较之前人更为适宜的观念。或者说,在研究过程中,现实生活中的各种问题构成经验一端,所掌握的部分既有成果与心灵固有的先天法则一道构成先验(即先于经验)一端,一种新的判断乃至新的思想就产生于二者的相互作用之中。

牛顿曾称自己是站在巨人的肩膀上才有新的发现,并非谦辞。没有对某领域思想前沿的了解,就很难达到在该领域的创新。比较而言,自然科学的成果是层层累积、不断提高的,人文学科的成果则是时丰时歉、跌宕起伏的。因此我们看到,自然科学某些领域的教科书,用不了几年就要更换(或修订)一次,而人文学科的某些领域,一些弥足珍贵的东西经常需要从故纸堆中去搜寻。简言之,人文学科尤须重视传统,决不能厚今薄古。

这是因为,人文学科需要反身内视,认识深层的"自己"——让灵魂呈现;如是方能神圣复归,领悟人生的使命和价值,拥有信仰柱石和精神家园;个体一旦提升到整个族类的高度,亦即我国先哲所讲的能通天下之志,在生活实践中便有可能从心所欲不逾矩,从而促进个体的自由发展和社会的和谐进步。老子讲"为道日损",其实是认识"自己"最为根本的方法。然而遗憾的是,感性欲望的膨胀和应对知识爆炸的压力,造成当代人深入心灵深处的双重屏障,于是从根本上导致人文精神的萎缩和人文研究的低谷。

本书第一章回溯中、印、欧三大哲学传统,发现三个地域的先哲在几乎没有信息交流的情境中却有对心灵三层面及其两种对立势用的共同认知。尤其在轴心时代,一些思想家在近乎无蔽的状态中直觉到事物的本来面目。① 这是我们很多现代人所望尘莫及的。第二章转为对心理学和脑科学发展史相关成果的梳理，虽然其中较多具有猜测性质，但作为重视实证的科学界有此进展也令人欣慰。

第三、四两章为立论部分，它既是对于笔者所能掌握的已有思想成果的综合，又试图提供一种具有当代高度的新视野。讨论的问题似乎较小，只是心灵第三层面的称谓和它在心灵结构中的地位，其实关涉到树立一种积极向上的世界观和人生观。

先就人生观而言。由于科学的发展日益压缩了宗教的地盘，尤其是日心说、进化论、精神分析学等的去魅化或去圣化，以及世界大战、经济危机和日常生活中的无情乃至无序竞争等，人们对人性的评判逐渐灰暗，对于人生的前景的看法变得悲观，兼之以不相信救世主和天国，因此不少人深切感受到存在的荒诞和虚无，造成严重的精神危机。如果人们意识到心灵存在第三层面，并且构成了天人相接的部分，那么就会滋生一种无需神灵在场的"宇宙宗教感情"，自觉追求与天地合德便让人生具有神圣性，必将既有精神家园又能积极入世。

通常人们所说的"世界"，其实只是人类的一种视野，也就是世界观。如果说牛顿力学奠定了"钟式"的宇宙观，造成黑格尔及其前辈过分注重必然律，那么爱因斯坦的相对论和海森堡等创建的量子力学揭示了宇宙更多呈"云状"的一面，非决定论与自由律便有了存在的充分理由。心灵第三层面的确认不仅能让人肯定五光十色的现象之中存在本体，而且由其能摄与能生的对立势用而易于领悟宇宙实为钟与云的统一。不仅物理世界是如此，人类所创造的文化世界也是必然与自由的统一，片面强调必然的唯理主义和片面夸张自由的唯意志论均不可取。

从"立论"延展于"征实"，一方面是要检验理论能否成立，另一方面还可考察理论有何功用——采用逻辑学的语词，就是证明其可靠性和普适性。心灵第三层面尽管玄奥，但在一定意义上说也可以"证实"——尽管它不具有实验科学的意义。例如人有喜怒哀乐，可以诉诸

---

① 古希腊的"真理"（e‑letheia）一词有"去蔽"之意。轴心时代甚少观念之蔽，一些哲人又超脱了欲念之蔽，故易于达到存在的澄明。

体验、见诸形色，我们便可确信它们存在。心灵第三层面亦然，一方面可以诉诸体验，另一方面也见诸人类所创造的文化诸领域。

本书第五章是从体验方面证实。印度哲学推崇的"数论瑜伽"，《周易》倡导的寂然感通，孟子所谓"反身而诚"，庄子宣称的"心斋""坐忘"，以及柏拉图所讲的"回忆"、柏格森所讲的"直觉"或胡塞尔所谓"还原"等，其实遵循了共同的理路，即暗含对感性的个别性和知性的特殊性的两级超越。《老子》中用"日损"二字概括，极为精妙。

第六章以第四章所描绘的心灵结构为范式解释文化世界的基本领域。不仅采用了三层面的分析法，还广泛考察了心灵两系列的外化。在人类思想史上，黑格尔空前地完善了思维的辩证法，居功至伟，但他并没有注意到，无论大宇宙还是小宇宙，最根本的矛盾其实是我国《周易》所描述的乾辟与坤翕。在他之后，叔本华一方面借鉴康德哲学的现象界与物自体之分而将其表述为表象与意志，另一方面基于自己的感悟将意志与理式对举；尼采借鉴古希腊神话，将两个矛盾方面形象地描述为酒神精神与日神精神；熊十力由出入于儒、佛而归本于《大易》，牢牢抓住翕辟成变的道理终身不悔（熊先生是一个敢于自我否定的思想家）；致力于西方逻辑研究的金岳霖先生，也感受到宇宙大化最基本的模式是"居式由能"①。宇宙大爆炸理论（昭示引力与张力的并存）为这两种对立的势用的普遍性提供了强有力的佐证。

现简单列举心灵第三层面的收摄与生发在各文化领域具有的经纬性质之体现。

审美和艺术领域：反映与超越二重性，艺术家奴仆与主宰的双重身份，审美过程中的同构与移情，尼采所谓日神精神与酒神精神，文艺发展史中古典主义与浪漫主义的交替等。

科学研究活动：经验与先验，顺应与同化，综合与分析，归纳与演

---

① 金岳霖：《论道》，商务印书馆，1987，第40页。此语当是孟子"居仁由义"的化用。对于孟子来说，居、由二者兼有静与动、内与外之分，金先生所讲的式与能为道之二元，客观上并不具有内外层次之别。

绎，收敛式思维与发散式思维等。

道德立法活动：仁与志，礼与义，事与利、尽心而知天与养性而事天等。

宗教与哲学活动：开真如门与开生灭门，认识与实践，理智与意志，科学主义与人本主义等。

基于上述，笔者坚信，若能真正体认心灵第三层面的律动，必将为当代各个文化领域的研究拓开广阔的前景。祈盼有识之士特别是有志青年不畏艰险投入这项探索，以推进人类认识自身的进程，从而使文化世界的创造更为自觉。是所愿焉。

第一章
先哲对于心灵第三层面的认知

时下常听到有人发出由衷的感叹:"人心不古!"这反映出人们的物质生活水平虽然有显著提高,但陷入精神价值严重失落的烦恼。现代人忙于应对现实的各种挑战,的确普遍不如古代人纯朴;由于将智慧倾注于获取身外之物,人们往往忽视了自家宝藏的开掘。于是仿佛枝叶与根系的疏离,现代社会造成个体行为的失据和社会生活的无序。其实,先哲给我们留下了颇多的思想遗产,可以对治当今的时代病,其核心是找回放失了的灵魂,敞亮心灵的第三层面,奠定安身立命的基石。中国、印度和欧洲三大哲学传统都蕴藏这样的财富。需要注意的是,基础理论建设不同于史学研究所要求的"辨同识异",而更应该重视"取同合异",以利于东、西方的观念系统趋向于统一。

第一节 中国传统哲学的认知

我国有着悠久的心学传统。据《古文尚书·大禹谟》记述,舜曾教导禹:"人心惟危,道心惟微。惟精惟一,允执厥中。"至宋明时期,这十六字受到普遍重视,甚至被奉为"尧、舜、禹传授心法,万世圣学之渊源"(真德秀:《大学衍义》)。虽然后来经梅鷟和阎若璩等考证《大禹谟》系六朝人伪造,但"人心之危,道心之微"见于《荀子·解蔽》,是对古《道经》的引用,且其中还有"精于道""一于道"等阐述,所以该观念很可能出现于东周之前,是先秦儒家和道家共同认可的思想源头之一。道心何以微妙?在于它超越充斥欲念和为之思虑的人心，虽在意识阈下而常为人们所不察，却赋予人以良知——实即心灵第三层面。

一　先秦儒家对于心灵的体认

孔子对于心灵的认知，散见于《论语》《中庸》《易传》等典籍中。他曾对学生谈道："知者不惑，仁者不忧，勇者不惧。"（《论语·子罕》）《中庸》以"知、仁、勇"三者为"天下之达德"，并且引述了孔子的一则阐释："好学近乎知，力行近乎仁，知耻近乎勇。"这是一种平行划分，接近于西方哲学将灵魂区分为"知、情、意"三部分的传统。知者好学而识明，所以不惑；仁者爱人甚至怀有拥抱世界的生活态度，故不忧；勇者意志强毅，知耻更能奋起，是大无畏者。

孔子从先天和后天两个方面把握人的心性，指出"性相近也，习相远也"（《论语·阳货》）。"性"为天生而然，人与人之间多有共同性；"习"为特定领域的学习和实践、特定环境的熏陶和濡染而成，人与人之间多有分殊。此语言简意赅，能很好地解释个体心灵感性层面的个体性、知性层面的特定群体性和第三层面的全人类性。天生之性表现出来也不免气质之异，孔子对个性气质作了精当的区分，他说："不得中行而与之，必也狂、狷乎！狂者进取，狷者有所不为也。"（《论语·子路》）狂、狷两端涉及心灵深层的活动状态，实为天地之道的乾元与坤元出现偏胜的具体体现，较之古希腊希波克利特的气质分类更为合乎逻辑。

《易传》对圣人的描述也昭示心灵的三个层面：他们通过仰观天文、俯察地理，远取诸物、近取诸身，而达到在时间上能够明察过去和未来，在空间上能够显明事物的幽微；当然最重要的功夫是看似无思无为、寂然不动，却感而遂通天下万事之所以然。由于进入心灵的最深层次，所以能通天下人之志；又因为掌握事物发展变化的几微，所以能成天下之务。"极深而研几"，关涉心灵的知（"通"志）与行（"成"务）两个方面，应和了天地之道，圣人因之能达到与天地合其德、与日月合其明、与四时合其序的境界。

《周易》不同于夏之《连山》和商之《归藏》，在于它以《乾》《坤》二卦为门户，贯彻了乾坤并建的思想。《系辞上》开首写道："天尊地卑，乾坤定矣。……动静有常，刚柔断矣。……乾道成男，坤道成女。乾知太始，坤作成物。乾以易知，坤以简能。易则易知，简则易从。易知则有亲，易从则有功。有亲则可久，有功则可大。可久则贤人之德，可大则贤人之业。易、简，而天下之理得矣，天下之理得而成位乎其中矣。"这段文字概述的天下之理，大致可归于动力因与形式因二元：

乾－动－刚－男－知始－易－有亲－可久－德……动力因
坤－静－柔－女－成物－简－有功－可大－业……形式因

由于心灵第三层面（即道心）直接联系着天地之道，我们可以说这既是在阐述一种宇宙观和人生观，同时也间接地揭示了心灵深层的活动状态。

朱熹曾中肯指出，《中庸》"乃孔门传授心法"之作，"所谓诚者，实此篇之枢纽也"（《中庸章句》）。该书集中讨论"圣人之道"，其核心观念是"诚"：开篇"天命之谓性，率性之谓道，修道之谓教"三句，就是论诚的伏笔，后文"自诚明，谓之性；自明诚，谓之教"正好与之照应。其所以如此，是因为在作者看来，诚是合内外之道的枢纽，联结天道与人道的桥梁。王夫之指出："说到一个'诚'字，是极顶字，更无一字可以代释，更无一语可以反形。"（《读四书大全说》卷九）作为一个心性范畴，诚兼有名词、动词和形容词的性质，是指个体由多归一或据一统多的活动状态、过程和臻于天人之际的境界。这一境界就是心灵第三层面的敞亮或者说是道心的朗现。

更为可贵的是，《中庸》揭示了心灵深层的双向运动：由诚而明是心灵向内收敛为"一"而领悟性命理的大清明，这是天之道的本然呈现；由明而诚则是通过有意识的调控或思想教育而后达到诚实无欺，并付之于道德实践，这是据"一"而统领起"多"。也就是说，前者联系着"天命之谓性"，后者联系着"修道之谓教"。这一双向运动在佛家看来可谓之"一心开二门"（《大乘起信论》）。简言之，《中庸》倡导的心法以诚为枢纽，一方面倡导反身而诚——自诚明，知性知天；另一方面要求择善固执——自明诚，居仁由义；兼顾两端且收放自如——"我欲仁，斯仁至矣"（《论语·述而》），一念之间贯通内与外或天与人。

在我国，孟子应该是知名最早的心学大家。其思想的基本特点是强调人心之所同，特别注重人先天的、具有全人类性的一面。它表现为两个均与思虑之心相对立的层次：表层是五官感觉，如口之于味有同嗜，目之于色有同美，耳之于声有同听等；深层是每一个人都具有良知良能，系不虑而知，不学而能。但耳目之官不思而蔽于物，若要清明必须求助于能思之官——心；这就是说，五官滋生相应的嗜欲，必须尽量减少它才是养心的最佳途径。从这种角度看，孟子隐约意识到心灵具有三层：五官之感、心官之思（包括勿忘与勿助）和良知良能。五官之感是生理性质的感受形式的相同，良知良能是精神性质的价值取向的相同。为了显示区别，孟子称前者为"命"，唯将后者才称为"性"（《尽心》下）。

良知良能既然与生俱来，所以又可以说就是人的本心或赤子之心。那些高尚而完整的人格（大人）是葆有人的天性而没有让它受到损害，亦即不失其赤子之心者。在孟子之前，人们已归纳出"仁、义、礼、智、圣"五德，孟子取前四者进行分析，探究其先天根据。依他之见，人生来就有恻隐之心、羞恶之心、恭敬之心和是非之心；恻隐为仁之端，羞恶为义之端，恭敬为礼之端，是非为智之端，因而仁、义、礼、智四德并不是来自外部力量的陶铸，而是天赋予人的德性。虽然如此表述并不严密——事实上，除了仁德之外，孟子未能令人信服地证明义、礼、智也具有先天律令的性质，但孟子对于心性的把握毕竟是深刻的：他以仁为人之安宅，义为人之正路，或者说居仁由义，觉察到二者的内、外之别；与孔子及荀子比照，孟子较为轻视礼[①]，或许是注意到义由中出、礼由外作的不同；此外，他还意识到智有穿凿的负面作用。[②]

难能可贵的是，孟子综合了孔子和墨子重志的思想，以志为道德立法和道德实践的根据，其系列论述蕴含志、仁兼举的重要思想。人道中志、仁兼举是天道中乾、坤并建的必然延伸，是心灵第三层面在道德活动中的两维：一主向外扩散，一主向内凝聚。二者构成道德立法的基

---

① 也许正因为如此，宋儒陈淳甚至以为孟子"不知礼"（《北溪字义》）。
② 《孟子·离娄下》："所恶于智者，为其凿也。"

石,"先立乎其大者,则其小者不能夺也"(《告子上》)。孟子主张"尚志"主要着眼于道德修养领域,而倡导"专心致志"则涉及更为宽广的心灵活动。前者是以一率多,志为统帅;后者是由多归一,志为归宿。宏观地看,道德实践的趋向是由一到多,科学认知的趋向则是由多归一。微观地看,任何领域都包含基于心灵第三层面的双向运动,如按照皮亚杰的研究,科学认知过程包含同化与顺应两种对立趋向。在道德实践领域,孟子清楚地意识到,一方面当尽心以知性并知天,另一方面当存心养性以事天,可见他对心灵深层的体认非常深切。

荀子虽然承认人有"道心",且肯定"途之人可以为禹"(《性恶》),但由于秉持经验主义的立场,不承认人有先天的具有全人类性的价值倾向,因而遮蔽了心灵第三层面,将德行仅看作化性起伪的结果。故其学说被后世学界普遍视为背离中华文化的"道统"之异类。

二 先秦道家对于心灵的体认

从心灵哲学角度看,先秦道家思想的精华在于力图排除感性和知性的屏蔽,达到第三层面的敞亮,感悟宇宙的本根,营造精神的家园。老子是如此,庄子更是如此。

当代学界大多习惯于将《老子》一书的哲学思想归于客观唯心主义,不免有简单化之嫌。老子曾阐述自己的切身经验说:"不出户,知天下;不窥牖,见天道。其出弥远,其知弥少。"(第四十七章)足不出户者是为道,其出弥远者是为学。后者向外求索,其实博而不知(道);前者则是向心探寻,才有对道的真切体认。在我国古代,先哲也将心灵看作小宇宙,而且肯定心灵的最深处也就是人道与天地之道的联结处。

《老子》开篇即称:"道,可道,非常道;名,可名,非常名。"指出宇宙和人生的本根超越语词概念所能表达的范围。随后又反复强调它的玄奥:"玄牝之门,是谓天地根"(第六章);"视之不见名曰夷,听之不闻名曰希,搏之不得名曰微。此三者,不可致诘,故混而为一"(第十四章);"道之为物,惟恍惟惚。惚兮恍兮,其中有象;恍兮惚兮,其中有物"(第二十一章)……足见这常道并非人的感官所能把握的范围。如果说古希腊的自然哲学家提出的种种宇宙本原说是来自外向的观察和推理,那么《老子》的这些描述则来自相反的路径——与其归之于神秘的天启,不如说源于心灵深层的体验。牟宗三先生称老子的学说为"境界形态的形而上学"①,不无道理。

事实上,《老子》中有多处直接论及心灵活动的不同层次,且一般说来总是贬抑感性欲求和知性观念,因为二者既是体道的屏障,又是导致人性异化从而造成社会退化的根源。依他之见,"五色令人目盲,五音令人耳聋,五味令人口爽,驰骋田猎令人心发狂,难得之货令人行妨"(第十二章);"大道废,有仁义;智慧出,有大伪"(第十八章)。他甚至认为,人类文明的发展其实是一种倒退:"失道而后德,失德而后仁,失仁而后义,失义而后礼。夫礼者,忠信之薄而乱之首也。"(第三十八章)这一演化过程如同一棵大树,道为根本,礼不过是花朵。从根到花,经历多个异化环节,将社会生活中的礼与居于本根地位的道相比照,则可明显见出它的浮华甚至虚假。老子衷心期望人们能见素抱朴,复归于婴儿。

如果说《老子》中多有外王之道的说教,主张坚持无为而达到无不为,那么《庄子》所宣扬的则多为精神澄明之学。精神澄明首先要求对于人自身的心灵结构有切实的把握。或许可以说,在康德之前,世界思想史上最为清晰地意识到人类心灵具有三层面且一以贯之地运用于精神活动乃至文化活动的分析中的知名思想家,非庄子莫属。

进行表里三层次的分析应当看作庄子及其学派特有的思维范式,因而也构成《庄子》一书的基本理路。仅以其"内篇"为例:《逍遥游》指出形骸有聋盲,心知亦有之,因此让人难以理解无限的自由境界;《齐物论》称形可使之如槁木,心可使之如死灰,于是便可达到"吾丧我"的境地;《养生主》描述庖丁解牛,身手所触,不止于技,且进乎道;《人间世》明确以耳目为外、心知居间,肯定只有通过心斋才呈现最深最虚处之道;《德充符》要求超越耳目之所宜、知之所知的局限,而游心于德之和;《大宗师》倡导"坐忘",即通过离形、去知而实现

---

① 牟宗三:《中国哲学十九讲》,吉林出版集团有限责任公司,2010,第95页。

同于大通；《应帝王》主张不要为事任而劳形、不要为知主而怵心，若游心于淡、合气于漠则自然天下治。"外篇""杂篇"也基本贯穿了这样的理路，如《马蹄》主张无欲、无知以复朴，《盗跖》批判小人殉财、君子殉名而要求回归天道。①

文化作为人类心灵所创造的符号世界，必然包含与心灵相对应的层次。《天道》篇将文化典籍分为诉诸视听的符号（语）、表达心知的观念（意）和意之所随的不可言传者。

人类所见到的宇宙图景取决于自身的能力和需要，因此，不同的宇宙观也能反映人对自身心灵结构的觉悟程度。《秋水》篇的一则文字表达了庄子所见的宇宙图景："夫精粗者，期于有形者也。无形者，数之所不能分也；不可围者，数之所不能穷也。可以言论者，物之粗也；可以意致者，物之精也；言之所不能论、意之所不能察致者，不期精粗焉。"

需要进一步确认的是，《庄子》全书的主旨是敞亮第三层面，展现精神澄明之境。这从它所赞颂的人格和各篇的主旨均可以清楚见出。

庄子心目中的理想人格是至人、真人、神人。至人、真人无心，以天地为心，保持着原始、本真的状态，具有完满的天性，占有德之全。他们不同于常人之处在于不囿于一隅，能以天（性）合天（道）；而世俗之辈不过"一曲之士"，往往习惯于分解事物，肢解对象，"判天地之美，析万物之理，察古人之全"，因此"寡能备于天地之美，称神明之容"（《天下》）。天地之美或神明之容是整一的，个体只能用身心去体验与应和，即以天合天；若企求进行人为的分割而加以把握，则必然与其本来面目相去甚远。至人、真人虽然生活在世间，但不受仁义、是非之类观念的桎梏（《大宗师》），他们既"邀食于地"，又"邀乐于天"（《徐无鬼》），可谓是"人貌而天虚"（《田子方》）。神人更是彻底摆脱了感性欲求和思虑之劳，臻于无待的境界，"不食五谷，吸风饮露；乘云气，御飞龙，而游乎四海之外"（《逍遥游》）。

---

① 迄今为止，注释《庄子》的著作汗牛充栋，能否把握庄子的这种思维范式应当是衡量其优劣的重要尺度。

由于《庄子》注目于本体界，即不期精粗或不可言传者，所以其中一些篇目往往导致人们的误解。当代学界最为普遍的误解是对《齐物论》的阐释，它通常被批评为诡辩论或相对主义。"齐物"的本意是平等地看待世间事物，称它为绝对主义反倒稍许中肯一些。若能理解庄子是从本体角度考察现象界，就不会否定"道通为一"的观点，它其实类似于《薄伽梵歌》的"平等看待一切众生"和西方的"在上帝面前人人平等"诸观念。普通读者可能觉得《达生》与《知北游》等篇目也很费解，前者与日常观念距离太远，后者让人们崇尚的理解力颇受委屈。庄子要求人们洞达生命之奥，不能止于养肉体，更应该摒弃世事之累，从而达到形全而精不亏损，与天为一；有些人自以为可以理解世界的一切，庄子则告诫世人要明白自身理解力（即知性）的局限，它把握不了无限、绝对之存在，只有"无思无虑始知道"；这两文从不同角度破除人们的习见，均指归于无限者——达"性命之情"或游心于"物之初"。

严格说来，心灵第三层面只是一个原点，犹如太极。在《庄子》中，它有时被称为"志"，例如《人间世》所讲的"心斋"就与"一志"紧密关联。庄子隐约意识到，志的双向运动是心灵活动的根基。所谓"一志"即唯存"独志"，它是心灵活动向内收敛的基础，因而得到庄子的赞赏。《达生》借孔子之口称赞痀偻丈人"用志不分，乃凝于神"，《天地》借季彻之口倡导"举灭其贼心，而皆进其独志"。何谓独志？王夫之的解释甚为中肯："忘机、忘非誉，以复朴者，独志也。"（《庄子解》卷十二）志还是心灵向外追求的基础，在这种情形中它很可能受外物诱惑，丧失纯朴的品格，庄子称之为"勃志"。《庚桑楚》主张"彻志之勃"，并界定说，"贵富显严名利六者，勃志也"。"勃志"宜直解为勃起之志。① "彻志之勃"与老子提倡"弱其志（欲求）"的思想相通；勃志有为，往往追求富贵名利等，背离人的本性，所以当除去。庄子不像孟子那样尚志而要求自我实现，其思想有消极的一面；但他注意到意志的他律造成人的异化，又是其高明之处。独志与勃志的区

---

① 有的学者注释为悖乱之志，虽然语句可通，但思想不免有隔。

分无疑是对心灵的深刻把握。

三 后世学者对于心灵的体认

先秦儒家和道家对于心灵的体认奠定了坚实的基础，得到后世学界的普遍认同。不过，随着时代的变迁，相关认知有所扩展。大致可划分为三个阶段：魏晋至中唐主要从人的能力方面考察人格，中唐至宋明回归道德人格的探究，明末清初扩展为兼顾认识主体。

魏晋时王弼不赞同何晏以为圣人无喜怒哀乐的看法，指出他们在五情方面同于常人，真正超越常人的是其神明。这种神明实为心灵第三层面，因为它能"体冲和以通无"；并且由于它在心灵活动中发挥主导作用，所以圣人之情"应物而无累于物"（何劭：《王弼传》）。在《答荀融书》中，王弼将"明"界定为"足以寻极幽微"的能力。

在王、何之前，刘劭曾从才性角度辨析"英雄"，认为"聪明秀出谓之英，胆力过人谓之雄"，英之明若不得雄之胆，则说不行；雄之胆若不得英之智，则事不立。"是故英以其聪谋始，以其明见机，待雄之胆行之；雄以其力服众，以其勇排难，待英之智成之；然后乃能各济其所长也。"（《人物志·英雄》）其中涉及明与胆的关系，引起嵇康与吕安提升到哲学高度继续讨论。嵇康认为，人由元气陶铄而生，但禀赋阴阳二气的比例各有不同，"明以阳曜，胆以阴凝"。由于明、胆异气，所以不能相生。二者的一般关系是，"明以见物，胆以决断。专明无胆，则虽见不断；专胆无明，（则）[达]（当为'违'——引者注）理失机"（《明胆论》）。作为两种对立的心灵能力，分别见诸人的认识和实践活动。这一区分具有重要意义，只是将明与胆的阴阳之属弄反了。

比较而言，唐代柳宗元对心灵结构的两维做了更为确切的区分。他撰写《天爵论》，立意要超越孟子仅注目于道德人格的局限，认为人的尊贵天赋不限于仁义忠信诸观念，而是志与明两种基本能力。天地间运行有刚、清二气，"刚健之气钟于人也为志，得之者，运行而可大，悠久而不息，拳拳于得善，孜孜于嗜学，则志者其一端耳。纯粹之气注于人也为明，得之者，爽达而先觉，鉴照而无隐，盹盹于独见，渊渊于默识，则明者又其一端耳。明离为天之用，恒久为天之道。举斯二者，人伦之要尽焉。……明以鉴之，志以取之"。他还以圣人为例，认为孔子讲"敏以求之"，指的就是明，讲"为之不厌"说的就是志。

柳宗元的这则论述可谓是先秦之后我国思想界对于心灵把握的最富有创新性的成果。他所谓刚、清二气，其实联系着天道的乾、坤二元；而志与明之分，揭示了心灵向外发散、要求自我实现和向内收敛、要求洞彻事理两种基本倾向，与亚里士多德将心灵活动区分为实践的和认识的有异曲同工之妙；且从人类与其母体——自然（即天爵之"天"）的承传关系上立论，更具有充足理由而易于让人信服。

自韩愈呼吁恢复"道统"，此后的思想界逐渐转向。从德性方面把握人格成为宋明道学的基本倾向。这一时代的哲人大多兼通儒、道、释，但以儒家思想为本位。

周敦颐撰《通书》，称诚为"五常之本，百行之源"，指归于天人之际。邵雍倡导"以物观物"（《观物内篇》），是要求超越耳目与心智，通过"反观"而一万物之情（实），即透视万物所共有的不易之理，与庄子倡导的"心斋"相仿佛。

宋代对于心灵研究最有建树者当推张载。其《正蒙·太和》写道："由太虚，有天之名；由气化，有道之名；合虚与气，由性之名；合性与知觉，有心之名。"性与天、道相连，而心则是人的整个精神系统的总称：性是其先天的基础，知觉是其后天的因素；性为超越人的知解力之本心或大心，知觉则是知解之心与感觉之心。前者为"诚明所知，乃天德良知"；后者受外物制约，一般来说为"闻见小知而已"（《正蒙·诚明》）。也就是说，人有两种知：一种是"见闻之知"，由与物交接而得；一种是"德性所知"，不萌于见闻，而源于心灵深层的敞亮（《正蒙·大心》）。张载的这一观点，既揭显了心灵具有三层面，又注意到认知外物与良知呈现构成心灵活动的两维，非常难得。

在张载的观念系统中，"志"便是与天、道相连的"性"。他写道："气与志，天与人，有交胜之理。"王夫之曾做过精当的解释：气为天化之撰，志为人心之主，相互有功为胜；天生人，天为功于人而人从天治；"人能存神尽性以保合太和而使二气之得其理"，即是"人为功于天而气因志治"(《张子正蒙注·太和篇》)。人之志所以能如此，在于它蕴含天道。张载还有言："志大则才大事业大，故曰'可大'，又曰'富有'；志久则气久德性久，故曰'可久'，又曰'日新'。"(《正蒙·至当》)按照《周易》的思想，可久与日新为乾之功，可大与富有是坤之功；在张载看来，人事活动中，志之功集二者为一体。由此不难理解，《中正》篇提出教育人的根本是要尚志或正其志，因为"志公而意私"。从道德角度看，"能辨志、意之异，然后能教人"(《正蒙·有德》)。区分志、意是一种深刻的见解，可避免意志的自律与他律的混淆，即使在今天，仍有重要的理论意义和实践意义。

与张载同时的程颢以立论圆融见长，年轻时即对心灵的层次有深刻的体悟，他在《答横渠先生定性书》中写道："人之情各有所蔽，故不能适道。大率患在于自私而用智。自私则不能以有为为应迹，用智则不能以明觉为自然。……与其非外而是内，不若内外之两忘也。两忘则澄然无事矣。无事则定，定则明，明则尚何应物之为累哉！"常人之蔽在于自私而用智，自私多为感性的利欲所蔽，用智则可能为知性的穿凿所蔽，内徇于欲又外徇于物。因此应该内外两忘，两忘则心胸澄然无事，此即为定性。"定"常为释家语，"两忘"近于庄子所讲的心斋，这段论述集中体现了儒、道、释思想的兼容。

陆九渊因读《孟子》而自得之，看破了程颐和朱熹的学说存在支离、外入之弊，立志要将心学传统发扬光大。必须注意的是，他所谓"心"多仅指心灵第三层面，情欲、机巧等都排除在外，因而可以说，心即理，即道，即天。他所谓"精神"与我们所谈的心灵庶几近之。在他看来，"本心"存在于精神系统之中，往往为欲念与妄见所蔽，所以需要通过"寡欲"和"涤妄"才易"发明"；经过寡欲与涤妄便达到内外无累，"于一身自然轻清，自然灵。"(《陆九渊集》卷三十五)由于鄙视"外入之学"，一味强调"尊德性"，他所谓心还局限于实践理性一维，只适用于道德领域。①

王阳明的心学观念与陆九渊相似，虽然就人的整体而言有失片面但

---

① 请参见拙文《陆学之"心"试解》，《中国哲学史》1999年第1期。

不失深刻。他提出"知行合一"命题，凸显了道德是一个实践领域，其知（良知）与行均源于心灵第三层面因而不可分离。

如果说柳宗元因儒道兼综而取得突破性成果，那么王夫之则是三教汇流后把握心灵的集大成者。① 其一，王夫之更为明确地意识到心灵具有三层面。他化用佛家的"八识说"，认为眼耳鼻舌身五官的感觉不过是小体；而第六识即意识，有些禽类也部分具有；志相当于第七识，"人之所以异于禽者，唯志而已矣"（《思问录·外篇》）。其二，他已注意到道德活动与认识活动的区别。一方面在道德领域强调良知良能，另一方面又肯定见闻之知，认为权谋术数等亦需格物，须"心官与耳目均用，学问为主，而思辨辅之"（《读四书大全说》卷一），表明对认识过程中感性与理性的共同参与有所觉察。其三，他一以贯之地赋予志在心灵活动中的根基地位。在王夫之看来，志是人"本合于天而有事于天"（《庄子解》卷十九）的心灵能力②；它就是孟子所讲的"不动心"，恒存恒持；"修齐治平之理皆具足"，甚至可以说是潜藏于心灵深层的"自（己）"（《读四书大全说》卷一）。

远古的道心与人心之分，经儒、道两家十字打开，成为华夏哲学稳固的传统。后世哲人大多以体认心灵为己任，相关思想成果绵延不绝，不胜枚举。徐复观先生曾称中国文化最基本的特性是"心的文化"。牟宗三先生更为具体地指出："中国文化生命，无论道家，儒家，甚至后来所加入之佛教，皆在此超知性一层上大显精采，其用心几全幅都在此。"③ 斯言信哉！

第二节 印度传统哲学的认知

印度文化与中华文化既相关又相似。鲁迅在早年撰写的《破恶声

---

① 这样说并不否认柳宗元受到佛学某些影响，王夫之接受了某些西学的知识。
② 如此界定的重要意义在于：志本合于天因而能担当认知活动的基础，有事于天则是实践活动的基础。
③ 牟宗三：《中国文化的特质》，载《道德理想主义的重建》，中国广播电视出版社，1992，第49页。

论》中，一方面表达了对中华民族前景的深切忧虑：本根剥丧而致道德沦丧，人心危殆将致宗邦危倾——他因而呼吁发内曜以破瘝暗，吐心声以离伪诈；另一方面在文章末尾还流露出对印度文明衰落的惺惺相惜："印度则交通自古，贻我大祥，思想、信仰、道德、艺文无不蒙贶，虽兄弟眷属何以加之。"思想、信仰和道德三者均源自印度宗教和哲学。如果说中国传统文化可以称为"心的文化"，那么同属世界东方的邻邦印度更是如此。印度传统哲学虽多以解脱为旨，凸显出世之思，但对于人类的心灵结构特别是其第三层面有着深刻而细致的体认，有助于确立人生神圣性一维，很值得我们予以借鉴。

一 对于心灵三个层面的体认

印度哲学思想的萌芽可追溯至《梨俱吠陀》，但真正从宗教中分离出来的是始于吠陀的终结时代形成的一系列《奥义书》。瑜伽和数论在印度有着悠久的历史，在《奥义书》中已见基本观念，至于《薄伽梵歌》更是成为思想的主线——全书十八章，均可以"瑜伽"命名，而又常常合称"数论瑜伽"。正因为如此，数论和瑜伽论虽然后来分化为独立的流派，但其基本观念几乎成为各个主要派别的思想资源，如古今吠檀多派论者多精通瑜伽，佛陀早年师事过数论瑜伽的先驱者。所以，尽管印度哲学对于心灵的体认源远流长，观念庞杂，但有一贯的理路可寻。

《大森林奥义书》（1.3）描述了神（亦指梵或宇宙自我）带语言超越，带气息超越，带眼睛超越，带耳朵超越，带思想超越，可以归纳为超越感性和超越知性，向无限之域飞升。《歌者奥义书》（6.4）提出"一谛三相"说，即生命自我有红、白、黑三色，一般认为与数论所讲的自性"三德"有着渊源关系。更为值得称道的是，《石氏（伽陀）奥义书》和《薄伽梵歌》直接论及数论的二十五谛，后者还反复描述了自性的三德，体现了印度思想界的心灵研究接近于成熟。

二十五谛是数论的理论纲领。它其实可以划分为三个层次：由神我、自性、觉（大）构成最深或最高层，我慢和心根构成知性层，五唯（视听嗅味触）、五知根（眼耳鼻舌身）和五作根（手足舌人根与大遗）及五大（地水风火空）可归于感性层。《石氏奥义书》（2.3）写道："高于感官的是心，高于心的是萨埵（我慢），高于萨埵的是我（觉），高于我的是非变异（自性），高于非变异的无论怎样是神我（原人）。"① 比照中国传统哲学，前三谛相当于"道心"，后二十二谛相当于"人心"。被奉为数论经典的《金七十论》，其卷上与卷中正好在觉与我慢之间断开，应该说是颇具匠心的安排。为什么将二十五谛只划为三层次呢？这需要联系数论的"三德"理论，二者之间其实存在逻辑的整一性。

有论者认为，吠檀多派学者在对《数论经》做的注疏中把自性的"三德"理解为天道、人道和兽道之分，属于一己之臆解。对此笔者实在不敢苟同。

首先，吠檀多派信奉的《薄伽梵歌》便有此思想。其第14章专谈自性之三德，认为喜者光明，纯洁，上进；暗者昏暗，无知，下沉；忧者波动，痛苦而居中。第17章从修炼角度描述这三德或三性，称喜者怀着最高的信仰，修炼这三种苦行（指身体的、语言的和思想的），不期望获得功果；忧者企盼礼遇、荣耀和崇敬，怀着虚荣，修炼苦行，动摇不定；暗者愚昧固执，或自我折磨，或毁灭他人。可见三者之间存在自律、他律、盲目的级差，正好与遵循天道、履行人道和依从兽道相通。

其次，数论派的《金七十论》甚至明确表达了这一观点。其卷上称喜者为轻光相，忧者为持动相（即心高不计他，心恒躁动，不能安一处），暗者重覆相（即诸根被覆盖）；又称生为天（印度人以天为生物之高品类）则欢乐，生为人则忧苦，生为兽等则暗痴；还将三者比喻为一婆罗门生出三子：老大聪明欢乐，老二可畏困苦，老三则暗黑愚痴。卷下有一偈云："向上喜乐多　根生多痴暗　中生多忧苦。"作者随后解释道："向上喜乐多"者，是说梵等诸天多受欢乐；"根生多痴暗"

---

① 这里采用黄心川的译文，见于黄心川《印度哲学通史》上册，大象出版社，2014，第264页。另可参见《奥义书》，黄宝生译，商务印书馆，2010，第278~279页；后文未予特别注明的引文亦采自此译本。

者，谓走兽飞禽类虽有忧乐，但为暗痴所压抑覆盖；"中生多忧苦"者，指人生中忧苦为多，在三道中高于兽道但不及天道，正好居中。

更进一层说，兽、人、天三级相当于人类心灵的感、知、志三层。动物仅凭感性生存，浑浑噩噩，暗黑愚痴；人类由于祖先偷吃了智慧树的禁果，有了知也便有忧相伴随，通常"志立而意乱之"，心灵往往成为天使与魔鬼的格斗场；唯有天神才能达到王夫之所说的"纯乎志以成德而无意"（《张子正蒙注·有德篇》），因而过着喜乐的生活。按照《金七十论》的观点，从自性生大（觉），从大生我慢，从我慢生五唯，从五唯生十六见。由于大等二十三谛有三德，所以知自性有三德。印度哲学的主流观点是要超越自性（含有业报种子），达到自我（或称神我）与梵的合一。这种最高的追求其实仍然是心灵中志（或自由意志）的体现。

数论又被称为智慧瑜伽，具有同胞关系的瑜伽论则主要着眼于怎样敞亮心灵深层的实践方法与路径，但同样致力于对感性和知性层面的超越。在瑜伽"八阶"中，外五阶（持戒、遵行、坐法、调息、制感）约略相当于《庄子·大宗师》中所讲的"离形"，即超越感性；内三阶（凝神、静虑、入定）则约略相当于庄子所谓"去知"；达到三昧（入定）境地之后，又铺排了超越感性的有智三昧、超越知性的无智三昧，指归于达到超越心灵第三层面的无种三昧，约略相当于庄子所谓"同于大通"。瑜伽的无种三昧相当于佛家的无余涅槃，据说进入这一境界的人可摆脱业报轮回从而超越生死。

印度佛学可以说是一种深刻而系统的心灵哲学。尤其是小乘的说一切有部和大乘的瑜伽行派。说一切有部的经典著作《大毗婆沙论》卷七十二称，"滋长是心业，思量是意业，分别是识业"；《俱舍论》卷第四则表述为"集起故名心，思量故名意，了别故名识"。在这里，识、意、心三者虽然同为一"心"（精神系统），但有由外而内的三个层次之别；特别是以"集起"表述心灵最深层的功能，言简而意赅，尤为值得重视。属于大乘佛教的瑜伽行派的学说很大程度上是对说一切有部的继承和发展。瑜伽行派力倡"八识说"和"三性说"，可谓是上述"集起、思量、了别"之分的延展。

"八识说"与数论的二十五谛相通。在瑜伽行派看来，数论的五唯即是前五识，我慢相当于意识，而五知根与心根则是相应于这六识的六根，觉（大）和自性为种子识或藏识。所以从逻辑上看，"八识"说中的第七识似有蛇足之嫌，因为作为"六根"之一，前五识都未单列，唯独意识插入意根。① 参照现代心理学理论，前五识无疑属于感性层次，而第六、七两识应同为知性层次，第八识则为心灵第三层面。如此比照综合，数论、瑜伽论和佛学之间可谓是"圣贤百虑而一致"，瑜伽行派自身的八识与三性理论也更显现出有机统一性。

"三性说"已见于《大乘阿毗达磨经》和《解深密经》，无著和世亲兄弟进行了阐发和完善。世亲在《唯识三十颂》中做了精彩的释义："由彼彼遍计，遍计种种物；此遍计所执，自性无所有。"（第20颂）"依他起自性，分别缘所生；圆成实于彼，常远离前性。"（第21颂）对照无著《摄大乘论》的真谛译本与玄奘译本的译名，或许有助于我们理解其本义。

玄奘所谓遍计所执性，真谛曾译为"分别性"，与之相对的是"相无性"，显然与心灵的"了别"功能相通。对于色相无论是执为实有，还是以为它虚妄，当属于心灵感性层面的取舍。玄奘所谓依他起性，真谛曾译为"依他性"，还可译为"他根性"，与之相对的是"生无性"。关于事物存在的因缘的考察，当属于心灵"思量"的结果。所谓"依他"是从肯定方面立论，所谓"生无"是从否定方面立论，均为知性层面的认识。玄奘所谓圆成实性，真谛曾译为"真实性"，与之相对的是"胜义无性"。在宗教和哲学文化中，人们往往以绝对之物、无限之境为真实，它正好对应于人类心灵的第三层面。

印度传统哲学的这一思想遗产得到其现代哲学界的继承。辨喜深入区分粗身、细身和灵魂，奥罗宾多（Sri Aurobindo，又译阿罗频多）更是以"生命、心思和超心思"的理路贯穿其名著《神圣人生论》之中。限于篇幅，兹不赘述。需要提及的是，他们与古代先哲一样，最为重视的是敞亮心灵第三层面，倡导呈现灵魂或进达超心思，因为这才是人类

---

① 事实上，《解深密经》中"心意识相品"没有讲末那识，只讲"七识"，在逻辑上看应该说更为顺理成章。

精神之基石和精华。

二 对于心灵深层两维的觉察

心灵的深层我们称为第三层面，它是如何运作的呢？印度哲人也有所觉察。概而言之不外是健与顺、雄与雌、辟与翕或发散与收敛等对立势用的相辅相成，采用西方哲学范畴表达，即动力因与形式因相互作用而形成双向的矛盾运动。

神是否存在于物理世界难以确证，但可以信实的是它源于心灵深层的企盼。《梨俱吠陀》中最让人敬畏和尊崇的有两位神祇：其一是因陀罗，全书约有四分之一的篇幅歌颂这位雷神和战神，描述他腹大充满了苏摩（一种让人精力充沛、斗志旺盛的液体），躯干超过大地的十倍以上，手握金刚杵，力大无穷，常能降服群魔；其次是伐龙那，他以公平执法著称，具备一切智，是天地万物和人类社会的立法者，天地因之奠定，日月星辰依照他制定的法则运行，且能洞察人的真伪，任何阴私都逃不过他的眼睛。因陀罗之力与伐龙那之智，可以说是宇宙与心灵所包含的动力因和形式因的人格化体现。

神我与自性在数论中是一对本体范畴。印度著名学者德·恰托巴底亚耶认为，原始数论起源于印度原始公社时代，反映了母权社会的现实。因此人们推测宇宙的起源与男女生殖行为相类似，于是形成两个最基本的范畴：以女性为标志的"自性"（原质）和以男性为标志的"神我"（原人）。这一观点能够得到很多佐证。在《奥义书》（如《歌者》《迦陀》）中，神我（Atman）常常被称作灵魂或丈夫，认为他寄寓在个体心灵深层，这个我也就是梵或原人。《白骡奥义书》（4.5）形象地描述说："有一牝羊，赤白且黑。生子孔多，酷肖其母。一牡爱之，同之欢乐。又一牡羊，乐后舍去。"① 据吠檀多派著名哲学家商羯罗解释，赤、白、黑三者为喜、忧、暗三德；牝指自性，能生一切；牡为神我，随之入世，受世间乐。

---

① 这里采用汤用彤的译文及其理解，见于汤用彤《印度哲学史略》，上海世纪出版集团，2006，第69页。另可参见《奥义书》，第323~324页。

在数论中，神我与自性被看作精神世界乃至物理世界的创造者，由于生殖繁衍过程中女性占有突出的地位，所以神我通过自性的运作而衍生二十三谛。这与中国哲学所谓"乾知太始，坤作成物"（《周易·系辞上》）相似。数论派的《金七十论》卷上便明确写道："譬如男女由两和合故得生子，如是我（即神我）与自性合，能生大（觉）等二十三谛。"其卷下还谈到自性以女德胜，在二十四义（谛）中无有一物如其柔软，并引一偈云："人我（亦即神我）见自性，如静住观舞。"其意是说，神我通常安坐不动，在种种情境中观此自性之生产过程，如世间人观赏诸伎女的种种歌舞一般。由于自性繁衍出二十三谛，是为"孔多"；而所生诸谛均具三德，是为"酷肖其母"。

言为心声。古印度哲人非常重视语言包括语音的研究，其中最为推崇的一个词是OM。它原本是在吟诵吠陀时用于开头和结束的感叹词，《奥义书》的作者们经过分析，视之为一个神圣的音响符号。《伽陀（石氏）奥义书》（1.2）写道："所有吠陀宣告这个词，所有苦行称说这个词，所有梵行者向往这个词，我扼要告诉你这个词，它就是OM。""这个音节是梵，这个音节是至高者，知道这个音节，他便得以心遂所愿。"《蛙氏奥义书》更是以解读此词为全篇的主旨，认为OM这个音节囊括了所有，象征宇宙、自我和梵以及这三者的同一，"过去、现在和未来的一切只是OM这个音节。超越这三时的其他一切也只是OM这个音节"。《薄伽梵歌》也如是观。其第七章之八称"我（黑天，即大神毗湿奴的化身）是水中味，日月之光，一切吠陀中的OM"。第八章之十三又吟唱道："时时刻刻想念我，只念一个梵音OM，抛弃身体去世时，他就走向最高归宿。"[①]《瑜伽经》的第27条也说："至高的神，其字义就是那神秘之音'OM'。"[②]《梵经》（3.3.9）甚至认为，这个"圣音""遍满所有吠陀"[③]。

从音素的构成着眼，发OM这个音节是包含a（啊）－u（呜）－

---

① 《薄伽梵歌》，黄宝生译，商务印书馆，2010，第73页。后文未予特别注明的引文亦采自此译本。

② 《帕坦伽利的〈瑜伽经〉》，陈景圆译，商务印书馆国际有限公司，2013，第59页。

③ 《古印度六派哲学经典》，姚卫群编译，商务印书馆，2003，第323页。

m（唔）三者的一个完整的转化过程。a（啊）是所有声音的开始，只要张开嘴发音就是"啊"；它发自喉咙，经舌根、上颚移向嘴唇，发出的声音转变为 u（呜）；再闭上嘴唇，就转变为 m（唔）。可以说，a 音是创始，u 音是延续，m 音是完成。这个字音包括了一个声音的天然流转的基本过程，甚至可看作所有词语发音的根本。《伽陀（石氏）奥义书》认为 a 表示觉醒状态，u 是梦中状态，m 是熟睡状态。在后来的婆罗门教经典中，这三个音还分别代表三位大神：梵天、毗湿奴和湿婆；或者代表三部吠陀：黎俱、娑摩和夜柔；或者代表三界：天上、空中和地上。

如果说在使用拼音文字的民族看来，OM 是宇宙或人类发自心灵深层的根本音，那么，从中国哲学的观点看，它可以说是天地之道在人类发音领域的纯真表现，其中 O 为辟，是乾道的体现；M 为翕，是坤道的产物。它是二者自然而然的合成，正好合乎"乾知太始，坤作成物"的普遍法则。

印度佛学虽然主导倾向是精神活动向内收敛，但也充分注意到向外发散的另一端，并且意识到这种双向运动的根源是心灵第三层面。说一切有派所谓"集起"当理解为联合式的合成词："集"为聚集、收摄，"起"为生起、发散。① 既能摄，又能生，犹如种子，蕴藏在心灵系统（心体）的深层，因此又可谓是藏识或种子识。玄奘法师在《成唯识论》卷五引《入楞伽经》的一则偈颂就表述为："藏识说名心，思量性名意，能了诸境相，是说名为识。"

应该承认，无论是以龙树为代表的空宗还是以无著和世亲为代表的有宗，都要求破除对实体存在的执着。龙树通过著名的"八不"偈对其予以否定自不必说，就是有宗在肯定圆成实性的同时也随即强调胜义无性。不过世亲在《唯识三十颂》的第 25 颂中，曾将圆成实性表述为"真如"，进达这一层面便是达到最高的境界，了知宇宙和人生真实不妄、自是如此的本体。传为马鸣所作的《大乘起信论》正好倡导真如缘起论，值得我们联系起来研究。它认为世界万有都由心真如生起和变

---

① 《解深密经》卷一将深层之"心"即阿赖耶识释为"积集"与"滋长"。

现;即使是凡夫俗子,也具备这心真如,所以它是众生心;但它不拘于色相,摆脱了无明,又可谓之宇宙心——实即心灵的第三层面。

《大乘起信论》提出了"一心开二门"的理论,对心灵深层的体认甚为深切。① 其中写道:"显示正义者,依一心法有二种门。云何为二?一者心真如门,二者心生灭门。是二种门皆各总摄一切法。此义云何?以是二门不相离故。"真如又可称为如来藏,是非生非灭的本体;"生灭"则是指诸色法具备因缘则生,失去因缘则灭,是具有相对性的万有。性质截然相反的两种门为何不相离?由于《大乘起信论》是将每一个体灵魂都看作一个完整的精神系统,可知趋向于真如和趋向于生灭实为一体之两面。以门比喻既形象又贴切,关键是要将心灵深层的律动理解为一个转轴门:向内转(收摄)是开心真如门,向外转(生发)是开心生灭门,因而二门不相离。

正因为如此,它具有区别和通入两种意思:内、外是区别,进、出是通入。出真如境而入生灭境,是由绝对转入相对,谓之流转;由生灭境入真如境,是由相对进入绝对,谓之还灭。在佛家看来,前者是心生万法,后者是万法一如。无论是从绝对方面还是从相对方面看,其实都可总摄万有,即一切法。佛家以入真如境为净,入生灭境为染,即以一为净,以多为染。开真如门为"还灭",于是见空(实相)、得一(真如);开生灭门则为"流转",于是滋生妄念、分别。说一切有派所谓"集-起",于此展开为一个动态系统的描述。持积极入世态度的人未必需要信从佛家的净、染之说,但不应轻易否认心灵深层具有一翕(即入真如门)与一辟(即开生灭门)两种最基本的势用——参照中国传统哲学,它是乾坤二道的体现;而从现代思维学看,正好可解释为收敛与发散两种基本形式。

印度现代哲学力图以新的概念表述传统思想。提拉克探寻《薄伽梵歌》的奥义,认为最高的实在是梵,构成人与世界在本原上统一的是逻各斯与普遍意志。奥罗宾多在《神圣人生论》中认为太一或主宰是

---

① 《大乘起信论》或为译者真谛自著。即使如此,真谛本人也是印度前期瑜伽行派的传人。

"真、智、乐"合而为一。① 居中的"智"实指一种觉醒与力量，英译作 Consciousness-force，黄心川先生转译为"意识-力"②，较为贴切。根据奥氏的前后行文，它其实大致相当于柳宗元《天爵论》中所谓"明"与"志"两端的统一。

三 对于第三层面性相的描述

印度民族的先哲大多数沉浸于对彼岸的向往，而不像中国和欧洲先哲较多地在此岸流连和奋进。当然，印度哲学也非铁板一块，内部存在许多流派与纷争，如吠檀多派既批判佛学，又批判数论派和胜论派的某些观点。这正如我国儒家和道家尽管似乎水火不容，其实在内圣甚至外王方面多有相通相洽之处一样，印度哲学于求解脱和去彼岸的基本趋向上也存在广泛的一致性。对于人类心灵来说，彼岸便是其第三层面，被视为整个精神系统的根基，各学派描述其性相常有交集。

（1）它是绝对领域，是"一"而非"多"，因为莫得其偶。在一定意义上说，印度传统文化的内核是梵 Brahman：人们大多信仰梵天 Brahma，诵读梵书 Brahmana（中性），尊敬梵祭司婆罗门 Brahmana（阳性）。就是并不信仰梵的佛家也常讲梵心、梵行、梵事等，作为表示高尚纯洁的修饰语。在吠檀多派看来，梵是宇宙的创造者或生主，但是无形的神，或者说是宇宙精神或自我，总之是全能的第一因，世间一切都为它所变现。人类通过返回自身或者说返回心灵第三层面就可以与之合一。《歌者奥义书》（6.8）明确肯定它的存在："一切众生虽同出一生，而不自知其为一。彼神秘之原体，世界以之为精魂。彼乃真实，彼乃自我，彼是汝。"③ 这"一"就是梵，众生来自它的变现，它存在于一切事物之中。按《大森林奥义书》（1.4）的描述，在极其遥远的太初，这个世界唯有自我，他就是原人。原人的形状似人，但除了他自己，周围别无一物。后来他因为感到孤独而不快乐，于是将自己一分为二，出

---

① 〔印度〕室利·阿罗频多：《神圣人生论》，徐梵澄译，商务印书馆，1996，第 114 页。
② 黄心川：《印度哲学通史》下册，大象出版社，2014，第 555 页。
③ 此取汤用彤译文，见于汤用彤《印度哲学史略》，第 18 页。另可参见《奥义书》，第 197 页。

现丈夫和妻子。二者交合，便产生了人类、众神和世界的其他一切。这个自我或原人就是梵。这个自我在佛家看来是真如或阿赖耶识，同样被视为万法生灭之根源。

（2）它是无限的。绝对本身意味着无限，因为不存在与之相对的东西能对它施加限制的情况。从绝对引出无限的属性，便于从时空维度考察它的超越时空的性质。《大森林奥义书》（2.3）称梵有两种形态，即有形的和无形的，认为有形者不真实，无形者真实。吠檀多派分别称之为下梵与上梵，佛教则称之为随缘和真如。有形者为现象，是有限的众多个别存在，无形者为本体，是无限的唯一者，因而它虽然不显现，但其实寓于一切有形者之中。《歌者奥义书》（3.14）指出内心的自我小于麦粒、小于黍籽，却大于地，大于天。《薄伽梵歌》第二章则说，身体有限，灵魂无限，它从不生下，也从不死去。正因为它超越时空，所以"眼睛看不到，语言说不到，思想想不到"（《由谁奥义书》1.3）。语词只能指称有限之物，对于无限者不可能用语言直接描述，否则才涉唇吻，尽是死门。运用肯定性判断进行阐释行不通，于是只好采用"遮诠"（即"不、不"）的方法表达。如龙树的《中观论·缘起品》就采用这种句式，分别从实体、时间、空间和运动几个方面进行界说："不生亦不灭，不常亦不断，不一亦不异，不来亦不去。"

（3）从绝对、无限的本体角度看世界万物，林林总总的差别或殊异被摒除，所见到的就会是平等齐一，万法一如。庄子的《齐物论》正是取这一视角，如称"厉与西施，道通为一"。有些论者将其斥为相对主义或诡辩论，若在印度哲人看来，这种批评实在是浅薄的戏论。《薄伽梵歌》一再宣讲智者们对万事万物都一视同仁，平等看待一切众生。其第六章写到，当至高的自我沉思入定，就会平等看待欢乐和痛苦，冷和热，荣誉和耻辱；平等看待土块、石头和金子；甚至对待朋友、同伴和敌人，以及善人和恶人都是如此。因为瑜伽行者立足于一，崇拜寓于一切之中的黑天或梵。佛家的《解深密经》释"圆成实性"为平等真如，《大乘起信论》所标举的"一心"也可称为平等真如，它既是心灵的本体又被看成宇宙的本体，从真如作为绝对本体的方面观察，于是见到宇宙万有恰如海水之同一咸味，到处不变，一味平等，无迷悟、染净之差别。《摄大乘论》卷中有偈云："遍行无依止，平等利多生。一切佛智者，应修一切念。"（玄奘译本）其中宣扬若得诸佛平等行无碍行，游于三世平等之境，其身便流布一切世界，于一切法智慧无碍，一切行与智慧相应。

（4）超越了感性和知性领域的有限性和差别性，个体便与绝对、无限的存在融而为一，心灵也就获得解脱而达到自由自在的境地。《弥勒奥义书》（6.34）认为，一旦摆脱昏睡（暗性）和迷乱（忧性），进入无意识状态，便达到最高境界。思想靠入定涤除污垢，进入自我而幸福，其美妙不可言表，只能自己靠内部感官把握。《伽陀奥义书》（1.12）也说，安居在天国世界，没有任何恐惧，无衰老之虑，摆脱了饥渴状态，充满欢愉。印度哲人较为普遍地崇拜自在天。在《金七十论》中，自在天通于神我，其卷下指出自在天无三德，而世间有喜、忧、暗三德，可见三德只能来自自性。由于没有三德系缚，所以神我是自由自在的。如偈所说："人（即神我）无缚无脱　无轮转生死。轮转及系缚　解脱唯自性。"佛家不敬自在天，却同样追求自在清净、自由洒脱，他们常讲佛的色身，自由自在，大小无碍，即欲大就大，欲小就小。《瑜伽师地论》卷七十五描述菩萨地有"十清净"，其中就包括自在方便清净，住自在清净，引发神通自在清净，成熟有情自在清净和降伏外道自在清净等五者。

（5）绝对、无限的本体的必然定性是圆满。《大森林奥义书》第五章开首一偈云："那里圆满，这里圆满，从圆满走向圆满；从圆满中取出圆满，它依然保持圆满。"通常人们在生活中总是感到现实的不圆满，似乎圆满只存在于理想追求之中。其实还可以反过来看，人们之所以有对圆满的渴求，缘于心灵中存在圆满的本体，并且正是它构成人们不自觉的衡量现实的尺度，且制导着人们的活动趋向于圆满。《大森林奥义书》（5.3）称心（hrdayam）是梵，是一切，指出它由三个音节构成：hr是第一个音节，知此，他人会为他带来（abhiharanti）礼物；da是第二个音节，知此，他人都会给予（dadati）他礼物；yam是第三个音节，知此，他就会走向（eti）天国世界。这是在揭示心灵兼收过去（带来）、现在（给予）和未来（走向），可以左右逢源且趋向圆满。正如《摄大乘论》卷中的一偈所云："圆满属自心，具常住清净。无功用能施，有情大法乐。"（玄奘译本）心灵中的这种圆满状态在《瑜伽师地论》卷五十第十七讲"无余依地"（瑜伽师修成的最高境地）中被描述为：超越一切烦恼和诸苦的流转，达到真无漏界或者称之为真安乐住。这种境地"无转""无垢""无没"等，在佛家中最通常的称谓是"无余涅槃"。它圆满具足，为修养之大成。

印度哲学寻求解脱之方，普遍倾向于选取摒弃情欲（感性）乃至思虑（知性）以消除无明之途。因而正如汤用彤先生所说，"总御总持，则精瑜伽"①。这是一种悠久的传统。印度文明奠基于吠陀时代，而作为文化经典的"吠陀"即是"明"；《奥义书》标志着印度哲学的成形，所谓"奥义"其实基本是指揭示心灵第三层面的能与所。领悟奥义而实现澄明，也就是心灵深层的敞亮。鲁迅肯定印度文化曾"贻我大祥"，甚为公允；考虑到其时他受到章太炎先生的思想影响，则可以进而推断所谓发"内曜"和"破瘰暗"潜在地联系着印度宗教与哲学之所长。在一个信仰缺失、道德沉沦的时代，发掘和整理印度哲学的相关思想遗产，有着尤为重要的理论意义和现实意义。

第三节　西方哲学认知的演进

牟宗三先生称中国哲学在超知性层面大显精彩，显然是比照西方哲学而言。西方哲学注重于认知物理世界，整体上的确具有"方以智"的特点。但即使在认识论领域，西方思想界也一直贯穿着经验论与先验论的对立，后者普遍重视先天的甚至超验的一维；而在价值论领域，先验论的道德观在某些历史阶段还占有优势。②尽管致力于心灵深层的开掘者的相对比例较小，但由于西方哲学典籍浩繁，我们仍不难从中整理

---

① 汤用彤：《印度哲学史略》，第1页。
② 中国的道德哲学在绝大多数时段均为先验论者占优势。

出不亚于中国哲学和印度哲学的同类的思想财富。

一 古希腊时代的观念奠基

至少在苏格拉底之前，雅典的德尔斐神庙就铭刻有对世人的殷切告诫："认识你自己！"人类认识自身主要是透视自己的灵魂，所以古希腊时代的思想界一方面关注物理世界的本性和成因，形成所谓自然哲学，另一方面也热衷于"灵魂"的构成与功能的讨论，形成影响深远的"三分法"与"二分法"。从逻辑上看，自然哲学与灵魂学说的交接部可谓是"奴斯"（Nous），它明确指称一种理智的精神实体，既被看作万物运动的本原，又被看作人类灵魂中当居统帅地位的纯粹部分，人们普遍认为它联通了大宇宙与小宇宙。① 正因为如此，考察其时的灵魂学说，在某些场合可以跨越人类学哲学的界域，从哲学家的宇宙观中寻找资源。

依据现存的资料，属于毕达哥拉斯学派的阿列扎斯最先将人的心灵分为理智的、勇敢的和嗜食的三部分。其后德谟克利特试图进一步确定灵魂三部分的生理部位，认为灵魂的原子遍布全身，不过又特别集中于几个地方：理智在头部，勇敢在胸部，情欲在肝部。② 柏拉图也接受了这样的观念，他在《蒂迈欧篇》做了具体的论述，认为理智是高贵而不朽的灵魂，是诸神取自宇宙的创造者而赋予人类的，将它置于头部的半球形骨髓中；灵魂的可朽部分置于胸腹的横膈膜上下：较为高贵的激情或意志在心肺部位，较为低劣的情欲则在横膈膜之下。

三分法广泛存在于柏拉图的著作中，既直接见诸对于灵魂的不同角度的描述，又间接表现于他对世界特别是人类的认识活动的分析。

《斐德罗篇》有一则著名的马车喻："灵魂可比作是两匹飞马和一

---

① 赵敦华：《西方哲学简史》，北京大学出版社，2012，第8页。
② 〔苏〕雅罗舍夫斯基、安齐费罗娃：《国外心理学的发展与现状》，王玉琴等译，人民教育出版社，1981，第90页。另有一说，灵魂的三分法可以追溯到荷马史诗的相关描述。的确，日常经验中人常有"绞尽脑汁""义愤填膺"或"肝肠寸断"之类感受，似乎折射出理智、激情和情欲之不同的发生部位。

个车夫的组合体。……就我们人类来说，人类灵魂的车夫赶着两匹马，一匹马是高尚的，具有高贵的教育，而另一匹马却是卑劣的，教育极差。所以驾驭人类的马车是一件异常困难和艰巨的工作。"① 这里的车夫指理智，高尚的马（又称白马）指激情或意志，卑劣的马（又称黑马）指情欲。以这种人格构成的观点为基础，他进而解释国家的构成和社会的正义，采用了明确的层级之分。在他看来，虽然人的灵魂均有三个部分，但大多数人沉湎于情欲，只能充当从事农工商活动的劳动者；一部分人以意志见长，适合于担当国家的守卫者；极少数人保持了理智的纯粹性，如掌握了真正知识的哲学家，理当担任国家的执政者。国家仿佛是放大了的个人，理智的代表者君主应当具有智慧，意志的代表者军人当具备勇敢，情欲的代表者农工商最需要的美德是节制。只有当三个等级各做各的事而不互相干扰时，国家才能达到和谐一致，这便是社会正义。所以，"理想国"秉持和弘扬四种美德：智慧、勇敢、节制和正义。

在认识论领域，柏拉图也间接表达了他的灵魂观念。著名的"洞穴"喻包含了三层次的思想：普通人无力摆脱肉体感官的束缚，执映现在洞壁的影像为真，近于无知；稍清醒一些的知道这些影像是身后雕像的反映，然而这种认识仍只是局部的、较模糊的意见；唯有见到和领悟光源（太阳）之所在者才具有最清晰的知识。② 若采用现代哲学概念，大致可以说，前者是对于现象的感觉，其次是对于本质的认知，后者则是对本体的把握。柏拉图以理式为世界万物的本体，并以之为哲学研究的对象；由于世间万物只是"分有"了理式或者说部分具有理式的样态，所以对它进行物理研究的自然科学只能归于意见范畴；如果说现实事物是对理式的模仿，那么模仿现实事物的艺术所执的影像，可谓是"模仿之模仿"，与真理相隔更远。这些相关的分析内含逻辑的统一性，其层次关系大致如下表所示。

---

① 苗力田主编《古希腊哲学》，中国人民大学出版社，1989，第281页。
② 印度佛学的瑜伽行派提出"遍计执""依他起""圆成实"三性，与柏拉图的洞穴喻不无相似之处。

"洞穴"喻	认识层级	认识对象	文化层级
执影像	无知	现象	艺术
知雕像	意见	本质	自然科学
见火[太阳]	知识	本体[理式]	哲学

如果说灵魂的三分法潜在地联系着世界特别是人类文化的三层次区分，那么灵魂的二分法更关乎世界本原和人类活动的两种最基本的对立趋向。即使持经验主义立场的人也能发现或接受这一区分，只是他们无视这种对立源于心灵第三层面罢了。

赫拉克利特认为，世界"过去、现在、未来永远是一团永恒的活火，在一定的分寸上燃烧，在一定的分寸上熄灭"①。活火燃烧是一种动力因，一定分寸则为形式因——与之相连的是"逻各斯"（Logos）。巴门尼德提出，大自然的基础是受热膨胀和遇冷收缩两个相对抗原理。恩培多克勒在"四根（地、水、风、火）"说基础上寻找更具有能动性的本原：表现为合力的友爱和表现为斥力的争吵。他注意到，有时一切在爱中结合为一体，即由多归一；有时每件事物在争吵中分崩离析，即由一变多。所以他深信，这两种力量是本原的动因，万古常存。柏拉图在《斐德罗篇》中记述苏格拉底是综合与划分的热爱者，认为这是"辩证法家"所必备的能力——这两种方法约略相当于综合与分析，是认识活动在一与多之间的双向运动。

在此基础上，亚里士多德明确提出关于灵魂的二分法。其专著《论灵魂》并不主张将人的灵魂"分割"为知、情、意三部分，一个重要的理由是这三者都牵涉认识与实践两个领域。与这两个领域相对应，他区分了灵魂的两种基本功能：思想和欲求。他所谓灵魂是指人的整个精神系统，认为理智在其中支配认识和思维活动，理智能思维一切，但必须保持洁净，任何异质东西的插入或玷污都妨碍它的接受能力，而接受是理智的本性。欲求的能力包括理性部分的意志（希望）、非理性部分的欲念和情感。欲求常常引起精神系统产生运动，其对象"或者是真正的善，或者只是表面的善"。因此，比较而言，"理智永远都是正确的，

---

① 《西方哲学原著选读》上卷，商务印书馆，1981，第21页。

但欲望和想象既可能正确也可能不正确"①。本着这种观点，亚里士多德将理智区分为思辨的和实践的，并且将哲学看作一切科学的总汇，认为它应当包括理论科学、实践科学和创制科学（艺术）三类。

亚里士多德一方面自诩是目的因的首创者，提出存在"隐德来希"即一切事物趋向的具完满性者，另一方面在知识论中又断言心灵犹如蜡块，逻辑学家（重思辨）与自然科学家（重经验）的双重身份有时损害了其立论的整一性。对灵魂两种功能的区分的确拓开了一种新视界，遗憾的是在他的研究中并未与传统的知、情、意之分达成有机的统一。

正是古希腊时代以柏拉图和亚里士多德为代表的灵魂学说，奠定了西方学术界认知人类灵魂的观念基础，至18世纪更酝酿出康德撰写三大《批判》的理论范式。

二 康德哲学的系统性集成

亚里士多德之后，古希腊哲学开始衰落，但对于灵魂的探索仍在延续。斯多噶派注意到世界有两个本原：一种是主动的（如气和火）向上运动，一种是被动的（如水和土）向下运动；在圆球形的宇宙中，向下意味着向心凝聚，向上意味着离心扩散。这与中国哲学的乾、坤二元颇为相似，可以延伸解释万物存在和发展的生长力和内聚力，人的精神系统亦然。普罗提诺视太一、理智和灵魂为本体的三位，他指出，当灵魂向理智和太一回归，三者合而为一；当它作用于低级对象而作为事物内部变化的动力时则表现为多。奥古斯丁认为，人的理性灵魂（排除了情欲）包括自觉的记忆、理性和意志三种功能，三者中意志为心灵生活的根本，因为信仰高于理智，不信仰上帝就不能认识上帝。这一观点为后来许多神学家所坚持。

中世纪的经院哲学中，托马斯·阿奎那的灵魂观最为值得注意。一方面，他较多吸收了亚里士多德的思想，以认知和意欲为人的两种不同的活动方式：前者由外到内，引起人的感官和灵魂的内部变化；后者由

---

① 苗力田主编《亚里士多德全集》第三卷，中国人民大学出版社，1992，第87页。为了保持本节术语的一致性，这里将"心灵"（即奴斯）表述为理智。

内而外，以外部事物为目的，通常见诸人的行为。意欲也可分为感性和理性两种，动物性意欲属于前者，意志则属于后者。因此他肯定理性因素或是理论的，或是实践的。另一方面，作为神学家，他必然重视先验乃至超验的方面，因而与柏拉图的学说也颇多吻合，如将认识能力区分为感觉、人的理智和天使的理智三层，相应地将人类文化区分为低于理性的诗的知识和高于理性的神学知识等。也就是说，一旦注目于神性的一维，他就超越了自己所崇敬的先哲——亚里士多德的视界。

在英国，"理智"不再具有古希腊时代的神秘意味，"灵魂"则反过来取代了它的精神本原地位。司各脱认为，理智和意志是人的灵魂的两种功能，但理智达不到神学的高度，因为神学不是知识，而是实践的学问，其信条是人的行动准则。因此他首创意志主义，断定人的意志与上帝的意志相通，它不受其他对象支配，本身是人类活动（包括理智的运用）的目的因和动力因。与他同时代的威廉·奥康指出，人们其实感知不到作为共同形式、共同本质的灵魂，仅可感知到自己的理智活动、意志活动和欲望活动。在三者中唯有意志是完全自由的，不受理智和欲望的支配，其终极目标是皈依上帝，背离这一目标便是恶。

文艺复兴时期，布鲁诺在《论原因、本原和一》中将人的心灵区分为感觉、理性和理智三层，又在《论英雄主义激情》中提出心灵是"认识力"与"意欲力"的和谐，力图兼收并蓄柏拉图传统和亚里士多德传统。他还将有灵魂的最小单元称作"单子"，每个单子都能反映世界灵魂的影像，这一猜测可能启发了莱布尼茨。

17世纪，笛卡尔主张身心二元论，将人的身体看作一台机器，认为灵魂则是神的先天赋予，身体通过动物精神、灵魂通过意志在颅腔中的松果体实现交感。他所谓灵魂既排除了动物精神又超越人的知解力，所以似指心灵第三层面，是蕴藏上帝、无限、完善性诸天赋观念之所。在他看来，人一方面可以通过普遍怀疑还原于"我思"之我，获得清明的理智，另一方面总是通过意志做出判断和抉择，因为唯有意志是灵魂的动作，且是完全自由的。这种建立在"我思故我在"原则基础上的"哲学原理"，开启了近代以来主体性哲学的先河，也拉开了近代欧洲大陆唯理主义与英国经验主义论战的序幕。

其后洛克提出相反的观点，认为一切知识来源于经验，人们不必有任何天赋的原则就可以获得它们。他倾向于亚里士多德的看法，将人的心灵看作一块白板。针对洛克关于人类理智的观点，莱布尼茨撰《人类理智新论》进行了逐条的辩驳，申明自己更倾向于柏拉图的看法，肯定灵魂原来就包含多种概念和学说的原则，在认识活动中外界对象作为机缘把这些原则唤醒了。因此，柏拉图的回忆说尽管像个神话，但至少有一部分与赤裸裸的理性并无不相容之处。若采用比喻性的说法，心灵更应该被看作一块有纹路的大理石，认识外物的过程同时也是使它清晰的过程。人类心灵不仅包含有意识的感觉和思维，而且还有未曾意识到的微觉，正是由于它的存在，心灵活动"现在孕育着未来，并且满载着过去，一切都在协同并发"①。真正系统阐述莱布尼茨的哲学思想的是其《单子论》，其中通过对构成宇宙的最小单元——单子的思辨性分析，从多个维度揭示了心灵的活动样态。仅就认识活动而言，他并不否认感觉经验的重要性，并且为经验归纳提出一条亚里士多德逻辑学所没有的充足理由律。在他看来，亚氏所揭示的同一律、矛盾律和排中律均为必然理由律，它们运用于推理获得的是必然的真理，充足理由律则运用于事实，获得的是偶然的真理，但二者的最终根据都是"一"（一原则或上帝），即植根于心灵的深层。

休谟致力于人性研究，着重探讨认识论和伦理学两个领域，刚好涉及心灵活动的两种功能或两个维度的区分。由于沿袭英国的经验主义传统，且立志要成为精神哲学的牛顿，休谟竟然将哲学研究方法也确定为实验和观察，所以他只看到人性的情感和理解两个层次，未能深入心灵第三层面。不过其怀疑论触及神学甚至自然科学立论的基础，客观上促进了人们更多地从主体性方面思考。与之约略同时，法国启蒙运动的著名思想家卢梭则非常关注人的天赋，直指心灵的第三层面，认为意志高于理性，是良心的根据和心灵的动力因。

正是在前人既有思想成果的基础上，康德力图调解怀疑论与独断

---

① 〔德〕莱布尼茨：《人类理智新论》上卷，陈修斋译，商务印书馆，1982，第10页。

论、经验论与唯理论之间的冲突，实现一次"哥白尼式的革命"，通过创立主体性的先验哲学，在文化领域重新确立人的中心地位。① 他所撰写的三大《批判》，刚好对应于传统的"知、情、意"三分法。从心灵能力对象化的文化形态看，它是一种平行的划分。这并非他的首创，此前鲍姆嘉通等已注意到，且倡导建立与之对应的哲学分支学科。康德的杰出贡献在于，他将三者又转化为层次之分，由外而内为感性、知性和Vernunft，并进而将 Vernunft 区分为理论的和实践的，这便与亚里士多德的二分法统一了起来，构成一种具有综合性的考察文化活动的新范式。

在认识领域，康德提出"先天的综合判断"协调了唯理论与经验论，同时排除了怀疑论（通过论证普遍必然性）和独断论（通过肯定认识活动中经验的地位），简言之即"左执理念，右执实验"。在道德领域，他区分自由意志（相当于中国哲学之"志"）与意欲（Willkür 相当于中国哲学之"意"），认为前者属于心灵第三层面，是自律的，为道德立法的根基，后者处在感性与知性层次，往往是他律的——人性于此出现善与恶的分野。② 在审美领域的考察中，康德的主旨在于表达鉴赏活动是合规律性（近于科学）与合目的性（近于道德）的统一，因而填补了必然领域（自然）与自由领域（道德）之间的鸿沟，或者说在科学文化与道德文化之间架起了桥梁。三大《批判》因之也解释了真善美三大价值的来由、性质和功用。

康德所创立的新范式来源于"三个世界"：面对事实的筚路蓝缕（W1）、既有成果的兼收并蓄（W3）和自我剖析的玄门独诣（W2）。它具有巨大的文化阐释功能，需要后学继续努力，使之细密化、清晰化、常规化。

三 康德之后的局部性拓展

雅斯贝尔斯在《大哲学家》中将康德列为"思辨的集大成者"之

---

① 这里似乎体现了历史的辩证法，哥白尼在自然领域驱除了"人类中心"观念。
② 康德以自由意志为善，以意志的他律（任意 Willkür）解释人性恶，或许受到圣托马斯的启发。

一,崇敬之情溢于言表。他坦承:"目前还无人成功地把康德的思想翻译成一种非常清晰的、在方法上明确的意识形式。这一伟大的任务始终存在。"① 200多年来,尽管崇信康德哲学者不在少数,但真正能系统继承、切实推进且卓然不群者实在是凤毛麟角。② 当然,这并不妨碍人们直面事物自身,从不同角度对心灵的认知有局部性的拓展。

黑格尔在《哲学史讲演录》中对康德所用的Vernunft范畴做了明确而较为恰当的界定,但在自己的著作中常常将此概念知性(理智)化了,认为它的对象——理念是可以洞悉和确切言说的。这既不符合康德的意旨,也与事实多有乖戾,因此导致非理性主义者的强烈反弹。在某些场合,他干脆代之以其他表述,如用"玄学思维"同日常意识、知性对举以指称心灵第三层面。事实上,他并不赞同康德从考察人的心灵能力入手解释诸精神文化领域的做法,而转向绝对理念自身演化历程的"客观"描述。

叔本华曾明确表示,他的思想受惠于康德、柏拉图和《奥义书》。《作为意志和表象的世界》主要采纳康德的现象界与物自体之分,通过分析表象和意志阐述他对真善美三大价值的理解。事实上,他根本就不愿接受康德赋予特定含义的Vernunft范畴,认为康德表述含混且杂乱。不过叔本华哲学之所以卓成一家之言,恰恰在于对心灵第三层面所涉内容(心所)的剥露。他直接或间接地通过"直观"发现,意志是世界和人生的本体。意志本质上是一种盲目的、无止境的追求。世界的表象不过是意志的客体性而已。除了这内外层次之分,叔本华还有一平行的二元划分,即理式与意志一样构成本体界的内容。意志的客体化有不同的级别,理式就是意志的客体化每一固定不变的级别,是意志的直接的恰如其分的客体性,"有如给自然套上一种格式"③——叔本华认为只

---

① 〔德〕雅斯贝尔斯:《大哲学家》,李雪涛主译,社会科学文献出版社,2005,第410页。

② 客观原因主要是心灵第三层面属于集体无意识领域,难以体察;康德自身的原因是其文体"辉煌的枯燥"、表达常有晦涩甚至紊乱、核心范畴Vernunft被赋予的含义芜杂等。将在后面论述,此不赘。

③ 〔德〕叔本华:《作为意志和表象的世界》,石冲白译,商务印书馆,1982,第191页。

有这样理解才合乎柏拉图运用此概念的原意。不难看出，意志与理式正好指称心灵深层的二维。由于以动力因为主导而将形式因置于从属地位，叔本华哲学便有别于西方传统而被视为通体具有非理性倾向。

尼采将叔本华的思想运用于审美领域，提出酒神精神与日神精神的二元对立，产生广泛影响。由于他将叔本华的生命意志改变为强力意志，结果形成与叔本华哲学判然有别的乐观意志主义。尼采所描述的人身上的酒神精神是一种深沉而强大的内驱力，表现为整个情绪系统的激动亢奋，或者说是"情绪的总激发和总释放"①；它的强烈奔突似乎是"泰坦的"或"蛮夷的"，酒神状态是一种痛苦与狂喜相交织的癫狂状态，使个体向世界本体（意志）复归。醉是日常生活中的酒神状态，音乐是酒神艺术的代表。如果说酒神精神基于意志的迸发，那么日神精神的基础实为理智或对理式的观照。在尼采看来，日神是一切造型力量之神，是光明之神，支配着人的内心幻想世界的美丽外观，赋予对象以柔和的轮廓；它要求适度，携有"清规戒律"②，自负和过度被视为与日神领域势不两立的恶魔。梦是日常生活的日神状态，其代表性的艺术形态是雕塑。尼采认为，酒神精神与日神精神协同作用，酷似生育有赖于性的二元性一样生成单个的艺术品乃至整个艺术世界。

同样受到叔本华的影响，丹麦哲学家克尔凯郭尔舍弃了意志范畴而转向个人生存体验的描述和诉说，这一基本倾向开启了存在主义思潮的先河。在《生活道路的诸阶段》中，他将人生描述为由低到高的三个阶段：首先是审美阶段，好色之徒唐璜是典型代表，一味追求感官的享乐，轻浮而堕落；其次是伦理阶段，个体由感性执迷进到理性主导，恪守节制、正直、仁爱诸美德，典型的代表是苏格拉底，其晚期理智完全驾驭了肉体；最后是宗教阶段，笃信上帝而甘于殉教，《旧约》中亚伯拉罕是此阶段的典型，他不考虑任何理由便甘愿奉献独子作为祭品。这三个阶段其实也是心灵三层面由表及里的三级阶梯。雅斯贝尔斯继承和发展了克尔凯郭尔的思想，他认为哲学不同于科学在于它的宗旨是探寻

---

① 〔德〕尼采：《悲剧的诞生》，周国平译，三联书店，1986，第320~321页。
② 〔德〕尼采：《悲剧的诞生》，第15~16页。

人生的意义，实现精神的超越：在理想的指引下超越知识和实践的特定领域的界限，这是内在超越；朝向外在于人和世界的存在大全超越，则是外在超越。作为有神论者，他认为后者才达到真正意义上的自由。

西方现代的生命哲学也颇多触及心灵的第三层面。狄尔泰认为，哲学研究的对象不应是单纯的物质或精神，而应是将二者联系起来的生命。生命不是实体而是活力，是一种能动的创造性力量。在真实的生命过程中，意志、情感和思想只是其不同的方面，文化创造都是这种生命冲动的外化。其后柏格森以生命和物质为对立的两端，前者上升而后者下坠，因而只有生命才构成宇宙的本质。在他看来，理智或科学只能认识物质世界，唯有直觉才能达到与生命之流的交融，与宇宙的本质相契合。

现代宗教学的奠基人麦克斯·缪勒明确指出，人类的宗教文化不可能产生于感性和知性，只能源于第三种心灵能力，他将心灵的第三层面称为"信仰的天赋"，认为它才是康德哲学中 Vernunft 的确切含义。在他看来，这第三层面其实并不比感性和理性神秘，而如果没有它，人类敬畏无限者的信仰领域的所有建树都不可能产生。① 他甚至呼吁建立与心灵三层次相对应的哲学学科。事实上，迄今业已形成的艺术哲学、科学哲学和宗教哲学就与之基本对应。

在符号学领域，卡西尔有力地支持了缪勒的观点。他将人类的整个符号系统划分为三个层次：语言的下限（我们可称之为次语言）属于感觉而有限之物的描画，如某物的状貌等；语言的上限（我们可称之为超语言）属于精神的无限之物的传达，如上帝、理念等；语言只能指称处于二者之间的事物。② 显而易见，符号系统的三层次正好对应于人类心灵的三层面。如果我们不能否认次语言领域的存在，那么就应该承认超语言领域同样具有合法性。

超语言的所指是无限者，每个人心灵深层的自我其实也是无限者。胡塞尔在笛卡尔和康德等人的相关思想基础上创建了现象学哲学，一方

---

① 〔英〕麦克斯·缪勒：《宗教学导论》，陈观胜等译，上海人民出版社，1989，第12页。
② 〔德〕恩斯特·卡西尔：《语言与神话》，于晓等译，三联书店，1988，第99页。

面倡导通过存在的和本质的还原回归先验的自我，另一方面阐释通过自我的我思与我思对象而外向构造起一个真实无妄的世界。这是认知领域的一场观念与方法的革新，不难发现其中隐含三层面和两系列的结构。

在科学哲学中，波普尔综合量子力学与牛顿力学而导致了一种新的宇宙观，认为宇宙的图景当是云与钟的统一。这也间接佐证了心灵深层是动力因与形式因的统一的观点。

西方哲学的天空群星璀璨，虽然其主导倾向是认识外部世界，但对心灵的认知成果也蔚为大观。这里主要从历时性角度进行梳理，未免挂一漏万。如果考虑到人们所讲的世界其实只是自身的一种视野，而其中的文化部分更是人类心灵的直接创造，二者均可谓是反映心灵的一面镜子，那么我们几乎在各个时代和各个领域都可以发现心灵第三层面及其双向活动的印记。因此有理由相信，承认心灵第三层面及其基础地位必将成为人们的共识。

第二章
现代心理-脑科学的相关探索

心灵的第三层面，不仅得到东西方先哲的亲切体认，而且在现代心理学和脑科学的前沿不断传来相关成果。如果说哲学界最为关注的是为宇宙和人生提供一种相对合理的解释，那么科学界则或多或少总是要求有经验的实证。先验的演绎能展现逻辑的普遍性，经验的证实能保证事物的客观性。哲学是形而上的探究，科学是形而下的研讨，二者从不同方面为心灵第三层面的存在提供佐证并对其含蕴进行揭示。

第一节 心理分析学的相关理论

莱布尼茨最先提出的"微觉"至19世纪有了进一步的开掘，赫尔巴特认为研究心理活动有必要划分"意识阈限"，一些"被抑制的观念"通常存在于其阈限之下；费希纳认同阈限的说法，并将心理活动比喻为"冰山"，未被意识到的是大部分。无意识的研究成为20世纪普遍关注的课题。这首先要归功于精神分析学派，特别是弗洛伊德和荣格。尽管荣格在与弗洛伊德分道扬镳之后将自己的理论命名为"分析心理学"，但学界更多将它看作精神分析学派的一个分支。这一学派一反冯特开创的着重研究意识的心理学传统，转而致力于发掘人类的无意识领域。毋庸讳言，弗洛伊德与荣格的观点存在严重的分歧，但也存在互补的可能。这里拟主要探讨两人的人格结构理论特别是关于"超我"和"集体无意识"问题。①

---

① 阿德勒的个体心理学与荣格的分析心理学有类似的思想倾向，它强调人格的统一，相信人更强有力地受他所憧憬的未来所影响；认为心灵有一种策动的内驱力，使人格的不同源泉通向一个主要的目标，因此健康人格是一创造性的自我，不断地追求卓越，达到自我实现。限于篇幅，我们将不将其纳入讨论的范围。

一 弗洛伊德描述的人格系统

弗洛伊德的核心理论，在 1920 年前可谓是心理动力系统，着重描述意识、前意识与无意识之间的潜伏、压抑、抗拒、投射和升华之类关系；之后主要为人格结构系统，着重描述自我、本我和超我三者的对立与统一。由于弗洛伊德的观点总是处在不断的发展和修正过程之中，后期又经常从两个维度阐述自己的见解，因此，依据不同著作版本的各家对它的理解和把握都不尽一致。有鉴于此，探究两个系统各自内在的关系和两个系统之间的关系，就成为一个非常艰难但又甚为重要的问题。

在《精神分析引论》第十九讲（抗拒与压抑）中，弗洛伊德就近取例，对于他所谓心理动力系统做了较为明晰的描述，我们不妨称之为"两个房间说"①。人的精神系统犹如两个房间，一小一大，但紧密相连，既有一墙之隔，又有一门相通。

其中处在前面的小房间"像一个接待室"，可称之为"前意识系统"。它由意识与前意识构成，其内容（词-表象）一方面来自外部信息的传入，另一方面来自内部信息（包括冲动）的整理。这是一个理性的、有序的场所，一般都是可以见光的或可"晒"的。不过光线毕竟只能从一个门窗进入，它所照射之处即是此时此刻的清醒知觉，弗洛伊德称之为狭义的"意识"；其他美术学意义上的"阴影部分"可以说是"潜伏"的，由于光线的移动或信息的流动有可能转化为意识，它介于意识与无意识之间，所以被称为"前意识"。

后面的房间犹如一个庞大的几乎是密闭的储藏室，没有光线进入，不能被意识所觉察，所以是"无意识"（unconscious）系统。这里聚集的是大量的本能冲动，它们充满能量，但是没有组织，相互拥挤在一起，只求达到欲望的满足，不顾及其他，所以是反社会、反秩序、非理性的。早期弗洛伊德认为这里贮藏的主要是性本能，即力比多，后期扩

---

① 参见〔奥〕弗洛伊德《精神分析引论》，高觉敷译，商务印书馆，1984，第 233~234 页。

展为包括食、色欲求的"爱恋本能"和主导攻击的"破坏本能",或者分别称之为生的本能和死的本能。从社会角度看,这些本能冲动是丑恶的、不能见光的,如男性具有的弑父娶母的俄狄浦斯情结,所以尽管有一个门通向前室,但一般情况下必然受到阻拦和"压抑"。

谁来执行对本能的压抑?弗洛伊德认为,在储藏室到接待室的门口站着一个"守门人",他通常依照社会伦理的规约,对各种要求进入意识的精神兴奋加以考查和检验,也可称为"稽查员",凡不合规约者一律不予准入;即使有本能冲动在意识松懈的瞬间冒出念头,也一定要将它驱逐回去。对于医生在分析治疗中试图解放病人被压抑的意念,守门人经常发挥"抗拒"的反作用。本能冲动在怎样的情境下才能由无意识系统进入并自由活动于前意识系统呢?这有待于守门人的麻痹与冲动的"化装",如人们在经历梦境或醉境时就是如此。

在1933年出版的《精神分析引论新讲》中,弗洛伊德将意识、前意识与无意识之分称为"意识特征的三种性质",而自我、本我和超我之分则被称为"心灵机构的三个范围"①。意识特征与心灵机构的关系照弗洛伊德看来是错杂的,例如不仅本我一般处在无意识状态,自我与超我的各部分"在动态意义上也是无意识"②。

"本我"(id)是格罗代克受尼采思想的影响提出的概念,指人类本性中非理性的以及隶属于自然法则的东西。弗洛伊德欣然接受并旋即采用,用以指称人格结构中与自我相对立的更根本、最原始的部分。③它储存着大量的力比多,秩序一团混乱,像是一口充满了沸腾着的各种兴奋剂的大锅,充满了本能所提供的能量,但是没有组织,也不产生共同的意志,相互矛盾的冲动并存却不相互抵消。在这里,不存在时间维度,因为其内容实质上是"永恒的";也不懂得价值判断,无所谓善恶之分,只遵循快乐原则,寻求自由的释放。

---

① 〔奥〕弗洛伊德:《精神分析引论新讲》,苏晓离、刘福堂译,安徽文艺出版社,1987,第80页。
② 〔奥〕弗洛伊德:《精神分析引论新讲》,第79页。
③ 《弗洛伊德后期著作选》,林尘等译,上海译文出版社,1986,第171页。

"自我"(ego)是指人人都有的心理过程的连贯组织,通常讲的意识隶属于它。① 如果说本我代表桀骜不驯的情欲,那么自我则代表了理性与机智。从发生学角度描述,自我是从本我接触外部世界时逐步发展起来的,因此它依托在本我的表层;二者并没有明确的分界,它的最低级部分和被压抑部分并入本我;人的知觉系统由自我的内核中发展出来,这个知觉系统是它的核心。自我承担着将外部世界的要求传达给本我的任务,遵循现实原则,仿佛一仆侍三主,受到来自外部世界、本我和超我的威胁,尽力协调和统一各种心理过程。②

"超我"(superego)又称"自我典范"。弗洛伊德在《自恋导论》(1914年)中最先谈及,在《集体心理学和自我的分析》(1921年)的第七章专论"自居作用"描述了自我典范的来由,至《自我与本我》(1923年)正式提出超我并与自我、本我并列。按照他的理解,超我滋生于人的俄狄浦斯情结,如一个小男孩一方面依恋他的母亲,另一方面又把父亲作为自己的典范——希望成为他那个样子并取而代之。超我虽然产生于本我却道貌岸然,担当监察角色,主要拥有良心和自我理想两部分,前者常见于心理惩罚而后者则表现为心理奖赏。支配超我的是完美原则。由于它的形成,心理中的最低级部分转变为最高级的东西。

弗洛伊德对于无意识领域的探讨有筚路蓝缕之功,其思想观念产生了广泛的影响。著名心理学史家波林盛赞他的开拓精神,认为他不惮修改而使"观念体系"趋于成熟。③ 不过应该说,真正能准确把握这一观念体系的人是很少的,因为它充满了矛盾冲突的表述,鲜见有人能使之整一化。其一是心理动力系统描述的含混。由于他赋予"意识"的外延极小,因而常常将前意识也称为无意识,这样压抑与抗拒就不限于前意识系统与无意识系统之间,似乎也发生在意识与前意识之间,如对梦或口误的解释常见这种情形。其二是人格或心灵结构系统描述的含混。

---

① 《弗洛伊德后期著作选》,第163页。
② 《弗洛伊德后期著作选》,第206页。
③ 〔美〕E.G.波林:《实验心理学史》,高觉敷译,商务印书馆,1981,第813~814页。

自我、本我与超我之间是什么关系，弗洛伊德自己也缺少明确而一贯的论述，如果读者比较《自我与本我》和大约晚10年面世的《精神分析引论新讲》第三十一讲（精神人格的剖析）中两幅线描图，就不难看出作者思想观念的游移。其三，对于前后描述的两个系统之间的关系，尽管弗洛伊德本人深知听众或读者普遍怀有从逻辑上贯通的期待，但他没有办法做到这一点，只好以不同种族的人杂居于不同的地理位置、过着混杂的生活等理由类比予以敷衍，甚至不无蛮横地告诫人们"无权期望任何这样和谐的排列"①。然而我们知道，科学研究的宗旨一般是要揭示看似杂乱无序的现象中蕴含的秩序。问题的症结在于，弗洛伊德只看到人类心理的两个层面，且仅注目于两个层面的动力因一侧，因而立论多有先入为主、以偏概全之嫌。所谓"俄狄浦斯情结"可能只是某些人的特例，本我不能狭隘地理解为社会习俗所不容的本能冲动，超我固然是人类文化中高级部分的来由，但其本身未必来自人格中最低级的部分，等等。值得庆幸的是，在荣格的分析心理学中，这些精神分析学的理论得到了一定程度的修正。

二 荣格所描述的人格系统

与弗洛伊德一样，荣格也受到叔本华哲学的深刻影响，敢于直面人性的缺陷，承认生命的内驱力在个体生活中的基础地位。但荣格不赞同弗洛伊德的泛性论，而将"力比多"理解为生命力，这样，无意识领域不只是蕴藏非理性的本能冲动，同时含有秩序化和理性的倾向。弗洛伊德的理论一般着眼于病态的人格，认为先天的本能冲动和后天的创伤性经验伴随个体的一生；而荣格同时还着眼于健全的人格，认为人具有对完美的渴望，这能支配其一生持久地创造性地发展。也就是说，弗洛伊德习惯于用一个人的过去解释他现在的行为；而荣格则主张人的行为兼受过去和未来的双重影响，并且，他认为即使是考虑过去，也不能限于一个人的婴儿或童年时代，还应该追溯其种族根源。基于这些原因，他与弗洛伊德分道扬镳实属必然。

---

① 〔奥〕弗洛伊德：《精神分析引论新讲》，第80~81页。

两人的种族背景、早年经历也可能影响其学术走向。弗洛伊德出身于一个犹太人家庭，父亲是一个严厉的皮毛商人，他是父亲第二任妻子的长子，从小就憎恶大他 20 岁、小他生母仅 1 岁的同父异母的大哥菲利浦，曾很长时间相信菲利浦是自己的真正生父。早熟、对年轻母亲的依恋和挚爱、对大哥与生母客观上尴尬关系的误读诸因素的结合，导致弗洛伊德形成俄狄浦斯情结。这种自我分析加上在诊疗实践中发现的类似案例，让他更认为有理由以己推人，将这一情结提升为普遍的存在。① 荣格出身于热诚的基督教家庭，外祖父、父亲和八个叔叔都是神职人员，从小的熏陶使他对宗教抱有探求的兴趣。他性格内倾，特别留意于自己的梦境和神秘体验——这一习惯几乎保持到终老。他不否定灵学或超心理学，并说自己的一生是一个无意识自我实现的故事。尽管他的许多经历很像神话（如对炼金术的研究似乎是天启），但在他看来，神话"在表达人生方面与科学相比更加精确"②。

　　荣格对于精神分析学的贡献特别在于他提出了集体无意识理论，在弗洛伊德学说的基础上深入心灵的第三层面，因而对于人格结构有更为完整而明晰的论述。

　　所谓集体无意识，是指普遍地存在于我们每一个人身上的"本能行为的模式"③。由于人所共有，因此它组成了一种超个性的心理基础。它的内容主要是原型或原始意象。荣格解释说，"原型"这个词最早是在犹太人斐洛谈到人身上的"上帝形象"时使用的；这个词也可以说相当于柏拉图哲学所讲的"理式"④。在荣格看来，它是人从他的人类祖先甚至前人类的祖先那儿继承下来的，是那些经历许多世代一直保持不变的经验累积于心中的结果，构成一种对世界的某些方面做出反应的先天倾向。如人类从诞生之日起每天看到太阳的东升西沉，最后凝结在集体无意识中成为太阳神或上帝的原型。由于它是以某种类型的知觉和

---

① 这里尝试仿效弗洛伊德最为擅长的传记式评述。弗洛伊德曾承认自己有俄狄浦斯情结。
② 《荣格文集·荣格自传》，徐说、胡艾浓译，长春出版社，2014，"前言"第 9 页。
③ 〔瑞士〕荣格：《原型与集体无意识》，徐德林译，国际文化出版公司，2011，第 37 页。
④ 参见〔瑞士〕荣格《原型与集体无意识》，第 6 页。

行为的可能性（或模式）存在，主体通常对它并未觉知，"在内容方面，原始意象只有当它成为意识到的并因而被意识经验所充满的时候，它才是确定了的"①。不过荣格认为有很多原型，如出生原型、死亡原型、上帝原型、大地母亲原型等，甚至可以说，人生中有多少典型情境就有多少原型。

值得注意的是，荣格所列举的一些基本原型大致是成对的，仿佛中国哲学的乾、坤或阴、阳之分。如阿尼姆斯（或称阳性基质，是女性心灵中所带有的男性特征，它的第一个投射对象一般是父亲）与阿尼玛（或称阴性基质，是男性心灵中所带有的女性特征，它的第一个投射对象一般是母亲），又如老智者与老祖母、阴影与人格面具等。其中阴影与自性在个体人格和行为中居于特别重要的基础地位。阴影原型在人类进化史上具有极其深远的根基，很可能是一切原型中最强大最危险的一个，它是人身上创造力和破坏力的发源地，使一个人的人格具有整体性和丰富性。灵感与阴影密切相关。自性是荣格最后"发现"的一个原型，他把这一原型看作集体无意识的核心，就像太阳是太阳系的核心一样；它将人格的各个方面统一起来，使之成为和谐有序的整体；一切人格的最后目标，都是充分的自性完善和自性实现。"人类精神史的历程，便是要唤醒流淌在人类血液中的记忆而达到向完整的人的复归。"②

在荣格看来，在集体无意识的外层是个人无意识。与弗洛伊德的观点不同，荣格认为"构成个人无意识的内容有时属于意识，但是它们已然因为被遗忘或者被压抑而从意识中消失"③。在人与外部世界的信息往还中，一些被自我阻挡在意识门外的体验并没有消失，而是潜伏在个人无意识之中。个人无意识仿佛一个容器，容纳了由于各种原因受到自我压抑或忽视的心理内容，前者如性冲动④，后者如未曾充分注意而遗忘的人物或事物。在个人无意识中，一组一组的心理内容可以聚集起

---

① 〔美〕霍尔等：《荣格心理学入门》，冯川译，三联书店，1987，第45页。
② 〔瑞士〕荣格：《心理学与文学》，冯川、苏克译，三联书店，1987，第176页。
③ 〔瑞士〕荣格：《原型与集体无意识》，第36页。
④ 荣格认为力比多只是到青春期后才具有异性爱的形式。

来，形成一簇簇富有情绪色彩的心理丛，被称为"情结"，它们常常直接缘于个体后天创伤性的经验，又联系着心灵更深层次的原型，如上帝原型当是上帝情结的核心。情结仿佛整体人格中一个个彼此分离的小人格一样，具有自主性，有自己的驱力，可以强有力地控制个体的思想和行为：既可能成为人的调节机制的障碍，如心理病患者；又可能是事业成功的直接动力，如推动一些艺术家的创作。

在个人无意识的外层才是意识，它是心灵中唯一能够被直接地知晓的内容，包括知觉、记忆、思维、情感等。自我是自觉意识的组织，通常是意识的中心，担当了意识的门卫的职能。某种知觉、情感、记忆或观念，如果不被自我承认，就不能进入意识或在意识层面逗留。自我通过对来自内外的各种信息的选择和淘汰，使个体人格保持同一性和连续性。

这样，荣格就整体地勾勒出个体的人格结构或人类共有的心理结构：它的最外层是意识，其中心是自我；意识之下是个人无意识，其主要内容是情结，它们仿佛是彼此分离的小人格；个人无意识之下是集体无意识，其主要内容是原型，原型是情结的核心。三者层次分明又相互衔接。

荣格毕生致力于探索心灵的奥秘，努力深入心灵的第三层面，在一定意义上说复活了柏拉图、莱布尼茨等人的天赋观念论。他的学说也遭遇到与弗洛伊德一样的批评，即仅依赖自我剖析和临床观察而不能进行可控的实验证实；不过这种批评对于人文特别是精神领域的研究来说未必能得到广泛认同。另一种责难是，荣格认为原型源于人类及其祖先的反复经验而留下的种族记忆，与生物学中的拉马克主义接近；辩护者的观点也不无道理：世世代代的反复经验有可能促成基因突变。笔者管见，荣格对于弗洛伊德的人格理论有矫枉过正的倾向：尽管他非常关注非理性领域，且充分肯定情结和阴影原型的重要地位，但是他毕竟以"自我"为意识的中心，又以"自性"为集体无意识的中心，明显地偏于从理性（讲求有序性）方面把握人格。人是理性与非理性的统一体，仅以其一为轴心可能失之偏颇。

三 两种系统的差异与融通

比较弗洛伊德与荣格的著作，前者多为经验的描述，文学的色彩甚浓，娓娓而谈，循循善诱；后者伴有先验的思辨，哲学与宗教的气息较浓，表达相对质直，逻辑较为明晰。就人格或心理结构的把握而言，荣格的理论更为全面和合理。我们且以这一理论为基础，统合弗洛伊德的相关观点，并期与东西方哲学的相关研究相贯通。

荣格所谓意识层，应该包括全部知性活动和部分感性活动的内容。① 思维（此处仅指抽象－逻辑思维）是知性的活动，无疑都是有意识的。人们运用语词概念意指对象，力图揭示对象的本质和内在联系，辨析其真假，这是通常的认知活动；如果关注于善恶，则是通常的评价活动，它是依据个体或群体的需要进行价值衡量。无论是辨识真假还是褒贬善恶，"自我"一般都处在中心地位。除了思维之外，来自五官的外部信息虽然是感性形态的，但有一部分传入意识领域，属于感性体验的人体自身的痛感与快感等也是如此。

毋庸置疑，感性活动的内容很大一部分处在个人无意识层次，未能达到意识领域。人们面对外部世界四面八方的刺激，由五官传入大脑皮层的只是其中获得注意的很小的信息流，绝大部分未能挤入通道；即使进入意识的信息，经过时间的筛选也可能被遗忘，成为个人无意识的一部分。二者在特定场合（如梦境）中有可能呈现出来，让人感到似曾相识。情感属于感性体验，本身极为朦胧且稍纵即逝，所以属于无意识领域的更是其大部分。情感体验中强度很高，特别是给人造成创伤性记忆的部分沉入个人无意识，便形成"情结"，我们不妨称之为心理疙瘩，如"一朝被蛇咬，十年怕井绳"，潜在地制约着意识层面的善恶评价，它比外在的观念灌输更有力地影响个体的态度和行为。

必须充分估价个人无意识之下的集体无意识的重要地位，它应该是个体安身立命和人类文化创造的根基。荣格发现集体无意识在现代心理

---

① 弗洛伊德所讲的"意识"大致相当于巴甫洛夫学说的兴奋点，"前意识"则近于抑制区，都应该是一般意义上的意识。

学史上也许具有里程碑的意义。特别是他将从印度哲学中引入的"自性"范畴提高到核心地位，认为这一原型从根本上制导人的心灵趋向秩序与和谐，可谓是西方源远流长的理性主义传统的延续；同时他又看到似乎无序和不确定的"阴影"原型是创造力与破坏力的发源地，其力量极其强大。实际上，这是以二者为蛰伏于人类心灵深层的形式因和动力因，犹如印度佛教哲学的"集－起"，或中国哲学的坤、乾二元。以之为基础，可以较好地解释心灵的活动与大宇宙一样，也是"钟"与"云"的统一。当然，按照逻辑还可推论，自性原型与阴影原型分别具有向内凝聚和向外发散的趋向。

现在我们可以说，弗洛伊德所谓超我其实是从集体无意识中孕育和升腾起来的。① 弗氏未能深入心灵的更深层次，对"超我"的解说不免左支右绌。如他既称超我来源于"对母亲的直接性对象注情和以父亲为模特儿的以父亲自居"②；又称超我或"自我典范"是存在于自我内部的"一个等级"③。这就将超我与本我、自我扭着一团，即使是巧舌如簧者也解说不清。其实，自居作用可理解为由理想而生，经模仿而成——人们读《居里夫人传》想成为自然科学家，读《马克思传》想成为社会科学家，完全可能无关于俄狄浦斯情结。模仿是经验的，而理想具有超验的性质，其内核当存在于人类的集体无意识之中。

基于上述，我们看到整体人格的三种不同表述：或借用弗洛伊德的称谓（必须扬弃他的某些界定），由本我、自我和超我构成；或采用荣格的描述，分别为意识、个人无意识和集体无意识；或采用一般的哲学语词，即感性、知性和理性（实为"志性"）。由于考察角度有别，它们固然不能相互等同，但是毕竟存在相通相洽的关系。有理由认为，整个文化系统也是这样的三位一体的结构，因为个体的心灵结构实乃人类文化的根基和雏形。例如我们可以说，在大致与人格或意识三个层面对应的文化形式中，科学主要遵循现实原则（"自我"），艺术文化主要遵

---

① 在《集体无意识的原型》中，荣格指出弗洛伊德后期著作"称本能心理为'本我'（id），而它的'超我'则意指集体的无意识"（《原型与集体无意识》，第5页注）。
② 《弗洛伊德后期著作选》，第112页。
③ 《弗洛伊德后期著作选》，第176页。

循快乐原则("本我"),而宗教和哲学文化遵循的是完善原则("超我")。

　　心灵结构的三个层面是如何形成的呢?弗洛伊德从胚胎学角度做出的一种解释很值得注意。他将有机体比喻为一个未分化的囊。这个囊对刺激很敏感,它那朝着外部世界的表面正是从这种特定的位置上被分化,逐渐成为一个接受刺激的系统,于是慢慢地形成了眼、耳、鼻、舌等动物界几乎共有的感官。由于外部刺激对囊的表层的不断影响,这可能已经在一定程度上永久性地改变了这个表层的物质,这样就形成了一个硬壳,其表面结构本身有点变得像无机物质。它使外部世界的能量只能以原先强度中的极小一部分进入这层保护层之下的有生命的皮层。的确,现代胚胎学表明,中枢神经系统是从外胚层产生的,大脑皮质是有机体最原始的表层的衍生物。① 也许我们可以做这样的梳理和补充:作为长期进化的产物,宇宙演化的最基本的动力趋向和形式法则已潜存于有机体中,对于人类而言就是集体无意识;它经过长期对周围环境的各种刺激做出反应,于是逐渐形成了感官;在千百万年向更高一层的进化历程中,不断培养出分析和综合来自体内外信息的能力,促成新皮层的形成和思维能力的诞生。感觉与思维,无疑主要是有机体应对外部世界的产物。

　　据说弗洛伊德在一次谈话中要求荣格永远不放弃性的观念,而要让它变成一个不可撼动的堡垒。应该说,承认集体无意识或深入心灵第三层面并不需要放弃性观念。因为性活动是繁衍生命的活动,无论是志性、感性还是知性,都是千百万年有机体基于本能、应对现实而敞开和发展起来的能力,通过两性交媾而获得传递。单纯从人格角度看,尤其是超我和本我的潜能和趋向均已存在于精子与卵子之中,中国哲学所讲的天地之性、食色之性正是此之谓。自我的特定形态虽然主要是在个体后天形成,其潜能也具有先天性——至少我们容易看到,人的气质之性(气之强弱与智之颖钝)是构成其个性特征的基础。尽管如此,我们没有必要恪守弗洛伊德的理论,他由于坚持泛性论而对很多问题做出牵强

---

① 《弗洛伊德后期著作选》,第26~30页。

附会的解释，且将人性看成一团漆黑，既不符合生活事实，又易贻害社会。一个重要的原因是他仅从动力因方面考察人格的形成，完全忽视了两性活动传递形式因和目的因的方面。所谓攻击与爱（若采用性格亮堂一些的表述，即进取和爱恋）可谓是性本能的一体之两面，在现实生活中我们屡屡见到，男孩的无序性与叛逆性（联系着创造）往往表现突出，女孩的有序性和顺从性（表现为守成）较为明显。这无所谓价值之分，恰好可用天地之道的乾、坤二元的各别性质予以合理的解释。

第二节 人本主义心理学的相关理论

广义的人本主义心理学，源远流长，东西方古代大多数心理学家的著作都以人为本，重视研究人的本性、潜能和价值。只是近代以来随着科学主义思潮逐渐盛行，许多研究者脱离了这一方向，转而将人当作普通有机体甚至一台机器进行实验性质的探讨，人本主义心理学反而被边缘化。应当承认，诸如冯特、铁钦纳的构造主义心理学、华生等的行为主义心理学对于人的研究都是必要的，但人毕竟不能等同于一只白老鼠或一台计算机，局限于实验室的这类研究很难解释人类的文化特性。狭义的人本主义心理学是指以马斯洛为代表的强调人的潜能与价值，肯定人总体上趋向于完美境界的心理学派，它不仅不满于以华生为代表的行为主义，而且不满于以弗洛伊德为代表的精神分析学派，在20世纪中期形成一股强大的力量，被称为现代心理学的"第三思潮"。

一 詹姆士等先驱者的理论

早在19世纪末，美国本土第一位哲学家和心理学家，被誉为"美国心理学之父"的威廉·詹姆士就将人本主义的思想倾向引入美国心理学界。他是一位博学且能兼容并包的杰出人物，虽然自己并不喜欢实验研究，但创建了美国第一个心理学实验室；1890年其两卷本《心理学原理》出版，这既是当时实验心理学研究成果的基本总结，又集中表述了自己的机能主义心理学思想；尽管他非常重视经验事实，却又能以开放的心胸肯定心灵活动存在超验之维。在该书中，他认为经验中的自我有三种，即物质的自我、社会的自我和精神的自我，实际上分别涉及心灵的三层面。

据传因受到当时流行的决定论哲学思想的影响，他一度悲观消极，以致得了抑郁症。众所周知，若人生的一切都是被注定的，生命就显得毫无意义。直到后来因读到一篇有关自由意志的文章，他遂深信人的心灵存在自由意志，决心通过自身意志功能的发挥来克服内心的抑郁。验之以身，他的健康状况果然好转，随后走上哈佛大学的讲台。或许是基于自己的亲身经历，他一生都在探讨超个人的心理现象，承认人的精神生活有不能以生物学概念加以解释的区域。他肯定类似瑜伽的静坐活动是一种唤起心灵深层意志力的方法，可以增加个人的活力与生命力，甚至可能领悟到某种"超越性价值"。

由此我们不难理解，在他花甲之年（1902年）出版的名著《宗教经验之种种——人性之研究》何以写得如此具体和生动，只有具备切身的感受和非凡的才华、占有充分的材料并在胸臆中依一定的价值倾向熔为一炉，才能犹如万斛泉源，自然而然地流淌。该书虽然讨论的是严肃的宗教哲学问题，但更多的是让事实说话，采用和分析了大量的个体传记资料，包括马丁·路德、伏尔泰、惠特曼和爱默生等思想家及许多不知名人物的宗教经验，对宗教活动中的祈祷、忏悔、皈依和神秘体验等进行了描述与解说，启迪人们必须沉潜于心灵的深层，才有可能与至尊的实在相通。难能可贵的是，在习惯于以逻各斯为中心的时代和地域，詹姆士意识到这深层体验其实是难以言说的。他中肯地指出："事实是：在形而上学和宗教的范围内，只在我们说不出的对于实在之感已经倾向于这一个结论之时，说得出的理由才会使我们崇信。……我们用言语说出的哲学只是将它翻成炫耀的公式罢了。"① 此书今天被普遍视为现代超个人心理学在这一领域的经典作品。

目前我国心理学界讨论人本主义心理学，一般将先后在英国和美国

---

① 〔美〕威廉·詹姆士：《宗教经验之种种——人性之研究》，唐钺译，商务印书馆，2002，第72页。

生活和工作的麦独孤及其策动心理学排除在外。在严格意义上这样处理是很有道理的。我们这里出于麦独孤提出的策动心理学在哲学上受到詹姆斯和柏格森思想的影响、在心理学上师承了英国前辈心理学家沃德和斯托特、认同心理是主动的和整体活动的机能心理学观点、曾长期与行为主义心理学论战，且为人本心理学的直接前驱奥尔波特的老师诸原因，对他的学说予以适当的关注。

麦独孤对德国传统的实验心理学研究怀有不满，认为它无助于解决社会科学的心理学基础问题。而要解决这样的问题，就须重视先天的行为动力或本能的探索。于是他创立策动心理学，主张策动和维持人的行为的动力是本能。而一切行为都在于奋力达到一定的目的，因此其理论又被称为目的心理学。的确，物理学对于目的和达到目的的手段几乎置若罔闻，而目的却是心理学必须关注的概念，在麦独孤看来，人们的行动指向的目的应该是心理学的最基本的范畴。他所讲的"目的"和"动力"恰好相当于中国哲学的"志"范畴。

"本能"作为心理的基本动机的代名词，被认为是一种遗传的或天赋的倾向，具有目的性，是策动和维持一切行动的根本动力。以之为基础，无论是个人还是民族的性格和意志，经由理智的引导而显现于心－物交互作用的过程，便是行为。因此，只有兼顾知、情、意（志）三个方面才能对行为进行充分的描述。也就是说，每种行为都包含对某事物的知识，对该事物的情感态度和趋向（或躲避）该事物的意志。有意思的是，他在《社会心理学导论》中所列举的12种较重要的本能，不期然而然地大致符合中国哲学的乾与坤或阳与阴之分，如斗争与避害、拒绝与哺育、求新与求偶、支配与服从等，可以看作天地之道的表现。

麦独孤在哈佛大学任教时，有一个学生后来成为人格心理学的创立者，他就是奥尔波特。

奥尔波特终生致力于人格理论和社会心理学的研究，认为这一领域是"心理学的人本主义牧场"[①]。在他看来，人格的中心部分是希望、

---

① 《车文博文集》第七卷（人本主义心理学大师论评），首都师范大学出版社，2010，第101页。

志向和理想。人生的目标激发成熟的人格，并提供理解当前行为的最好线索。它们是健康人格的意向性，努力指向未来的这种倾向整合和统一着人格的总体。人格的意向性增加了个体的紧张度，但这种紧张度对于心理和生理都是良性的、积极的，有利于个体的成长。健康的人格对于新鲜的事物和挑战具有持续不断的需要，不愿墨守成规或亦步亦趋，而是热衷于进行新的探索和冒险，获得新的经验和成果。紧张度与幸福感可以并存，幸福感可以经常地出现于有抱负且积极追求实现抱负的人身上；即使有时伴随痛苦，健康人格也会不屈不挠地为崇高的目标而奋斗，他们的生活是由目的感、献身感和义务感指引的。由于目标的追求永无止境，所以健康人格总是面向未来，并生活在迈向未来的征途之中。这些论断正好与同时代的马斯洛的人本主义心理学相呼应。

不过奥尔波特的人格心理学毕竟不同于马斯洛的理论，它着重把握个体的人格特征，即不仅关注个体身心系统的动力组织或动态结构的整体性，而且极其关注每一个体的思想和行为的独特性，包括对某一个体独特的面部表情、走路姿势、言谈和书写风格等进行调查研究，划分出一些可以对其人格特征进行测量的单元，被称为"特质"。采用中国先哲的说法，他所注重研究的大致属于个体的"气质之性"，而马斯洛的自我实现理论更为注重的是人所可能有的"天地之性"。无怪乎奥尔波特一生都在极力避免使用研究群体、归纳共性和一般规律的研究方法，而坚决主张并创立对独特个体的个案深入研究的所谓"特殊规律研究法"。相对忽视人格的共同性和普遍性方面，影响了他的学说的深度乃至科学性。当然，他所探讨的健康人格其实也涉及普遍性方面，但正如一些评论者所中肯指出的，这一方法往往被他所谓个案法给遮蔽了。

这种取向可能与奥尔波特年轻时和弗洛伊德的一次不愉快的会见所形成的情结有关。他途经维也纳时拜会弗洛伊德，谈及路上听到一个小孩告诉他母亲说想避开一些很脏的东西。本是没话找话，哪知弗洛伊德见他衣冠整洁，竟然用治病救人的眼神打量着他说："那小孩是你本人吗？"一时让奥尔波特非常尴尬。他从这次经验中得到的体会是，深层心理学研究尽管有种种好处，但它容易钻牛角尖，而心理学家在深入潜意识的世界之前，能够把动机等事情说清楚，也同样可以获得认可。实际上，今天我们知道，比起荣格的分析心理学，精神分析学只能算是浅层次的，正像个人无意识较之集体无意识显得浅一样。马斯洛的自我实现学说，则正好与荣格的集体无意识学说潜在相通。

二 马斯洛的自我实现理论

人本主义心理学的基本思想最为集中地表现于马斯洛的自我实现理论中，而自我实现理论又建立在人类的需要层次论之上，因此可以通过需要层次论的阶梯以窥探人生所能达到的境界，从而领悟人的潜能与价值，真正把握人格的整体。

马斯洛于1943年在《人类激励理论》一文中提出需要层次论。在1954年出版的《动机与人格》中把人的需要表述为生理、安全、爱与归属、尊重和自我实现五个层次。虽然在16年后此书的修订版还补充了认知和审美的需要，但对于后二者的"等级"排列未予明确论述，因此学界一般采用其五层次说。马斯洛对五个层次的描述源于对生活经验的观察和归纳，较少思辨色彩，招致有的人虽然承认它的客观性，但对其周密性和普遍性提出质疑。能否化解这种质疑，关键在于能否深入阐述需要层次之间的逻辑关系并证实其从动机角度看能否涵盖人格的整体。

首先，依据大量的案例，马斯洛较清晰地揭示了五个层次之间的递升关系。其中最基本且似乎最明显的是生理需要，因为人作为有机体而存在，不免需要饮食、居住、性交和睡眠等，"毋庸置疑，这些生理需要在所有需要中占绝对优势"[①]。但人之所以为人在于他并不止步于此，在生理需要得到基本满足之时，较高一级的安全需要就凸显了，包括要求稳定的生活，有所依靠，免受恐吓和混乱的折磨，对体制、秩序、法律的需要等，对和平的渴望也当在此列。生理的与安全的需要若得到很好的满足，爱、感情和归属的需要就会成为新的中心，个人空前强烈地感受到缺乏朋友、妻子或孩子，渴望建立一个充满深情的生活圈子，为此而不懈地努力；爱的需要既包括给予别人的爱，也包括接受别人的

[①] 〔美〕马斯洛：《动机与人格》，许金声等译，华夏出版社，1987，第41页。

爱。从家庭延伸至社会，除了少数病态的人之外，所有的人都有一种对于自尊、自重和来自他人的尊重的需要，一方面表现为对于实力、胜任、优势和成就等的追求，另一方面也表现为对于名誉和威信的渴望，当然，健康的自尊是建立在当之无愧的来自他人的尊敬之上而非外在的名誉和无根据的奉承之上。最高的一层是自我实现的需要，即人对于自我发展和完成的欲求，或者说让潜力得以充分实现、成为自己所能成为的理想样子的倾向，应该承认，人的天性中总是存在一种趋向，即总是不断地寻求一个更加充实的自我，追求更加完美的自我实现。

其次，马斯洛认为，就整个人类而言，这五个层次需要的实现呈现一种宝塔形的样态，最基本的需要几乎影响着所有人的日常生活，而最顶端的自我实现需要则只有很少的人在 60 岁之后才能真正达成。相对说来，生理需要、安全需要、归属需要和尊重需要属于人的行为的缺失性动机，源于实际的或感知到的生活环境或自我的缺乏，本质上是由人作为有机体在适应环境过程中身上存在赤字所形成的，它促使个体努力从环境中寻求满足这些需要的物质或人际关系的东西；这些需要能否得到满足依赖于外部环境，所以主体是不自由的。相反，成长性的动机是由自我实现需要催生的自由的动机，个体自己决定自己，趋向人生高远的目标，它超越个体的现实需求，受到人应该有的存在价值的激励，因此又被称为超越性动机。在马斯洛的自我实现理论中，"超越"具有两种基本含义，内在地也存在等级之分。一是对缺失性动机的超越，这是个人水平上的自我实现；二是对个人乃至特定群体的超越，这是精神达到最高和最普遍的水平，是个人与他人乃至与整个宇宙达成协和的关系。在《Z 理论》中，马斯洛称前者为健康型的自我实现，后者为超越型的自我实现；前者一般生活于此时此地的世界，积极入世，不断地实现潜能，完成自己的天职，后者更多意识到存在的王国，努力实现人生的再圣化，生活中伴随着启示或对宇宙和人生的领悟。

在此基础上，我们还可依据中西方的文化成果和事物本身的逻辑进行适当的补充论证。①

---

① 以下所述，详见拙文《马斯洛需要层次论的多维解读》，《哲学研究》2015 年第 8 期。

其一，依照马斯洛所谓"整体动力学"的观点，应该看到，在诸需要中，生理需要和自我实现需要即"宝塔"的两端提供了人类生存主要的动力源泉。前者为匮乏性动机的代表，后者为成长性动机的指归；前者近于动物性，后者近于神性，二者恰好构成人性的内在张力；前者几乎是纯自然的需要，后者是超自然的需要，介于二者之间的是社会性（狭义）的需要。中西方文化一再涉及的魔鬼与天使、人欲与天理诸矛盾，正是此之谓。考察心理学的三种思潮，弗洛伊德所讲的心理动力系统仅注目于人的生理需要，马斯洛所讲的心理动力系统则更为注重自我实现需要，而华生的行为主义只能将人的心理动力归结为外部刺激。

其二，马斯洛揭示了五个层次之间的递升关系，不仅合乎部分人的实际，而且具有普遍意义。依照中国哲学，在生理需要的基础上滋生安全和归属的需要指归于顺应外部环境，属于坤顺之性的突出表现，而后滋生尊重和自我实现需要则要求刚健地挺立起主体自身，可谓是乾健之性的突出表现，于此更见人格成长过程的顺理成章。中国古代先哲往往在衣食无忧的前提下预设以沉迷于情欲者为小人，择善固执者为君子，与天地合德者为圣人，马斯洛的需要层次论虽然与之相通，但淡化了价值褒贬的色彩——肯定每一种需要都是合理的，更具有平民化的倾向——承认环境因素客观地制约人格的造就，因而更容易为人们所信服。

其三，人类生存之所以渐次地向较高层次的需要递升，在于自我实现需要的潜在引领。"自我"有三种含义：一为感性的、充满欲望的自我，二为理智的但又可能充斥机心的自我，三是本真的、个体提升为整体族类之一员的真我，或者说能通天下之志的大我，马斯洛所讲的"自我实现"当是就后者而言。它在西方文化中一般被理解为上帝般完美的可能性，在中国文化中一般被理解为天地之道所凝聚的人之志，其基本内涵是既自强不息又厚德载物。如果就人生境界而论，挣扎于满足生理与安全需要的人一般处在功利境界，执着于归属和尊重需要的人可能达到道德境界，而自我实现需要占主导地位者则可能升华至天地境界。

其四，需要与能力是人格中并列的两维。与马斯洛着眼于需要和动机不同，康德哲学着眼于批判人的能力。人的能力与需要是相辅相成的关系，需要促进能力的发展，能力制约着需要的满足程度和提高程度。从这一角度看，二者应当有其切合点。生理的需要属于感性范围，即使如蜉蝣之类生物，也具有本能的食欲与性欲；安全的需要部分属于感性本能，部分提升为知性的有意识的防卫；归属与爱的需要在蜜蜂、猩猩等生物中表现明显，在人类中更多属于知性的范围，具有明确的集体或社团意识；尊重的需要显然属于意识，往往以能辨识真善美或假恶丑为前提；自我实现的需要既有意识的成分，又有超越意识的内涵，一般是自由意志的体现，指向无限和自由之域，属于康德所谓 Vernunft 的范围，依照中国哲学当称之为志性。（如图）

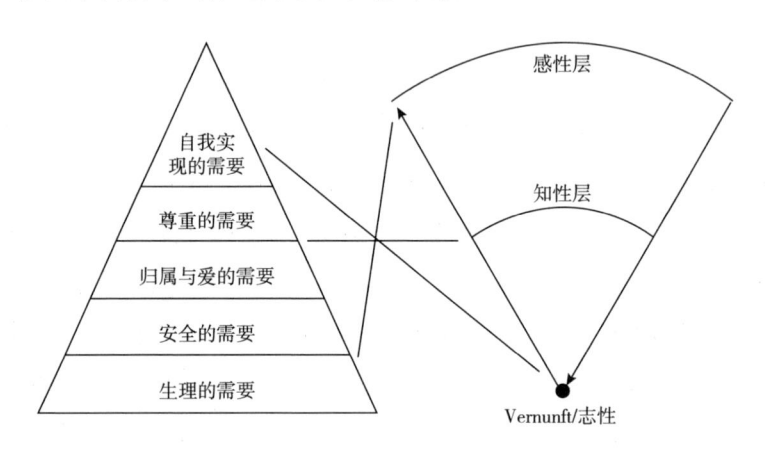

其五，透过需要层次论我们看到，人本主义心理学与心理分析学在人格结构的把握上有共同之处。同是研究人，无论是着眼于病态人格还是着眼于健康人格，其基础理论部分只要合乎实际，就必有可以沟通的桥梁。统合弗洛伊德和荣格的人格理论，大致可以说，马斯洛所讲的归属与爱的需要、尊重的需要制约着"自我"的形成，一般伴随清晰的意识；生理、安全的匮乏是造成精神疾病的主要原因，依弗洛伊德之见其中涉及的生的本能与死的本能当称为"本我"，属于个人无意识的内容；而自我实现者可谓是"超我"或人格理想占主导地位，在荣格看来，它滋生于集体无意识，特别是其中自性原型（博爱精神的基础）与阴影原型（创造精神的基础）的鲜明而集中的体现。

值得玩味的是，早在我国先秦时代，孟子与马斯洛一样，着眼于心灵深层最高一级的需要，即人类共同具有的"理义之心"，所以认为人性善；而荀子与现代的弗洛伊德相似，注目于人最低层次的生理需要，诸如好色、好逸等，因而认定人性恶。如果参照中国思想史发展的客观事实，并且充分注意人类坚忍不拔地追求真善美的历史征程，那么就有理由推断，马斯洛的人本主义心理学较之弗洛伊德的精神分析学将会赢得更广大的接受者。

三　走向超个人心理学的必然

马斯洛在晚年，策划和领导了所谓"第四思潮"，即超个人心理学，强调着重研究超越自我的心理现象和超越个体的价值观念，关注最高潜能、终极价值、神秘体验和宇宙意识等。其实它本质上是第三思潮的延续，马斯洛的初衷或许是为了加固其立论的基础或维护其理论的纯洁性而亮出一面新旗帜，因为相关思想实际上已隐含于马斯洛和罗洛·梅等此前的著述中。

马斯洛一再宣讲的是积极向上的人生观。他写道："如果不考虑到人生最远大的抱负，便永远不会理解人生本身。成长，自我实现，追求健康，寻找自我和独立，渴望达到尽善尽美（以及对'向上'努力的其它说法），这一切现在都应该被当做一种广泛的，也许还是普遍的人类趋势而毫无疑问地接受下来。"[①] 应该说，他并非对现实生活中人的自私、险恶的一面视而不见，而是力图揭示人类心灵存在着"某种上帝般完美的可能性"，让人们拥有一份自信并努力去觉悟，从而促进人类社会变得更美好。如果说自私与险恶多为人类心灵的感性和知性层面所驱动，那么上帝般完美的潜能就必须从心灵深层去寻找。

心灵深层蕴藏着超越个体乃至特定群体的全人类性："看来只有一个人类的终极价值，一个所有人都追求的遥远目标。……这个目标就是使人的潜能现实化，也就是说，使这个人成为有完美人性的，成为这个人能够成为的一切。"[②] 虽然人皆如此，不过一些人往往怀着"约拿情结"[③]

---

①　〔美〕马斯洛：《动机与人格》，"前言"第5页。
②　〔美〕马斯洛等：《人的潜能和价值》，林方主编，华夏出版社，1987，第73页。
③　约拿是《圣经》中记述的人物，执行上帝赋予的使命却缺少自信，被吞于鱼腹三天三夜才得醒悟。

而遮蔽或压抑了它：总是怀疑甚至害怕自己的潜力所能达到的最高水平。如果解除了这一情结，人就能更真实地成为他自己，更完善地实现他的潜能，更接近于他存在的核心。所谓自我实现，也就是成为人应该有的样子，成为理想的即自由而完满的人格，甚至可以说成为"神"。他甚至造出一个新词，即"再圣化"（resacralize），以表达其研究的宗旨。

人生的神圣性之维并非可望而不可即，它在个体心灵中往往通过高峰体验而确立。马斯洛认为，几乎每一个人都确实有过高峰体验，只是有的未能认识到这一点而已。① 在高峰体验中，人们仿佛开启了窥见圣灵的天窗，就像步入了天堂，感受到生活的美妙。即使回到索然无味甚至冷酷的现实人世，它也经常给人以精神的慰藉。所以，"由于使人产生了意义重大的顿悟、启示或宗教皈依而使其整个人生观发生了永久性的变化"②。

同样地，人本心理学的另一代表人物罗洛·梅的思想触角也进入超个人的领域。他将欧洲的存在主义哲学思想引入美国心理学界，并别开生面地界定说："存在（being）是一个分词，一个表示某个人在成为某物的过程中的动词形式。……其实，当存在被当成一般名词用时，它更应被理解为'潜在'（potential）的意思，即'潜在性'（potentiality）的源泉。这种潜在性使橡籽长成橡树，使每个人成为他应该成为的样子。""于是，对人类存在的有意义的时态是将来时——就是说，关键问题在于我前进、变化的目标，在于我在最近的将来会变成什么样子。"③ 这表明，他所理解的"存在"体现理想，指向未来。

对于人的生存，罗洛·梅既肯定存在主义所主张的自由选择，又赞同马斯洛所阐述的自我实现。这二者似乎存在冲突，但在特定条件下的确可以合为一体：基于神圣性的自由选择必然与自我实现相统一。事实上，罗洛·梅深受宗教神学教育的熏陶，认为健康的宗教旨在让人相信

---

① 〔美〕马斯洛：《人性能达的境界》，林方译，云南人民出版社，1987，第55页。
② 〔美〕马斯洛等：《人的潜能和价值》，第375页。
③ 〔美〕马斯洛等：《人的潜能和价值》，第274~275页。

生活须具有目标与意义,理想人格的心灵深层呈现上帝的原则,这特别从宗教和世俗的圣人以及具有巨大创造力、为人类文化做出了杰出贡献的伟人身上体现出来。他们是自由的,保持着成为人应该有的"自我"的勇气,总是在不断完善自己。

罗洛·梅还注意到,在心灵动力系统中处于本体地位的是爱与意志。爱是人的一种内在渴望,"推动我们与我们所属之物结为一体——与我们自身的可能性结为一体,与生活在这个世界上并使我们获得自我发现和自我实现的人结为一体"①。意志与未来密切相连,同有意识或无意识的愿望、朝向某一目标的意向密不可分,通过意志的活动,人才能达到其目标,实现其价值,持续不断地以更大的力量和自由来肯定自我的存在。遗憾的是,现代人面临的精神危机恰恰主要表现为爱的异化和意志的沦丧。这些论述涉及心灵第三层面的两维,与中国传统哲学对仁与志的论述相仿佛,指归于造就理想的人格——"志士仁人"。

20世纪60年代末70年代初从人本主义心理学阵营中分化出来的超个人心理学,今天仍在发展中。其中维尔伯(Ken Wilber)的理论较有系统性,尤为值得注意。他在2002年描绘了一幅整合心理学图式,把精神(spirit)视为其意识理论体系的核心,因为在他看来,只有精神才能照亮我们不同层次的自我。这个精神的自我有三条发展路线:最外在的一条是身体(body);其次是心灵(mind),它以自我为中心;最里层是灵魂(soul),它以世界为中心。维尔伯认为,这个精神的自我通过运用全部身心能量而不断向前发展,"最高的发展水平是把所有这三个领域(身体、心灵和灵魂)都非二元地整合在一起"②。(如图)

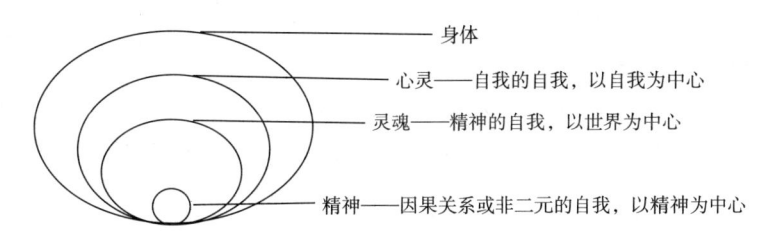

——身体
——心灵——自我的自我,以自我为中心
——灵魂——精神的自我,以世界为中心
——精神——因果关系或非二元的自我,以精神为中心

---

① 〔美〕罗洛·梅:《爱与意志》,冯川译,国际文化出版公司,1987,第73页。
② 转引自杨绍刚《超个人心理学》,上海教育出版社,2006,第75页。

这一图式较为直观地揭示人本主义心理学的逻辑基础，如果将其中的"精神"理解为类似于西方哲学的"宇宙精神"、中国哲学的"天地之道"或印度哲学所谓"神我"，则其他三层正好相当于心灵由表及里的三层面，也就与东西方许多先哲的切身体认相吻合。

威廉·詹姆士、马斯洛和罗洛·梅等的思想历程近乎一致地昭示，从人本主义心理学走向超个人心理学具有必然性。① 美国心理学家舒尔茨指出，"人本主义心理学强调人的力量和积极的抱负、意识经验、自由意志（而不是决定论）、潜能的实现和人性的完整"②。这样的宗旨必然要求追溯到心灵深层，因为只有如此追溯才能确立神圣，而唯有神圣性才能奠定人类生存的价值与意义的基石，促使人们滋生远大的抱负和树立崇高的目标，造就充分实现自己的潜能的理想人格。人本主义心理学家坚持对活生生的人的整体把握，当然会肯定人的感性欲望层、知性观念层，但是其思想精华则在于揭示心灵系统的第三层。从这一角度看，人本主义心理学的以"人"为本，其核心当是以体验和敞亮心灵的第三层面为本。这恰好证实了 2000 多年前孟子所言："先立乎其大者，则其小者不能夺也。"

第三节　脑科学的研究前沿

在文化世界的创造中，我们往往不难发现心灵第三层面的广泛显现，但就人自身的研究而言，由于它处于无意识领域，人们对花的把握似乎无从着手，因而对其生理基础的探索历来属于哲学与科学领域的前沿问题。虔诚的宗教信徒普遍认为灵魂为神明所赋予，是一种实体的存在，至于它活动的主要场所，或认为在颅腔，或认为在心脏③，有的还

---

① 含有人文主义倾向的精神分析学派分化出荣格的分析心理学派，同样反映出逻辑的必然性。
② 〔美〕杜·舒尔茨等：《现代心理学史》，叶浩生译，江苏教育出版社，2005，第 383~384 页。
③ 心脏参与精神活动在心脏移植手术中得到证实。美国亚利桑那州大学著名心理学教授盖里·希瓦兹历经 20 多年调查研究，得出的结论是：至少十分之一的器官移植患者都性格大变，"继承"了器官捐赠者的某些心理特征。他在调查中发现，一名女性接受器官移植后，竟突然开始会说流利的外语；还有一名女孩移植了一名年轻词曲作家的心脏和肺脏后，突然爱好弹吉他，并且开始写诗和谱曲。

认为在脐下的"方寸"之间。① 我们这里以"心灵"指称人的精神系统,认为第三层面是这一系统的根基与活动的枢纽,旨在探寻它先天的生理依据。由于人脑是精神活动的主要器官,所以本节将着重考察脑科学的相关研究成果。

一 古典脑科学的各种推测

在远古时代,无论是东方还是西方,人们都普遍认为心脏是精神的器官。埃及人以普塔赫神为宇宙的设计师和一切造物的安排者,认为他创造了眼睛的视力、耳朵的听力、鼻子的呼吸能力,为的是要它们给"心"传递消息。印度、中国和希腊人也持有相似的观点。依据现有的文献,真正以人脑为灵魂之所的观念出现于公元前6世纪的古希腊医师阿尔克莽,他通过经验观察和外科手术得出这一结论。② 后来希波克拉底、德谟克利特、柏拉图等都采用了这种新观念,唯独亚里士多德仍坚持"心脏中心"说,认为大脑只是调节血液温度的器官。其实,在印度和中国也曾发现了大脑与精神的关联,只是没有成为主流意见而已。如《黄帝内经·素问》一方面断定心脏为"君主之官","神明"之舍,另一方面又称"头者,精明之府"。

在西方,由于自古希腊以后"大脑中心"论一直占据优势,所以相关的研究连绵不断,近代与重视观察、实验的科学精神相结合,更率先形成专注于大脑的结构与功能的脑科学。不过在19世纪以前,心理学长期从属于哲学,法国著名哲学家和科学家笛卡尔可谓是现代脑科学研究的前驱者之一。

在《情志论》(或译《论灵魂的激情③》)中,笛卡尔开首就表达了对古人留下的与情志相关的科学遗产如此之少且不可靠的失望,决心另辟蹊径进行探讨。他采用的方法是严格区分身体和心灵,将"身体"界定为所有我们在自己身上体验到、在完全无生命的物体上也可看到的

---

① 如现代禅学大师铃木大拙曾宣讲说,禅常用肚子思考。
② 〔苏〕雅罗舍夫斯基、安齐费罗娃:《国外心理学的发展与现状》,第80页。
③ "激情"一词的西文是passion,源于希腊文 π'αθοδ。朱光潜先生将黑格尔《美学》中此词译为"情致";王元化先生译为"情志"。

东西，而所有那些在我们身上无法归于身体的东西就是心灵。身体犹如一台精致的机器，心灵或灵魂则是神的先天赋予，身、心二元不容混淆。不过二者可以相互作用，身体通过动物精神，心灵通过意志在大脑的某一特定位置交汇，于是形成感性与理性的冲突或精神实体与物质实体的统一。他注意到，人的观念一方面来自身体的感性经验，另一方面来自灵魂的天赋观念，如自我、上帝、完善、无限、几何公理之类——在《方法论》的第四部分，笛卡尔正是以"我思"之"我"对完善性的趋向论证上帝存在的必然性。

心灵与身体是在哪里又是如何交互作用或相交感的呢？他指出人们或以为是在大脑，是因为感觉器官与之相关；或以为是在心脏，是因为好像在那里感觉到情志。"然而细细想来，我觉得能明确确认心灵直接施展其作用的部分不是心脏，也不是大脑，而是大脑最深的部分。它是一个极小的腺体，位于质体的中央……任何微小运动都会极大地改变动物精神的运行。"① 笛卡尔之所以将交感部位或灵魂的"主要住所"确认为人脑中的松果体，是因为注意到大脑的其他部分都是成双成对的，只有松果体是唯一的；与之相关，人的理性能力往往将杂多的东西合为一体，这种集合能力正好当由这一腺体承担，如可以合理地推测，通过进入两只眼睛或两只耳朵的信息等在被灵魂考察之前已由松果体将它们统一在一起。

在古罗马时期，就有人认为松果体有调节大脑中通灵流体的功能，或许对笛卡尔产生过影响。不过他本人的确给予了较长时间的思考和研究，在《折光学》（1637年）中首次提及，此前撰写的《关于人的论文》（去世后发表）其实已多有讨论，而《情志论》（1649年）是他晚年之作。在他生前，学术界曾有一些人公开表示赞同他的观点，但其身后人们否定松果体为灵魂的主要住所却成为普遍的倾向。的确，由于时代的局限，笛卡尔的一些论述存在粗略甚至错讹之处，如常将情感、意志乃至知觉浑为一体；有些论断在今天看来有违人脑的生理结构；特别是既已将心灵（或灵魂）做了宽泛的界定，后又将所谓"动物精神"

---

① 〔法〕笛卡尔：《方法论·情志论》，郑文彬译，译林出版社，2012，第70页。

排除在外，隐含逻辑的矛盾。实际上他的立论主要着眼于天赋观念和自由意志，即心灵的第三层面。

查看人脑的解剖图谱，松果体处在边缘系统之下，间脑与丘脑之间，悬挂于脑干的正上方，不过是长4~7毫米，宽3~5毫米，重120~200毫克的灰红色椭圆形小体而已，其一端借细柄与第三脑室顶相连。现代科学的研究表明，松果体细胞是松果体内的主要细胞，有明显的昼夜节律，白昼分泌5-羟色胺，黑夜分泌褪黑激素。褪黑激素可能抑制促性腺激素的合成与分泌，对生殖起抑制作用。松果体细胞还分泌8-精催产素、5-甲氧色醇和抗促性腺因子等，但其意义尚不明朗。研究还发现，人体的智力、体力和情绪的三大"生物钟"是由松果体调控的，并且即使是分散了的每一个松果细胞，都有生物钟的作用，能记忆明暗的规律，并逐渐适应新的规律。有人称松果体为人的第三只眼睛。的确，古代道家讲天眼、佛家讲识海也大致在这个地方。

尽管笛卡尔对松果体功能的猜测得到越来越多的有利证据，但我们并不能因此断定它就是灵魂活动的主要住所。虽然业已发现松果体在某些方面调控大脑的活动并通过大脑调控全身，但具体的运作方式仍然不甚了了。况且，迄今为止并未证实它有掌控全部精神活动的功能，因此不能排除还有其他部位与之分担了另外的功能。特别是必须充分考虑到精神能力的遗传属性，松果体或其他"灵魂活动的所在地"与精子、卵子是什么关系？从逻辑上推论，每一条精子或每一个卵子都应该蕴藏着亚里士多德所谓"隐德来希"。由此我们应当摒弃笛卡尔关于动物只是一架机器而不具有灵魂的观点，因为将人类灵魂看作宇宙演化特别是生物进化得以显现的产物，将宽泛意义上的植物灵魂、动物灵魂和人类灵魂看作一个系列的不同环节也许更为合理。

二 艾克尔斯的身心二元论

在现代脑科学家中，与笛卡尔的观点最为接近的也许要算澳大利亚著名神经生理学家、1963年医学和生理学诺贝尔奖获得者艾克尔斯（又译埃克尔斯）。他反对现代哲学界流行的一种所谓"科学导向"的心物等同论，因为这种理论没有给人类的自由留下任何空间，严重低估了人自身的奥秘，认为它是"科学还原主义"，因此坚持笛卡尔倡导的身心二元论。借助神经生理学的研究成果，他试图解决笛卡尔遗留下来的两个基本问题：人类是否果真具有自由意志？位于非广延性的欧几里得几何学的一点中的灵魂如何能推动具有广延性的大脑和身体？在艾克尔斯看来，随着现代神经科学的进展，二者都有可能予以合理的解释。

关于自由意志是否存在问题，当代神经科学的相关实验成果似乎给予了证实。例如20世纪60～70年代之交，Kornhuber和Deeck精确记录了受试者做一简单的随意运动（如想象照自己的意愿逐个活动手指）开始前两秒钟的电位变化，显示被试者大脑中的运动皮层区的负电位缓慢升高，一般在动作开始前850毫秒时出现。艾克尔斯据此认为，当意愿带来一种运动时，"自我意识精神"（Self Conscious Mind）就"在皮层的广阔范围内细微而缓慢地起作用"①。1980年后，脑科学家对正常人进行正电子发射断层扫描成像（PET）的研究又普遍表明，这种与自由意志相关的随意动作发生之前大脑中的"辅助运动区"（位于大脑额叶内侧部、运动区的前方）的活动就会增加。另外，有科学家在1988年观察猴子进行自发运动的行为时，也检测到其辅助运动区里的神经元在自发运动的数秒（1～3秒）前就开始运动了。形成鲜明对照的是，在基于外界刺激的运动中，那些神经元要么不活动，要么只显示较微弱的活动；而且，直接与运动执行有关的运动区神经元，仅在运动开始的数百毫秒前才开始活动，这说明辅助运动区神经元开始活动比运动区神经元早得多。艾克尔斯由此推断，自由意志独立于物质性的脑而单独存在。不过他并没有像笛卡尔那样，断言灵魂不死且确定其在人脑中的主要住所。

属于精神的自由意志或"自我"如何能作用于物质的大脑乃至身体呢？艾克尔斯提出，如果将大脑比喻为计算机，那么"自我"就是大脑的编程员。他认为，非物质性的自由意志可驱动单个神经元放电，单个神经元的活动通过突触再传往其他神经元，所以尽管"自我"或自由意志本身的活动非常微小，但要是对突触施加影响，便可令神经系

---

① 〔澳〕艾克尔斯：《大脑－精神问题是科学的前沿》，《自然辩证法通讯》1979年第2期。

统的活动大为不同。这有些类似于混沌（Chaos）现象。在混沌系统中，作为初始条件的偶然扰动可使整个系统的倾向发生巨变。在神经元的突触处，受体分子起重要作用，因此扰动可以是分子乃至量子水平的。也就是说，"自我"或自由意志没有必要对脑起很强的作用，它只需在分子或量子水平上发挥一丁点儿造成扰动（即促成变化）的作用即可，其结果能使具有混沌属性的脑系统发生大的变动。如果我们联系几何学原理，这就仿佛如发明"杠杆定律"的阿基米德所说："给我一个支点，我将翻转地球。"

艾克尔斯又将联结"编程员"（即自我）与脑皮层的辅助运动区称为"联络脑"。他采纳波普尔的"三个世界"理论解释外部世界、大脑和精神之间的关系。按照波普尔的观点，从发生学角度是物理世界（世界1）作用于精神世界（世界2）而形成文化世界（世界3），同时还存在另一类事实，形成后的第三世界通过第二世界也可以对第一世界产生巨大的影响；因此必须充分重视第二世界的中介地位，如果抽离了它，第一世界与第三世界之间就不可能相互作用。① 艾克尔斯的研究要求进行更为细密的区分，因为他将具有广延性的大脑已归于物理世界。由于第二世界作用于其他两个世界都要通过大脑，所以三个世界的相互关系当分为五个环节，即外部物理世界－大脑（姑且称为亚物理世界）－精神世界（其核心是自我、灵魂或自由意志）－大脑（姑且称为亚物理－符号世界）－客观的文化世界。他的研究最为关注的自然是中间三项，概而言之即心－脑相互作用的关系，其中还必须插入联络脑这一环节，因为在他看来，联络脑是信息出入精神世界的门户。

从1977年与波普尔合作著述《自我及其大脑》中提出"自我意识精神"的假说，到1989年独著《脑的进化——自我意识的创生》，艾克尔斯从不同的角度论证其推测的合理性，坚持"自我意识精神"扮演着一个高级的翻译（主要在认知方面）和控制神经事件（涉及实践方面）的角色。他甚至明确地宣称："传统上称为幽灵的东西是非物质

---

① 〔英〕卡尔·波普尔：《客观知识——一个进化论的研究》，舒炜光等译，上海译文出版社，1987，第164~165页。

的心灵，心灵是大脑机器的程序设计师，而大脑机器可与一台计算机的硬件和软件组成部分相类比！"①

作为资深的神经生理学家，艾克尔斯娴熟地运用脑生理解剖知识阐述其基本构想，其中对于自由意志的肯定颇有说服力（虽然也存在相反的观点），"自我"通过单个神经元放电从耗能角度说以小搏大也是一种较为合理的解释。他将人的意识经验区分为外部感觉（包括视、听、嗅、味、触五官感觉）、内部感觉（包括思维、情感、记忆、想象、愿望、意象等）和自我（为一切内外经验的核心）三部分，并认为意识经验的统一并不是来自神经机构最终的综合，而是来自"自我意识精神"的综合，这种论断至少在逻辑上是可以成立的。他着重探究支配感觉和思维等活动的自由意志，可见旨在深入心灵第三层面。不过所谓"自我意识精神"毕竟还是一种假说，它的存在和活动方式仍然是一个谜，而假设有一片犹如集成电路似的联络脑还需要更多的证据支撑。他的某些阐述，如认为大脑的劣势半球本质上是无意识的半球，似乎并不恰当，当然这可能也与他对"意识"的界定较为严格有关。

三 麦克莱恩的脑进化理论

关于自由意志是否存在及其活动的性质和特点诸问题，千百年来一直绵延着尖锐的对立意见。古希腊时代尚未出现自由意志的概念。在希腊化时期，斯多葛派认为人在宇宙面前没有自由，只应当遵循和服从法则；伊壁鸠鲁派则认为偶然性导致人的自由意志，个体有选择权。到了中世纪，在基督教的营垒中，自由意志成了根本问题之一。按照《圣经》的意旨，上帝创造了人，也给了人自由，所以人类始祖亚当和夏娃在受到蛇的引诱时偷吃了智慧树的果子。奥古斯丁因而主张人有自由意志，人类的恶行是自由意志的产物，所以要为自己的行为负责。但到了近代，宗教改革者马丁·路德则是决定论者，不相信自由意志的存在。当代心理学界倾向于决定论的占大多数，但坚持人有自由意志立场的也

---

① 〔澳〕埃克尔斯：《脑的进化——自我意识的创生》，潘泓译，上海世纪出版集团，2007，第273页。

不乏其人。在脑科学界除了艾克尔斯之外，美国有两位著名的科学家的观点值得注意，一位是斯佩里，另一位是麦克莱恩。

斯佩里由于在裂脑研究中的卓越贡献而获诺贝尔奖。在实验中，他发现被试者被切开联结大脑两半球的胼胝体之后，因两眼所见到的图景不同而导致左右手产生相互抗拮的动作，似乎在同一个颅腔里活动着两个自由意志，而正常人总是自然而然地得到统一（与笛卡尔的猜测相关）。因此他慨叹："这一问题提醒我们，继意识之后，自由意志也许是人脑第二个最宝贵的属性。"① 斯佩里深知将自由意志列入未解决的问题会遭到大部分行为科学家的反对，因为在心理学界，"心灵""意识""本能"虽然先后为人们所普遍接受，但"自由意志"仍然没有恢复名誉。应该承认，行为科学的每一进展，不管是来自精神病学家的休息处，微电极记录，脑的切开，还是来自食肉扁虫的游动，看来都只是加强了古老的猜测，即自由意志是一种幻想。关于脑和行为了解得越多，行为本身似乎就越显得是决定论的、有规律的和因果严格地被决定的。当然，除了思维定式之外，个人利害的考虑也许是其中的因素之一，因为如果同意行为在这方面是没有规律的，就会使行为科学家不成其为科学家，会迫使他们也许只好改行，同占星家协会签订合约了。

不过令斯佩里难以接受的是，按照行为科学家的意见，没有理由去认为我们中间的任何一个人，对于待在什么地方具有任何真正的选择，甚至在原则上没有理由认为，我们的存在不是在 5 年、10 年或 15 年前就已经"命里注定的"。如果真是如此，那么一个人从出生之日起就没有自主和自由，仿佛一台机器，生活就了无趣味，实在是比奴隶都要可怜。此外，从社会角度看，如果一个人做任何事情都是事先被决定的，他只是被动的执行者，那么他就不用为其后果负责。犯罪也不应当被惩罚了，教育几乎可以说是多余的了。现实生活告诉我们应该承认自由意志，但问题在于，我们不能只是通过物理世界中亚原子粒子跳动的无规律性之类事实的类比而让人信服自由意志的存在，也不能只是依靠生物

---

① 〔美〕罗杰·斯佩里：《脑功能进化中未解决的问题》，载〔英〕邓肯等编《科学的未知世界》，黄绍元译，上海科学技术出版社，1985，第 495 页。

现象的观察而肯定自由意志是脑的一种发展的属性。因此可以说，对于自由意志的研究，任重而道远。

差不多在斯佩里进行裂脑研究的同时，保罗·麦克莱恩（Paul D. Maclean, 1913-2007）在潜心从事大脑的进化研究。他于1952年提出"边缘系统"概念，已为科学界广泛采用；从1971年起担任美国国立精神卫生研究所脑进化与行为实验室主任。在20世纪70年代，麦克莱恩的前沿探索与斯佩里几乎齐名，他们的理论促成奈德·赫曼描绘出"全脑模型"。

麦克莱恩提出人脑三位一体的理论，认为人类颅腔中脑有三个层次。最里面是爬行动物脑，大致相当于通常所谓脑干部分，包括中脑、脑桥和延脑等，这是从爬行动物进化而来的，在它的指令下，个体会做出蛇、蜥蜴等爬行动物都具备的行为，即具有保存自己和攻击敌人的本能反应，这些反应可能是生存意志的表现形式，有着固定的模式并且很难改变（与荣格所描述的集体无意识的原型有相似之处），如"战斗-逃跑"反应，建立领地和获得统治地位等。在爬行动物脑之外覆盖着古哺乳动物脑，大致相当于边缘系统，故又称缘脑，包括丘脑、下丘脑、海马体、杏仁核、胼胝体下回、内嗅区、视前区等，是孕育情绪、保持注意以及蕴藏情感记忆的主要部分，与繁殖和抚养活动中的行为及感情紧密相关。在古哺乳动物脑之上生长出新哺乳动物脑，又称新皮质，即严格意义上的大脑，它使人类能够进行抽象思考，懂得数学运算和逻辑推理，并且能运用语言，从事文化的创造与交流。麦克莱恩认为，三位一体的脑是地球生物长期进化的产物；每个脑都通过神经与其他两个脑相连，各自作为独立的系统分别运行，负责不同的职能；虽然各司其职，但又相互交叉影响，共同决定人的行为。

据美国1980年的《科学文摘》介绍，麦克莱恩发现了人类颅腔中有一个与爬行动物脑相当的活跃而强有力的中枢，其中一个细小的原始片断可能起始于大蜥蜴时代，被非正式地命名为R-复合体。他以鼠猴作为第一个实验对象，把它们隔离起来研究其先天的"显示"行为。之所以选择鼠猴，是因为它们在出生后的第二天就会向别的猴子做显示行为表演。表演有四种基本形式：用于表示敬意的"署名"显示行为，用于保卫领地的"挑战"显示行为,试图交配则有"求爱"显示行为,另外还有低头表示"顺从"的显示行为。他还让几只鼠猴对着一面镜子中它们的映象进行表演,实验表明,"显示行为与其说是性冲动的表现,倒不如说是通过身体表达意志力量"。文章的作者还目睹了麦克莱恩实验室中彩虹蜥蜴保卫领地的挑战行为:守卫者翘起它的赤黄色的头部向来犯者发起进攻,一会儿以后,又将它的大喉咙张开得像把扇子那样,同时做起俯卧撑动作——在蜥蜴世界里,俯卧撑动作做得最多的蜥蜴具有统治权。据动物学家们介绍,彩虹蜥蜴的挑战显示行为在泰国的彩色斗鱼和印度尼西亚科莫多岛飞龙中可以看到,甚至家养的狗和猫在遇到敌人时也会显示腿不灵活、背变成弓形、竖起毛发的姿势。可见这种行为模式极其普遍,并非来自习得,实为先天而有。何以见得这类模式源于爬行动物脑呢?麦克莱恩做了两类实验。一类是雌仓鼠在大脑的新皮质被切除以后,在生活方面几乎没有影响,与雄仓鼠交配后生下多只小仓鼠,还能充当一个好母亲的角色,细心照料小仓鼠直到断奶之时。另一类是切除小鸡的缘脑结构,发现仅仅具有R-复合体的小鸡仍能做正常小鸡所能做的大部分事情。①

人们从麦克莱恩的实验中往往看到的是所谓凶残、卑鄙或不道德,以为人类行为的劣根性是由爬行动物脑遗传而来,未免失之偏颇。应该看到,生物进化中表现的行为模式其实是天地之道的体现,从鼠猴的显示行为可见,"署名"与"挑战"可谓是乾健之性的体现,"求爱"与"顺从"可谓是坤顺之性的体现,前者主辟,后者主翕。尽管麦克莱恩的专著《进化中的三位一体脑》(*The Triune Brain in Evolution*)关于大脑结构和功能的论述细节上也许不尽如人意,其基本的结论尚有待进一步证实,但这一研究方向应该是正确的,因为它对人类行为和文化成果具有很强的解释能力。② 如果说人脑所具有的新皮质主管认知活动,是意识活动的场所,缘脑主管五官感觉和相应的情感经验,那么爬行动物脑正好主管意志,是人类生活行为和文化创造的动力源泉。传统的知、

---

① Mary Long:《爬行动物的脑子》,《世界科学》1981年第10期。
② 麦克莱恩生前曾被人提名为诺贝尔奖获得者,其实验成果也被一些科学家所引用。

情、意（志）之分由此可获得生理的根据。并且，这项研究在一定意义上说呼应了心理分析学派的人格结构理论，二者的内在关系如下图所示：新皮质是意识领域，缘脑则是部分属于意识、部分属于个人无意识领域，而爬行动物脑基本属于人类的集体无意识领域。由于具有新皮质，人类才可能创造出科学文化；由于保留了缘脑，所以继承了莺歌燕舞的能力，发展出艺术文化；而脑干更直接地联系着天地之道，可能是滋生宗教文化的基地。①

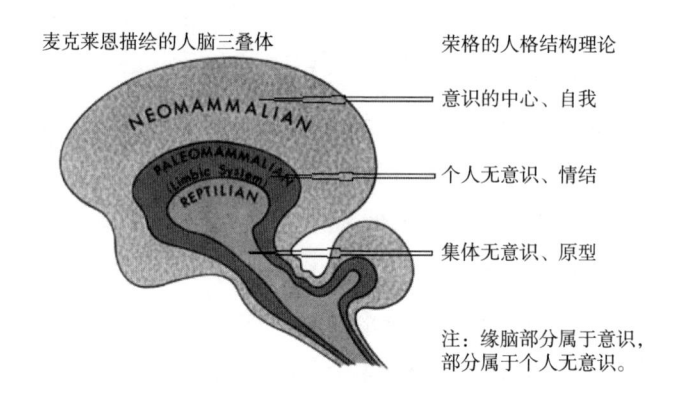

麦克莱恩描绘的人脑三叠体　　　　荣格的人格结构理论

意识的中心、自我

个人无意识、情结

集体无意识、原型

注：缘脑部分属于意识，部分属于个人无意识。

笛卡尔和艾克尔斯的研究主要着眼于探寻意识活动特别是认知活动的根据，麦克莱恩的研究更多关注无意识的基本行为模式的由来，他们的研究都在力图探明人类无论是认识还是实践活动都有着先天的深层的根据，即支撑这些活动得以进行的心灵第三层面。如果我们忽视甚至无视它的存在，犹如只看到精神之树的枝叶而不见其根本。此外，三者都关涉自由意志问题。我们将自由意志的活动理解为自己决定自己、基于内在的先天律令的自由选择——在这种意义上，动物也应该有意志的自由，否则它就不可能有游戏，甚至会发生一头驴子处在同样距离的两堆干草之间由于不知如何选择而被活活饿死的情形。②

---

① 宗教文化的产生依靠灵感（顿悟）思维，科学界有人认为这种精神活动可以通过脑干的左右对称的六列神经核的活动予以解释。参见〔日〕山元大辅主编《大脑》，夏敏译，上海科学技术文献出版社，2011，第113页。

② 这一事例通常称为"布里丹驴子"，是对否认自由意志的14世纪哲学家布里丹的讽刺。

1950年，著名心理学史家波林在其名著《实验心理学史》修订版中新增了"脑的机能"一章，概述了19世纪70年代到20世纪40年代末关于脑机能的研究，并由衷地嗟叹其发展的缓慢。从那以后几十年来，尽管科学界在不懈努力，且不断取得新的成果，但迄今为止，人类对自己大脑（广义）的认知可能还处在介于"黑箱"与"灰箱"之间的状态。笔者管见，即使脑科学得到充分的发展，也无从完全揭开人类灵魂之谜，因为仅凭科学仪器不可能精确测定非物质的精神活动，更何况精神现象未必只发生于大脑。有鉴于此，哲学现象学的考察在这一领域可能永远都是必要的。

第三章

心灵第三层面的称谓问题

从上一章我们看到，心灵第三层面属于人类集体无意识的区域，是人与宇宙（天）相通相洽的枢纽，蕴藏着人的最高潜能，决定着人生的价值和目标，在生理上可能特别活动于司意志的脑干部分，似乎可以说，它是最原始的其实也是最本真的。原始意味着混一，本真意味着纯一。混一是从发生学角度考察，因之可能分化为杂多；纯一是从价值论角度考察，较之无数的杂多，它是最纯正的。兼有混一与纯一这两重性的，在宇宙学哲学中可以称为太极或梵，在人类学哲学特别是心灵哲学中该如何称谓？这也是一个亟待解决的问题，毕竟名不正则言不顺。诚然，康德哲学和佛教哲学中已有相应的称谓，但都不够确切，需要继续探索。

第一节　康德哲学的 Vernunft 范畴

雅斯贝尔斯在介绍康德的成就之后坦率地指出："如果不在实质性观点上反对康德，就没法儿吸收康德。不修正康德的文句，就没法儿理解康德。理解康德，在深层次上虽然意味着取得无与伦比的一致性，但在表层上却意味着做批判性阐释。"[①] 本着这样的观念，我们不妨尝试对康德自己最为看重而世人感到最为纠结的一个创新——对超越理智（或知性）的"理性"范畴进行一番考察与评判，亦即"批判"。考虑

---

① 〔德〕雅斯贝尔斯：《大哲学家》，第521页。

到不同语种之间语词转译不可避免地存在含义流失或改变的情形,我们这里将尽可能参考与康德采用同一母语的哲学家或哲学史家的相关看法。

一 康德区分理性与理智的重要意义

在西方,理性概念可溯源于古希腊的 Logos(逻各斯)和 Nous(奴斯)两个词语。Logos 本义为词、言谈、叙述,赫拉克利特用以指称贯穿于全体存在中的绝对关系或普遍法则,也就是理性。就人而言,眼睛与耳朵可能是最坏的证人,如果它们有着粗野灵魂的话;理性才是真理的裁判者。他曾界定说:"理性不是别的,只是对于宇宙的安排(结构)的方式之阐明。"① 依据亚里士多德的记述,阿那克萨戈拉是第一个把绝对本质表述为 Nous(心灵)或把普遍者表述为思维的人。在黑格尔看来,Nous"并非理性"②,其单纯性并不是一种存在,而是普遍性或统一性。但按照文德尔班的理解,赫拉克利特的"逻各斯"与阿那克萨戈拉的"奴斯","作为同质的理性"③,均被认为散布于整个宇宙中。似乎可以说,古希腊人以理性为贯通宇宙与人类心灵的普遍法则或绝对本质。不过其时并未区分理性与理智,如柏拉图的马车喻中的"车夫",后世或作为理性看待,或作为理智把握。

中世纪亦然。当时围绕"意志优先"还是"理智优先"存在长时间的争论,并形成观点相左的两派,前者以圣奥古斯丁、邓·司各脱和奥康为代表,后者以安瑟伦和托马斯·阿奎那为代表。历史上人们多以前者为非理性的而以后者为理性的倾向。圣托马斯提出,若在要意志而不要理智或要理智而不要意志之间只能选择其一,就应该选择后者;司各脱的观点则反之。

从文艺复兴到启蒙运动时期,对理性的考察开始逐渐转向人自身。笛卡尔提出"我思故我在"命题,将过去的一切知识置于我的理性的

---

① 转引自〔德〕黑格尔《哲学史讲演录》第一卷,贺麟、王太庆译,商务印书馆,1959,第315页。
② 〔德〕黑格尔:《哲学史讲演录》第一卷,第352页。
③ 〔德〕文德尔班:《哲学史教程》上卷,罗达仁译,商务印书馆,1987,第90页。

重新审查之列。在他看来，理性是人人都具有的一种辨别真假和是非的能力，所以他既推崇明澈的理智，又推崇意志的自由。事实上，欧洲近代哲学的启蒙意味着人的理性的除蔽和唤醒。不过出现了两个阵营：经验论者崇尚的是经验的理性，先验论者崇尚的是思辨的理性。

历史的发展呼唤一位巨擘能够厘清理性与理智、理智与意志、经验与先验诸矛盾方面的相互关系而达成有机的统一。康德适逢其时，力图担当起"集大成"的重任。他清楚地了解西方哲学史的基本问题，认为症结在于理性与理智（即知性或知解力）的混淆。《纯粹理性批判》面世之后，他在缩写本《未来形而上学导论》中写道："把理念（即纯粹理性概念）同范畴（即纯粹理智概念）区别开来作为在种类上、来源上和使用上完全不同的知识，这对于建立一种应该包括所有这些先天知识的体系的科学来说是十分重要的。"① 因为在他看来，没有这种区别，要想建立真正"科学的"形而上学就根本不可能，或者充其量只能说是拼凑而已；思想史上历来的误区是"都把理智概念和理性概念混为一谈，就好像它们都是一类东西似的"，殊不知真正的形而上学涉及"与理智完全不同的领域"②。

由此可见，虽然康德在《纯粹理性批判》第二版的"序言"中将他的发现——理智把它的形式给予了自然——称为"哥白尼式的革命"，但这种思维方式的变革还包括实践领域和目的论领域。依照康德的观点，人类认识活动开始于感性直观，经由理智概念而构成规则的判断，理性在认识中虽然只是规范性而不是构成性的，但它能把知性的规则置于更高的原则之下，制导着认识过程趋向于更高乃至最高的统一性。人类实践活动的行程刚好相反，在这里理性是构成性的，它统率道德法则；理性的原则本身是纯粹形式的，并且包含凡是应该被当作规定的，必定可以设想为有普遍效准的法则；它通常体现为自由意志，经由理智概念而达到感觉。介于认识与实践领域或者说自然领域与自由领域之间的是判断力，它从一个领地到另一个领地架起一座桥梁：理性提供

---

① 〔德〕康德：《未来形而上学导论》，第105页。
② 〔德〕康德：《未来形而上学导论》，第106页。

原则，知性提供对象①，而判断力则完成将原则应用于对象的任务。于是，"理论理性和实践理性之间的二元性不仅在形式上而且在实质上在审美理性中得到了克服"②。不难看出，理性范畴在康德的先验哲学中居于根基地位，是康德对人类创造的科学文化、道德文化、艺术文化乃至宗教文化进行哲学阐释的最终根据。如果说哥白尼在对物理世界的研究中取消了人类在宇宙中的中心地位，那么康德由心灵角度切入考察文化世界，在这一领域恢复了人类的中心地位，因而是又一次"翻转"。

康德通过将"理性"范畴与"理智"区分开来，揭示了人身上近于神性的一维。黑格尔解释说："理性的产物是理念，康德把理念了解为无条件者、无限者。这乃是抽象的共相，不确定的东西。自此以后，哲学的用语上便习于把知性和理性区别开。反之，在古代哲学家中这个区别是没有的。知性是在有限关系中的思维，理性照康德说来，乃是以无条件者、无限者为对象的思维。"③ "理念"是取自柏拉图哲学的术语，柏拉图正是力图通过其理念论揭示人类生存的神圣性一面。现代宗教学的奠基人、著名的德裔英籍学者麦克斯·缪勒由衷赞同心灵存在有别于感觉与理智的第三种天赋的观点，认为正是这种天赋，使人感到有"无限者"的存在，于是便有了神的各种不同的名称，各种不同的形象；没有这种信仰的能力，就不可能有宗教，甚至连最低级的偶像崇拜或物神崇拜也不可能有。按他的理解，英语中没有康德所谓"理性"（Vernunft）的对译词，只宜译为"信仰的天赋"（the faculty of faith）④。

我们有理由推测，康德的三大《批判》主要为"念己而作"，字里行间都渗透了自我剖析的心血，虽然不免有晦涩乃至紊乱之处，但作者因秉持实事求是的态度而拥有真实不妄的自信。美国著名康德研究专家L. W. 贝克指出："几乎他（康德）所有的著作都是这个唯一主题的变体：这个主题就是作为一个能动的创造者的人的精神。"⑤ 如果这一观

---

① 应该说，这里表述为"感性提供对象"更适当也更易懂一些。
② 〔德〕文德尔班：《哲学史教程》下卷，罗达仁译，商务印书馆，1993，第776页。
③ 〔德〕黑格尔：《哲学史讲演录》第四卷，贺麟、王太庆译，商务印书馆，1978，第275页。
④ 参见〔英〕麦克斯·缪勒《宗教学导论》，第12页。
⑤ 转引自邓晓芒《康德哲学诸问题》，三联书店，2006，第211页。

点成立，那么可以说，传统的"理性"范畴在严格意义上被提升，是康德高洁的"志士"人格的间接显现。前批判时期最重要的著作《宇宙发展史概论》的"前言"与"附录"，可以说是康德的"序志"之作。他写道："所有这些困难我都很清楚，但我并不胆怯；所有这些阻力之大我都感到，但我并不沮丧。我凭借小小的一点猜测，作了一次冒险的旅行，而且已经看到了新大陆的边缘。勇于继续探索的人将登上这个新大陆，并以用自己的名字来命名它为快。""（大自然的）原始本质甚至在其自身中包含着一切本质及其最初几条作用规律之源"。"在人类本性中去掉那部分虚幻性以后，不朽的精神将迅猛地超越一切有限的东西而扶摇直上……今后这种提高了的、本身包含了幸福之源的本性，不用再向外界去寻求安慰。"① 在这些叙述中我们看到，康德胸中充盈着神圣感，头上的星空与胸中的道德律得到统一的呈现，鲜明表现出康德所谓超越理智的"理性"精神。

在学理上，康德凭借"理性"范畴协调了理智与意志的对立，理性在理智的运用中通过理念规范着知识的系统化，在意志的运用中以直言判断的形式颁布律令，支配实践的行为。如果说理智只能运用于有限的现象界，那么意志则植根于无限或无条件者，一者为自然立法，一者为人自身立法，各有千秋。一般说来，经验论者赋予理智很高的地位，常以之为广义的理性，先验论者则更珍视狭义的理性，常以之为人的根本特性之所在。诚如新康德主义者文德尔班所说，康德给后世哲学规定的不仅有哲学问题，而且有解决这些问题的途径。②

二　康德论述"理性"的晦涩与紊乱

虽然康德的总体思想不难理解③，但康德的具体表达却常常令人费

---

① 〔德〕康德：《宇宙发展史概论》，上海外国自然科学哲学著作编译组译，上海人民出版社，1972，第3~4、10、224页。
② 〔德〕文德尔班：《哲学史教程》下卷，第728页。
③ 简言之，康德的思想系统建基于合成柏拉图的灵魂三分法（知、情、意）和亚里士多德的文化三分法（理论的、实践的与创制的），并用心灵能力的三层次及理论与实践的双向运动阐释文化世界各领域的由来。

解。康德在世时，他的同胞就多有责难。且不说施莱格尔指责康德思想不成体系、混乱不堪、拼拼凑凑、缝缝补补这类带有抵触情绪的批评，就是十分崇敬他的后学甚至信徒也不例外，如费希特就公开表示，"没有什么比清楚地阐明康德的观念更难了"；"还没有人理解他。也不会有人理解他，如果人们不通过自己的道路达到康德的结论的话"①。叔本华尤其不满于《纯粹理性批判》的第二版，认为由于对第一版的删改，它成了一本自相矛盾的书，断定"没有一个人能完全弄明白和懂得这部书"②。母语为德语的大学者尚且如此，更何况属于非印欧语系的人们？

康德三大《批判》的文体之所以枯燥③、晦涩甚至紊乱，一方面受制于要解决的问题的艰巨与复杂，另一方面也缘于作者沉浸于思辨中独诣玄门，此外还与作者对问题缺少足够清晰、透彻的认识和恰当的言辞表达有关（这往往为一个领域的拓荒者所不免）。这多重因素都集中表现于对"理性"范畴的论述上。该范畴严格说来是指称心灵第三层面即超知性的层面，它属于荣格所谓集体无意识领域。

也许可以说，康德采用 Vernunft 一词表达曾存在某些无奈，正像我国的老子曾为他意会到的无限者命名（"大"或"道"）而踌躇过一样。在着手探讨"纯粹理性的概念"时，康德居然写了一大段题外话，谈到思想家经常为寻找适合的概念表达而感到窘迫；若词不逮意，不仅妨碍被别人理解，甚至妨碍自己的理解。但他又否决了制造新词的办法，理由是："制造新名辞乃在言语中立法，其事鲜能有成；且在吾人求助于此最后方策之前，不如在古语陈言中检讨，审察其中是否已备有此概念及其适切之名辞。即令一名辞之旧日用法，由引用此名辞者之疏忽而致意义晦昧……较之因不能使他人理解吾人之概念而致摧毁吾人之目的者，固远胜多矣。"④ 这段话虽然直接联系于柏拉图的"理念"概念，

---

① 〔德〕雅斯贝尔斯：《大哲学家》，第 525 页。
② 〔德〕叔本华：《康德哲学批判》，载《作为意志和表象的世界》，第 592 页。
③ 叔本华称之为"辉煌的枯燥性"（《作为意志和表象的世界》，第 583 页）。
④ 〔德〕康德：《纯粹理性批判》，第 252～253 页。

其实也可以看作他对采用 Vernunft 表达诸多日常用法不曾有的义项（如信仰无限者、以一统多的倾向、自律的意志等）的自我辩护。殊不知，这种调和折中造成巨大的危害，按照叔本华的看法，这正如君王们犯了错误，整个民族都要为他补过一样，伟大思想家的谬误会影响几个世纪，最后将变质为怪诞不经。①

希腊人所讲的理性或逻各斯，由语言引申出逻辑之意，这就决定了它通常指称的范围既高于有限的感觉领域，但又低于精神所指向的无限领域，所以人们往往以这两个领域为"非理性的"。正因为如此，"理性"与"理智"常可互换使用。德文的 Vernunft 与 Verstand 也不例外。据《朗氏德汉双解大词典》，前者作为名词主要有指称理性、理智、明智、常理、常情诸义项，其复合词可描述冷静下来，醒悟过来，恢复理智诸状态，并有使之达到冷静、醒悟或理智状态等用法；后者用作名词，指称理智、智力、智能、理解力，判断力等。在描述某人处于失去理智、神经错乱或发疯状态时，常用后者而非前者。比较而言，前者似乎偏指一种常性，后者则偏指一种能力。另据叔本华的考证，Vernunft 由 Vernehmen 演变而来，但它又并非"听到"的同义词，而有了解语言所表达的思想的意味。

康德将 Vernunft 与 Verstand 区别开来指称两种在一定意义上说有着天壤之别（前者仰望天宇，追寻无限；后者俯瞰大地，认识有限）的心灵能力的初衷甚好，可是他赋予 Vernunft 的词义远远超出通常用法的范围，在论述中又经常在特定用法与通常用法之间摇摆，词不逮意的结果便造成他曾担心的不能让别人理解、连自己也没有很好理解的局面。叔本华指出："最为触目的是康德对于理性也从没作过一次正式的充分的规定，而只是相机的看每次［上下］关联的需要而作出一些不完备的、不正确的说明。"② 叔氏仅取《纯粹理性批判》一书就一气列出八例，展示了康德相关论述的晦涩与混乱。应该说，所列八例还只是依据文本的前后顺序的简单枚举，主要着眼于同理智（知性）相区别的

---

① 〔德〕叔本华：《作为意志和表象的世界》，第73页。
② 〔德〕叔本华：《康德哲学批判》，载《作为意志和表象的世界》，第588页。

"理性",实际情况更为复杂多样。文德尔班认为理解康德运用此词须区分广义和狭义;《纯粹理性批判》的英译者和《康德〈纯粹理性批判〉解义》的作者康蒲·斯密则将它的含义分为三种情形:人的精神中一切先验因素的源泉,与理智(知性)作为同义词,超知性的追求无限、产生形而上学的能力。①

如果兼顾三大《批判》,我们可以看到康德在五种不同意义上运用"理性"一词,或者说其基本所指可以分为五类。参考叔本华等的相关论述,现依据邓晓芒译、杨祖陶校的《康德三大批判合集》(人民出版社2009年版)的译文与所提供的德文原著页码试述如下。

(1)理性是人的精神中一切先验因素的源泉,包括感性的先验因素与知性的先验因素。所谓"纯粹理性批判"中的"理性"即此。康德认为理性渴求知识的普遍性,而这种普遍性来自先验方面。(德文《纯粹理性批判》第一版,第2页。简称A2,后同)

(2)理性与理智(知性)为同义词。"……人类理性指明其真实的因果性"(A317);"理性就是推理的能力,也就是间接地……作出判断的能力"(A330)。因果性是知性范畴,判断、推理一般说来都应该是知性能力。康德认为从"一切人都会死"推论出"一切学者都会死"是由理性而非知性完成的(A303~304)——这一说法曾让叔本华感到啼笑皆非。

(3)理性是与感性、知性相区别的关于无限者、无条件者的思维。"我们的一切知识都开始于感官,由此前进到知性,而终止于理性,在理性之上我们再没有更高的能力来加工直观材料并将之纳入思维的最高的统一性之下了"(A298);"纯粹理性……与无条件者分析地相关"(A308);"理性概念包含无条件者"(A311)。这是康德哲学的狭义所指,也是最富有开创意义和学术价值的所指,可惜缺少较为全面的界定和一贯的把握。

---

① 〔英〕康蒲·斯密:《康德〈纯粹理性批判〉解义》,韦卓民译,华中师范大学出版社,2000,第45页。

(4) 理性与意志，或者确切一些说，实践理性与自由意志是可以互换的范畴。"一个纯粹意志的客观实在性，或者这也是一样，一个纯粹理性的客观实在性，在先天的道德律中仿佛是通过一个事实而被给予的……一个纯粹意志概念中也包含了一个带有自由的原因性的概念。"（《实践理性批判》德文版，第65页）

(5) "理性"还可作为道德领域的指代词。"在高层认识能力的家族内却还有一个处在知性与理性之间的中间环节。这个中间环节就是判断力。"（《判断力批判》德文版，第12页）前述"理性提供原则，知性提供对象"的基本观点正是以理性与知性分别指代道德与自然。批判哲学认为在科学领域是知性为自然立法，在道德领域是理性为人自身立法，如果说审美判断力介于科学与道德两个领域之间，艺术兼有合规律性与合目的性，本是很中肯的见解，但遗憾的是，康德千虑一失，经过几重转换，居然将这种平行关系（科学与道德）置换为层次关系（知性与理性），并且弄出（感性、知性和理性之外）第四种"认识能力"——判断力插在中间，谬误就显现了。

随机赋予"理性"范畴以多重含义是康德相关论述晦涩难懂的重要缘由，而晦涩在一定程度上掩饰了其中逻辑的紊乱。不过在第三《批判》的"导言"结尾处，读者终于有机会一睹先验哲学系统（或称高层能力及其先天原则与应用范围系统）的整体面目，作者列出的下表恰好较为直观地暴露出其逻辑的缺陷和紊乱。①

内心的全部能力	诸认识能力	诸先天原则	应用范围
认识能力	知 性	合规律性	自 然
愉快和不愉快的情感	判 断 力	合目的性	艺 术
欲求能力	理 性	终极目的	自 由

第一栏为西方传统的知、情、意（志）之分，是批判哲学造论的基础，学术的进展迄今未能动摇。第二栏的问题已见上述；还须补充的是，将"判断力"和"理性"也归入"认识能力"，显然改变了第一栏

---

① 《康德三大批判合集》（下），邓晓芒译，杨祖陶校，人民出版社，2009，第246页。

中"认识能力"的外延和内涵,没有保持概念的同一性。第三栏"合目的性"与"合规律性"是二元对立关系,与"终极目的"却是递进关系,此栏与另外三栏的逻辑均不统一,形成梗阻:难道艺术不含"合规律性"?难道唯有"欲求能力"联系着"终极目的"?第四栏的"艺术"是一种文化形式,宜与科学、道德并列,这里给予它的伙伴却是"自然"和"自由",如此借代简直有些不伦不类。康德以 Vernunft 指称心灵的第三层面,而第三层面确实是科学、道德、艺术乃至宗教文化形成的基础,三大《批判》中也多有论及,可惜此时的康德急于要过渡到道德神学,于是造成一系列逻辑紊乱。①

微观上存在的类似问题甚多,此不赘述。黑格尔曾指出,"康德哲学中缺乏思想性和一贯性的地方使得他的整个系统缺乏思辨的统一性"②,可谓切中肯綮。

三 康德思想继承者的修正或扬弃

雅斯贝尔斯不赞同新康德主义者文德尔班"理解康德,意味着超出康德"的看法,认为"超出"之说好像人们可以走得比康德远,认识得比康德深刻似的。其实文德尔班所讲的"超出"主要指有所修正和发展,提法并无不妥。就理解文本而言,康德哲学犹如一座庞大的迷宫,不进行必要的修正就难以顺畅地解读,必将影响其基本思想的阐释和传播;就解释世界而言,康德哲学犹如一幅天才的草图,本身就召唤后来者使之逻辑清晰、观念统一才能有效地推进各思想领域的建设。如果将康德哲学视为人文领域的一次哥白尼式的革命,那么的确需要开普勒式的修正才能使之更为接近于"科学的形而上学"。

德国哲学 18 世纪末至 19 世纪上半叶的繁荣可与古希腊哲学的苏格拉底至亚里士多德时代相媲美,毫无疑问是人类思想史上值得骄傲的一幕,所演奏的正是康德奋力地开创、后继者又大胆地从不同角度修正和

---

① 请参见拙文《试辨康德界定审美活动的偏误》,《江西师范大学学报》2004 年第 2 期。
② 〔德〕黑格尔:《哲学史讲演录》第四卷,第 309 页。

发展的伟大乐章。其中也突出表现于对康德提出的"理性"范畴的修正或扬弃。这是因为，依据康德的一般看法，感性与知性对应的是形而下的领域，唯有 Vernunft 才具有形而上的要求，心灵的这第三种能力乃是弘扬哲学精神、建设哲学文化（还可延展于宗教文化）的基石。

费希特曾被公认为最重要的康德主义者。他特意去哥尼斯堡拜谒过康德，还因《对一切启示的批判》一文未署名发表而被当时哲学界误以为是康德之作，可见他对康德著作和思想的了解之深切。在1794年出版的《全部知识学的基础》一书中，他力图克服康德哲学的思辨统一性不够的弱点，以"自我"为核心而非以"理性批判"为核心建立起逻辑和观念整一的"知识学"体系。他所谓"知识"可能借鉴了柏拉图的"知识"与"意见"之分，所以是一个哲学范畴。全书首先严格按照正题、反题、合题的辩证逻辑论述"知识学"在"自我"基础上赖以建立的三条基本原理，然后展开为"理论知识学"和"实践知识学"的基础的探讨——显而易见，其论域正好与康德的"纯粹理性批判"和"实践理性批判"相当。虽然他也以理性为最高的认识能力，但规避了"理性"概念的含混运用，将两门"知识学"归于"理论自我"与"实践自我"活动的结果。①

如果说费希特力图在理论与实践领域修正康德哲学，那么诗人哲学家席勒则专注于在审美领域发展康德哲学。席勒撰写《美育书简》，在思想上受惠于康德甚多，其第一封信就交代所提出的一些命题"绝大部分是基于康德的各项原则"。如第三封信称"由自然的性格中分离出任性、由道德的性格中分离出自由"，显然是康德的观点，涉及意志的他律与自律。他将经验中的美分为振奋性的和融合性的两种，与康德对于心灵活动的把握不谋而合。不过席勒基于"个人的思考"在很多地方扬弃了批判哲学的观念，最根本的是不止于将审美看作由必然领域向自由领域的过渡，而是强调实现二者的有机统一，开启了黑格尔"真与善只有在美中间才能水乳交融"观点的先河。席勒在不同场合运用了知性和理性概念，但更多采用了"理性"的通常用法，如第二十封信的结尾处

---

① 本小节的引语依据王玖兴译《全部知识学的基础》，商务印书馆，1986。

明确界定说，他"称理性规定的状态为逻辑的和道德的状态"①。

由于不满于康德和费希特将视点局限于主体，或认为物自体不可知，或认为世界是理论自我的创造，谢林和黑格尔转向寻找超越主体与客体的绝对统一性或绝对精神。谢林哲学借鉴康德的第三《批判》的痕迹也较明显，一方面承认"关于自然目的的哲学或目的论"是理论哲学和实践哲学的"联结点"，另一方面又认为"哲学的工具总论和整个大厦的拱顶石乃是艺术哲学"②。对"目的"的追寻使他服膺于莱布尼茨的"前定和谐"及与之相关的无意识理论，也使他相信，真正的知识是以两个对立面的会合为前提的，那个绝对真实的东西只能是一种同一的知识，一切真理都是自身绝对等同的，因此存在于知识本身之中的原理只能是一个。谢林并不赞同以理性为最高的认识能力，其"同一哲学"推崇的是"理智的直观"。在他看来，绝对的同一性是宇宙精神的特殊的无意识状态，不可能凭借概念理解和言传，而理智的意向是返回它的同一性，因此能"创造性直观"。

黑格尔有限地认同康德的感性、知性和理性之分，甚至内化为自己思维方式的一部分，如他在《美学》中将同"诗的掌握方式"对立的"散文掌握方式"分为三类：日常意识、知解力思维和玄学思维，似乎不期然而然地大致吻合康德关于心灵能力的三层次之分。不过，黑格尔未必对康德赋予"Vernunft"的含义心悦诚服，他在评述三大《批判》的主旨时，认为《纯粹理性批判》考察的是"理智、理论的理性"，而《实践理性批判》"研究意志的本性，什么是意志的原则"③。按照黑格尔超凡的理解力，如此评述暗含了一种修正。德文"Vernunft"一词与意志本无关联，所以黑格尔在一些场合将二者区分开来或并列使用。④依康德之见，理性的产物是理念，诸如上帝、世界、灵魂、自由等，它

---

① 本小节的引语依据徐恒醇译《美育书简》，中国文联出版公司，1984。
② 〔德〕谢林：《先验唯心论体系》，梁志学、石泉译，商务印书馆，1976，第15页。
③ 〔德〕黑格尔：《哲学史讲演录》第四卷，第287~288页。
④ 如黑格尔《美学》第一卷（朱光潜译）对于"情致"（激情）的论述，商务印书馆，1979，第295页。

们超出知性能力所能把握的范围，传统的形而上学试图论证其存在，结果都陷于二律背反。对于这一禁区，从费希特到黑格尔，康德的后继者们越来越有涉足的自信。黑格尔的逻辑学，可谓是对"绝对理念"的直接描述，将康德所列的诸多知性范畴如因果、偶然、必然等均收入其中。在这样的基础上讲"理性"，显然淡化了它与理智的区分。

希腊文的"逻各斯"或"奴斯"等词在西方哲学的发展史上均与所谓理性、理智、理念相近①，这种强大的理性主义（或理智主义）传统至黑格尔更被推向新的高峰。康德哲学中实质为非理性（包括超验而无以言说）的成分（如物自体不可知等观点）几近淹没，但人生乃至世界毕竟是理性因素与非理性因素的统一，所以势必引起思想界强烈的反弹。这一反弹于黑格尔在世时便已出现，它就是叔本华哲学。对于令费希特等颇为不满的"物自体"观念在叔本华这里得到宣扬，并认为它就是盲目的意志，而康德所讲的"现象界"不过是意志的表象。叔本华也间或讲"理性"，但赋予它同康德哲学很不一样的含义，认为人们凭借自己的理性所能认识的不过是世界的表象，在实践领域理性让人惯于伪装而与动物区别开来，等等。显然，在他的心目中意志高于理性，因为从生物学的角度看，是先有意志而后有理性，而从人类生存角度看，理性通常是为意志服役的。

德国哲学的辉煌历程雄辩地证实了思想史发展的辩证法是批判的和革命的。大致可以说，围绕着康德奠定的基础，杰出的后继者们从不同方向寻求突破且各有建树。遗憾的是，他们都没有完全认同康德的理性与理智（知性）之分。至 20 世纪，且看雅斯贝尔斯给康德所谓"理性"所下的定义："是人之为人的特点，它要么是人唯一的特点，要么就根本不存在。它是人的思维性特征。这种特征体现在人的以自身为根据的思维方式中，是依靠作为不变原则的理性而形成的意志。这种思维特征要自由地逐步形成。"② 其中连它指向无限者、无条件者的根本特点都未提到，甚至对它的存在与否存疑，康德哲学这一范畴在德国的凄

---

① 参见贺麟先生所译的《小逻辑》，商务印书馆，1980，"新版序言"第 xxii 页。
② 〔德〕雅斯贝尔斯：《大哲学家》，第 458 页。

凉境遇可见一斑。

历史地看，康德企求将"理性"与"理智"进行严格的区分，不仅前无古人，而且后鲜来者。实际上，这同时也反映了康德把握人类心灵的深刻与系统在西方鲜有人能与之匹敌。问题并不在于找出高于理智的心灵能力是否必要，而在于康德选取"Vernunft"一词不太适当，让处在西方理性主义传统中的学界很难操作，就是康德本人也是如此。突破的关键是要确切地寻找和表述心灵的目的因，它当是形式因与动力因的合体。一方面，理智本身只是形式因，"理性"一词同样存在这样的局限。另一方面，如果认为只是感性欲念为心灵活动提供动力，必然会走向叔本华或弗洛伊德；只有像柏拉图那样注意到还有与理性并不冲突的激情（亦可称为意志），才能解释人类心灵高尚的一维。但心灵第三层面只能是一（the One），否则个体人格就没有统一性，显然与事实相抵牾，所以这一（the One）当是"意志+理性"，或称"理性的意志"①。康德三大《批判》中严格意义上的"理性"的实际所指应该就是它，中国传统哲学的"志"范畴与之约略相当。

第二节 中国传统哲学的 "志" 范畴

"志"是中国古代哲学的重要范畴，遗憾的是近世以来，这一范畴却常为论者所忽视，20世纪80年代编纂的《中国大百科全书·哲学》未立"志"为条目，当代哲学史家较少有人阐述古代哲人论"志"的内容。我们若认同马斯洛所指出的"不考虑到人生最远大的抱负便永远不会理解人生本身"的观点，就会深切地意识到，整理、开掘中国传统哲学的"志"范畴是当代弘扬人文精神的迫切要求。

一 "志"范畴的历史展开

古人重志，由来久远；不过起初并未提升到哲学高度。《尚书》中

---

① 印度现代著名哲学家奥罗宾多《神圣人生论》的英文本造 Consciousness – force 一词指称"超心思"层面的蕴含，迹近此义。

多谈异己的"命",一般将"志"作为心情、意愿解,如《盘庚》中有"予若吁怀此新邑,亦惟汝故,以丕从厥志"。《周易》主要为卜筮之书,讲"志"的频率非常之高,有60余处,它们大多是指心之所期为的具体事情,如"鸣谦,志不得也"(《谦》);"贞吉悔亡,志行也。"(《未济》)应该说,其中部分断语已经包含认识论的或人生观的意义,如《同人》中说:"唯君子为能通天下之志。"《老子》一书有三章言及"志",或作为心之所欲理解,或作为抱负、意志理解。老子推重客观的无为而无不为的道,对体现有强烈主体性的志基本持贬抑态度,主张"弱其志"(《老子》第三章),他所谓志约略相当于后来庄子学派所讲的"勃志"。

在孔子的言论中,"志"已成为一个哲学概念。孔子视志为人生的一种必不可少的精神因素,他说:"三军可夺帅也,匹夫不可夺志也。"(《论语·子罕》)这里将"志"与"帅"对举,是后世学者以志为人心之主的滥觞。孔子要求人们自觉地"志于道""志于仁",就个体而言,无求生以害仁,有杀身以成仁。他赞叹道:"不降其志,不辱其身,伯夷、叔齐与!"(《论语·微子》)砺志是人格修养的基础,他倡导说:"隐居以求其志,行义以达其道。"(《论语·季氏》)这又构成后世"养志"说的源头;其中还包含志与道(此指人道)相通或相守的思想。

《墨子》大力宣讲"天志",实际上是借上天的名义为人世立法。所谓天志亦即墨子学派自身之志——人生追求和社会理想的对象化,其基本含义是行义、兼爱:"天之志者,义之经也。"(《天志下》)"天之欲人之相爱相利,而不欲人之相恶相贼也。"(《法仪》)主体的自由意志无意识地对象化在一个人格神(天)身上,这便使墨家思想带有浓厚的宗教色彩,并由此生发出一种原始的素朴的平等观念,认为国与国、人与人,在上天面前都是平等的。天志是现实生活中价值评判的根据,衡量是非之标准,墨子写道:"我有天志,譬如轮人之有规,匠人之有矩,执其规矩以度天下之方圆,曰:中者是也,不中者非也。"(《天志上》)这一学派也看到作为人之心性因素的志的重要,提出"志不强者智不达"(《修身》)。

至《孟子》，"志"已跃居哲学范畴地位。二程曾谈道："孟子有功于圣门，不可胜言。仲尼只说一个'仁'字，孟子开口便说'仁义'。仲尼只说一个'志'，孟子便说许多'养气'出来。"① 其实《孟子》一书讲"义"、讲"气"，都与"志"之拓展有关，且系社会道德的日益衰败促成。杨时曾指出，《孟子》一书，只是要正人心，可谓中的之论。所以正人心者，尚志也。孟子把"志"确当地提到人之心性的中枢位置："夫志，气之帅也；气，体之充也。夫志，至焉；气，次焉。故曰'持其志，无暴其气'。"（《公孙丑上》）这种观点一直为后世论者所本。他所理解的志，是居仁由义之心，是心之正位。当王子垫问道："士何事？"孟子答曰："尚志。"再问："何谓尚志？"孟子进一步解释："仁义而已矣。……居仁由义，大人之事备矣。"（《尽心上》）在他看来，仁为人之安宅，义为人之正路，持志即是存有或收回本心，坚持人所应该有的样子，不为外物所役；若失志便是放失人之本心，是"自暴""自弃"。在人的伦理实践和社会活动中须矢志不渝，得志便兼济天下，不得志也应独善其身。他写道："居天下之广居，立天下之正位，行天下之大道。得志，与民由之；不得志，独行其道。富贵不能淫，贫贱不能移，威武不能屈，此之谓大丈夫。"（《滕文公下》）这段话充分体现了孟子所崇尚的理想人格：刚中而志行，独立而不倚。此即"大丈夫"，或谓"志士"。

与孟子所讲的志外指于行相反，庄子学派所谓志主要内指于"知"。他们所崇尚的是清静无为、顺天归一之志。《人间世》中写道："若一志，无听之以耳而听之以心；无听之以心而听之以气。听止于耳，心止于符。气也者，虚而待物者也。唯道集虚。虚者，心斋也。"一志即至一，至一则生虚，如此心灵方能听气得道。所谓心斋，实可理解为摒除感性的欲念和知性的思虑，达到心灵至虚至静；静而生动，任志所之。《知北游》中又写道："澹而静乎？漠而清乎？调而闲乎？寥已吾志，吾往焉而不知其所至，去而来而不知其所止。"这一学派多将

---

① 转引自朱熹《四书集注·〈孟子〉序说》。另见《二程遗书》卷十八，文字略有出入。

"志"理解为人心之本然状态,主张摒弃功利机巧,"非其志不之,非其心不为"(《天地》)。"用志不分"则明白入素,无为复朴,体性抱神,亦即"乃凝于神"(《达生》)。所以"乐全之,谓得志"(《缮性》)。在他们看来,古之得志者也就是得道者,因而"穷亦乐,通亦乐";当世之所谓得志不过是轩冕之谓,这其实是"勃志",它使人"丧己于物,失性于俗"(《缮性》)。因而他们又主张要"彻志之勃,解心之谬,去德之累,达道之塞"(《庚桑楚》)。真正值得肯定的是"独志",通过坐忘而游心,此独志便与养气、存神、全性、守完、循道等结为一体。这是对哲学范畴"志"的新拓展,其阐述与孟子的言论各得千秋,双璧辉映。

孟、庄之后,"志"在哲学学说中的地位开始跌落。荀子常常"志意"连用,将它看作与血气、知虑并列的心理因素,其价值属性取决于遵循还是悖违"礼"(参见《修身》)。如此把握已见对于心性的理解肤浅化。《吕氏春秋》中专列有《博志》篇,称颂孔丘、墨翟"昼日讽诵习业,夜亲见文王、周公旦而问焉";但是作者肯定先贤"用志如此之精",不过是为了达到辅助君主所欲必得、所恶必除、建立功名之"大务"。魏晋玄学家虽然在哲学思辨水平上重新跃起,由于视点的转移,大多没有在这一范畴上较多驻足:王弼注《周易》《论语》,对其中言志之处竟不及一顾;郭象注《庄子》,亦未见就这一范畴做深入探讨。不过人们在日常教人处世中,仍然极为重视志。如诸葛亮说:"立志当存高远。慕先贤,绝情欲,弃凝滞……若志不强毅,意不慷慨,徒碌碌滞于俗,默默束于情,永窜伏于凡庸,不免于下流矣。"(《诫外甥书》)嵇康甚至说道:"人无志,非人也。"(《示儿》)这种情况预示着此范畴不会在哲学界永久埋没。

唐代柳宗元主张"统合儒释",对天人之际探究较深。他在《天爵论》中将志与明作为人的最一般的心灵能力,推测前者为宇宙中刚健之气在人类身上的体现,从天人关系上对志之来由、志与气的关系做了新的阐释,并且显示出综合思孟学派所谓志与庄子学派所谓志(包含在"明"中)之萌芽,在理论上具有重要的开创意义。

宋明理学对人的心性的开掘达到了前所未有的深度与广度,"志"

重新成为哲学家们经常议论的话题。

张载《正蒙》每言及"志",多出语精辟。他融主体之气与宇宙之气而为一,认为所谓"天人交相胜",实是气与志的相互作用和矛盾方面主导地位的转化:"气与志,天与人,有交胜之理。"(《太和》)天以气化生人,人当借志才可能胜天。因此,教育人当以志为本:"志者,教之大伦而言也。"(《中正》)这是因为,"志大则才大事业大,故曰'可大',又曰'富有';志久则气久德性久,故曰'可久',又曰'日新'"(《至当》)。他还明确区分志与意二者,指出:"盖志意两言,则志公而意私尔。"(《中正》)这种区分实际上涉及伦理学中意志的自律与他律问题,纠正了荀子将"志意"囫囵连用及《说文》以"意"释"志"之偏。

二程肯定志为人心之主:"人心作主不定,正如一个翻车,流转动摇,无须臾停。所感万端,若不做一个主,怎生奈何?……持其志,便气不能乱,此大可验。"(《遗书》卷二下)程颐认为人们所持之志无论大小,都应争做第一等,持志必然使人自尊自信:"志无大小。且莫说道,将第一等让于别人,且做第二等。才如此说,便是自弃。……言学便以道为志,言人便以圣为志。自谓不能者,自贼者也。"(《遗书》卷十八)二程还明确提出"养志"以补充"养气"说,因为"率气者在志,养志者在直内"(《遗书》卷十五)。依程颢,养志的身心状态是"坐如尸,立如斋",是期精神清明高远。

朱熹谈志亦较多,不过一般在阐释旧说,依文解义,似无突出建树。其晚年的高足陈淳在《北溪字义》中明确地将"志"作为一个哲学范畴:"志者,心之所之。之犹向也,谓心之正面全向那里去。……若中间有作辍或退转底意,便不得谓之志。"对志在人心中的统帅地位和力量做了较前人更具体的揭示。与之大略同时的叶适则直截提出:"志者,人之主也,如射之的也。"(《习学记言序目》)至王阳明,也许由于他自幼笃于释、道,最后转入儒家营垒之故,常将"志"理解为惟精惟一、冥合本原的自由意志,如《传习录》第五十三条写道:"'从心所欲,不逾矩',只是志到熟处。"第七十一条又说:"善念发而知之,而充之。恶念发而知之,而遏之。知与充与遏者,志也,天聪明也。"孟、庄两派对志范畴的不同把握在这里接近弥合了。

"志"在哲学学说中地位的回升呼唤一巨擘进行系统的总结和全面的阐发。王夫之就是这样一位总结者与阐发者。

首先,志从何来?王夫之表达了类似于柳宗元的看法,认为它来自天、来自道。他认为志乃"性之所自含"(《读四书大全说》卷八),且为"乾健之性"(《张子正蒙注·神化篇》)。志所以能治气,在于它"以道做骨子":"天下固有之理谓之道……故道者,所以正吾志者也。志于道而以道正其志,则志有所持也。盖志,初终一揆者也,处乎静以待物。道有一成之则而统乎大,故志可与之相守。"(《读四书大全说》卷八)志作为基本的心性因素,因与道相守、兼具众理,所以"本合于天而有事于天"(《庄子解》卷十九)。有事于天在于它能治气。这样,志与气的关系也就成了天人相为有功。

其次,志者何谓?在王夫之看来,一般地说它是"心之所期为",严格说来则是"正心""人心之主"(《诗广传》卷一),是"大纲趋向底主宰"(《读四书大全说》卷八)。他批评朱熹释《大学》的"正心"只讲"心者身之所主",不得分明;而认为"孟子所谓志者近之矣":"惟夫志……恒存恒持,使好善恶恶之理,隐然立不可犯之壁垒,帅吾气以待物之方来,则不睹不闻之中,而修齐治平之理皆具足矣。此则身意之交,心之本体也。……故曰:'心者身之所主',主乎视听言动者也,则唯志而已矣。"(《读四书大全说》卷一)他还指出:"志者,神之栖于气以效动者也。……斋以静心,志乃为主,而神气莫不听命矣。"(《庄子解》卷十九)

最后,关于志之价值,王夫之顺理成章地提到极高位置,直截断定:"人之所以异于禽者,唯志而已矣。"(《思问录·外篇》)在他看来,五官感觉为人禽共之,思虑犹禽类所得分者,唯有志是决定人类区别于动物界的根本特性,这从理论上深化了嵇康的"无志非人"说。他甚至依据志与意的比例,将人区分为四等:庸人有意无志,中人志为意乱,君子持志慎意,圣人有志无意,比较明确地以意志的自律与他律作为评价人的道德修养的标准,是对张载的志、意之分的进一步推进。(《张子正蒙注·有德篇》)

纵观我国古代思想史，似可以说，"志"在《周易》中初具哲学意味；在《论语》中已是哲学概念；在《孟子》中提升到范畴地位；与之对照，庄子学派从另一视角同样赋予它以很高的理论意义。这一范畴经过一个时期被冷落之后，在柳宗元的哲学著作中又庄严复出，中经张载、二程等的一再推重和开掘，至王夫之，融合儒、道、释有关观点加以全面阐发，由此真正成为一个比较完整且极为重要的哲学本体论范畴。

二 "志"范畴的含义解析

尽管古代哲人关于"志"的含义有着种种不同的理解，我们仍可以从中理出其内在的逻辑联系。特别是在王夫之的著作中，各种有关的歧异观点熔为一炉，更为我们的整理准备了便利条件。

汉语的"志"字，《侯马盟书》写作"㞢"，《说文解字》写作"㞢"，均为"之""心"二字合成，段玉裁认为它是会意兼形声字，应该说是切当的。《说文解字系传通论》注释为"心者直心而已，心有所之为志"，较为简明地揭示了它的本义。许慎修《说文解字》，当初未收此字，是大徐（徐铉）所增补的十九字之一；但大徐仅将它释为"意也"，甚是笼统。考古代用法，"志"多达十几种含义，就其所指之要者而言，人们首先是把它确定为一种精神因素，表示意念、心情等，如"诗言志，歌永言"（《尚书·尧典》），"在心为志，发言为诗"（《毛诗序》）。其次是用它更具体地指称目的因素，或表示目标、准的，如"予告汝于难，若射之有志"（《尚书·盘庚》）；或表示志向、理想，如"盍各言尔志？"（《论语·公冶长》）再次用以指称动力因素，或表示向慕、倾注，如"吾十有五而志于学"（《论语·为政》）；或直接表示意志力，如"志不强者智不达"（《墨子·修身》）。又次，此词还含有价值属性，其"心"当理解为"直心"，也许字形演化为"士"与"心"的结合并非偶然，学界因之又注释为"志者，士之心也"（蔡仁厚《孟子修养论》），如"志士仁人"（《论语·卫灵公》）。另外，志不仅表示外向的心理活动，而且含内敛、专一、至一之义，如《孟子》中有"专心致志"（《告子上》），《庄子》讲"其心志，其容寂"（《大宗师》)，《坛经》中有"志心谛听"(《般若品》)等，这种用法与其作为"神志"理解有关，通于佛家所讲的种子识之"集"或"开真如门"①。如果将这些基本含义做一简要概括，似可以说，我国人文著作中常常谈到的"志"，一般是指人精神上趋向于较恒定的、具有正价值的目标。

作为一个哲学范畴，"志"除了一般意义上的心之所之、心之所期以外，还被规定为天之所授、性所自含、道的体现、人心之主等。

早在先秦时期，《黄帝内经》就试图从生理上解释志这一心理因素，其《灵枢经·本神篇》就提出："肾藏精，精舍志。"中医所谓肾大略是指一种潜在地维持人的生命活力的系统，包括生殖系统与内分泌系统的相关部分。《墨子》中设定"天志"，虽然未点出它与主体之志的关系，但显示了人们已开始从宇观角度考虑意志与理想问题。唐代柳宗元明确地以宇宙发展演化的观点阐述主体之志的来由，认为它是天地间刚健之气钟于人的结晶，应该说较之孟子以道德忠信为天爵更有道理。至王夫之，他既肯定《灵枢经》的上述推断"合理"(《思问录·外篇》)，又继承了柳宗元的观点，将志看作"乾健之性"，认为它本合于天而又有事于天。无论从生理来源上还是从心理功能上看，志都处在天人相交的位置上。中国哲学讲"法天""则天""效天""胜天"，其实潜在地都须以主体之志为枢纽。

主体之志既为天之所授，是大自然生生不息的必然性在人类身上的结晶，由此不难理解"道"对它的制导作用。孔子最早倡导"志于道"，不断为后世思想家所发挥。柳宗元说："吾以为刚柔同体，应变若化，然后能志于道也。……内可以守，外可以行其道，吾以为至矣。"(《与杨晦第二书》)刚柔同体，内守外行，勾画了几千年来儒家知识分子处世为人中循道持志而"行用舍藏"的普遍特征。按二程的理解，"立志"本身就意味着"至诚一心，以道自任"(《程氏文集》卷一)。王夫之发展了这种观点，对道、志及义的关系提出了进一步的看法，以

---

① 不能小觑"志"的这一用法，它其实是儒（孟子）、道（庄子）、释（慧能）三教合流的重要条件。

为"志主道而气主义","义散见而日新,道居静而体一";志是初终一揆的,且静以待物,正好与道相守。"守志只是道做骨子。"(《读四书大全说》卷八)也许可以说,真正的志就是道的自觉自为。

志作为道的体现有两种情形,或者外向见诸伦理实践,或者内向追寻精神寄托。

如果着眼于人在群体中的社会化生存,那么必然地偏重于"行",不管是"兼济天下"还是"独善其身"(孟子又谓之"独行其道")均莫不如此。这种情形中的志是向外发散的。尚志行道就是以仁为安宅,以义为正路,即居仁由义。仁者爱人,故志行则与民由之,加泽于民;义者在临事之时,以吾心之制裁度以求道之中者,要求依人应有之价值与尊严行事,独立而不倚。这就是所谓"择善固执"。按孟子及后来的心学家们的普遍看法,学问修养之道无他,只是求其放心而已。"求放心"也就是恢复本心,本心实即正心,它当为不动心。王夫之论证说:"其道固因乎意诚,而顿下处自有本等当尽之功,故程子又云:'未到不动处,须是执持其志。'不动者,心正也;执持其志者,正其心也。"(《读四书大全说》卷一)他称赞程子直以孟子持志而不动心为正心,"昭千古不传之绝学",认为朱熹只泛泛谈"心"尚未寻得落处,不如程子全无忌讳,直下"志"字之为了当。持志而主乎视、听、言、动,视听言动无不合宜;心正而无论世之清浊,所行所事无不中规。此即人伦实践之自由,即所谓"从心所欲,不逾矩"。总之,从人的社会化生存方面看,志作为人道、性理的负载者,既是个体与群体亲和的心灵纽带,又是保持个体相对独立而不同流合污的精神柱石。

志体现道的另一种情形偏重于"知",或者说重在心灵中映现道。它是向内收敛的。儒家典籍中讲"清明在躬,志气如神",实已切入清明之志能相天体道的一面。不过特重此端的当是庄子学派。诚然,这一学派是否定人们通常所谓的"知"的,他们所追求的是另一种"知",它通于"知之所不能知者",亦即言语所无以传达出来的道。这种"知"较之人们所讲的知性认识更进一层:"无思无虑始知道。"(《知北游》)思、虑是知性活动,摒弃它们而任志所之,方可"澹然独与神明居"(《天下》)。我们所以认为这种"独志"具有认识论意义,是因为它如黑格尔评述康德所谓"理性"那样，属于"以无条件者、无限者为对象的思维"①。这种至专至静的密用之功在宋明理学家中得到了继承，并与《孟子》中的"反身而诚"、《周易》中的寂然感通思想融合起来。二程反复强调至诚感通功夫；朱熹以"一旦豁然贯通"为"物格""知之至"（《大学章句》），并常教人致知要"凝定收敛"（《答吕子约》）；王夫之在《庄子解》中更对这种独志推崇备至，以为善用志者，以志凝神，摄官骸于一身，忘其所忘，而不忘其所不忘，绵绵若存，如此神、气自与志相守，疾徐之候自知之而自御之，无不宜而人不能测其极。（《庄子解》卷十九）

诚然，先秦时思孟学派着重在伦理实践中体现道，庄子学派注重在精神活动中显现道；一主有为，一主无为；且前者多指人伦之道，后者则一般指天地之道。但是这种歧异至宋明理学已接近消解。理学家们强调至诚感通以知道，信以发志而行道。

由于志是道的体现者，所以它是人生存的精神家园和价值所在。真正意义的人以"致命遂志"，宁杀生以成仁，无求生以害仁。生活在群体中，富贵不能淫，贫贱不能移，威武不能屈；即使只着眼于个体，亦非其志不之，非其心不为。张载提出"志公而意私"，多为人们所赞同。王夫之还认为："独志者，自爱自贵也。"（《庄子解》卷十二）自爱故全性葆真，自贵便穷不失操，个体的人做到如此也便达到存在的澄明，成为人所应有的样子。按照王夫之的看法，持志乃是人之所以为人的价值所在："志、义各尽，以处于浊世，祸福皆贞，生死如寄，人之不沦于禽兽［狄］，尚赖此夫！"（《周易外传》卷五）在晚年写的《思问录·外篇》中，他将这种观点表述得更为清晰："人之所以异于禽者，唯志而已矣。"

由于志乃人之所以为人的价值所在，所以它是对抗人的异化的精神柱石。若失志人就变成"非人"，这几乎是我国古代哲人的共识。孔子称赞伯夷、叔齐不降其志，不辱其身；孟子斥不能居仁由义之人为自暴自弃；《庄子》认为"功利机巧，必忘夫人之心"（此心当作本心，与

---

① 〔德〕黑格尔：《哲学史讲演录》第四卷，第275页。

"心如死灰"之心不同），以轩冕为生存目的是丧己于物。儒、道思想家在这一点上不期而遇合。至宋明，二程不仅以百玩好为夺志，而且认为科举、做官亦夺人志；陈淳认为甘心自暴自弃者不能立志，泛泛地同流合污者算不上人；王夫之则以无志者为庸人，斥机者为贼心，认为"忘机、忘非誉、以复朴者"才存独志（《庄子解·天地》），提出治天下须"进独志以灭贼心"（《庄子解·达生》）。

　　至此已不难理解，王夫之等思想家何以认定志为人心之主。"心"是一个含义复杂的范畴，狭义的心专指道义之心、仁义之心，在这种意义上，志为心之趋向，是"心之用"（王夫之）；广义的心是道心与人心的统一体，包括意、气、情、欲、神、志等智力因素与非智力因素、理性因素与非理性因素，在这种意义上，志则是"心之本体"。人心惟危，道心惟微，所谓志为人心之主，实际上是指既不动（不为声色利禄）又自动（自由生发且指向道、体现道）的道义之心对广义之心的其他各因素应居统帅、主导地位。首先，志与意必须区分开来，志当为意之本。意为心之偶发，是无定的，乍随物感而起；志是初终一撰的，恒存恒持于不睹不闻之中，为事所自立而不可易者，主乎视、听、言、动。其次，率气者在志。气乃体之充，志乃气之帅。依孟子，志虽居统帅地位，但志与气可以互动；这一看法后来受到二程的修正，他们认为志动气者什九，气动志者不过什一，而且后一种情形只适于养气者而不适于成德者。再次，关于情与欲。既然中国古代哲人大多非常关注伦理，情不能不是伦理关系的纽带，肯定中节之情是理所当然，情之中节即意味着受志的制约。欲有大有小，"大欲通乎志"（王夫之《诗广传》卷一），志可谓是天下之公欲（如墨子之所谓天志即天下之公欲）。最后，主气、定神者亦志。志乃神之栖于气以效动者，以志帅气，气才得正得纯；以志为主，神、气则莫不听命。二程说过："心有主，则不动矣"，只有当志为人心之主，才有不动心，故三军之帅可夺，而匹夫之志却不可夺。

　　总之，从"志"这一范畴的内在逻辑来看，古代哲人肯定它是天之所授、性所自含；不管是外向的伦理实践，还是内向的精神性生存，它都以道为骨，是道的体现者；因此它是人之所以为人的价值所在，是人抗衡异化的精神柱石,若失志便失去人的应有样子;它乃人心之主,始终一揆,制导、支配着其他心理因素。

三 "志"范畴的现代价值

哲学可以分为人类学哲学和宇宙学哲学。一般来说,前者着重探讨人的本原,后者侧重推测宇宙本原;前者多为内向观察,关心"人的世界",后者多为外向观察,注视"物理世界"。按照卡西尔的观点,这种分立早在"人类意识最初萌芽之时"便有体现,并贯穿于整个思想史:从对宇宙的最早的神话学解释、宗教到哲学思想的一般进程。[①] 我国思想发展史虽然总体上说人类学哲学占据着优势地位,但无疑也存在着这种二元对立。

从"志"在我国思想史中的起落情况我们看到:凡是重视人本身——不管是重视人的群体的和谐生存(如思孟学派)还是重视人的个体的自由生存(如庄子学派),抑或兼此二者(如宋明时期一些学者)的思想家,一般来说都非常推重它;反之,思辨倾向于宇宙学哲学的思想家(如老子、王弼等),则对它注意不够或根本忽视了它。我国现代哲学从总体上说恰恰有偏于宇宙学哲学之弊,这也许是人们普遍未能正视古代哲学这一重要范畴的原因;兼之论者多习惯于仅仅从感性与知性两个层面考察问题,即使讨论心性,也难以发现或合理阐释这潜存于心灵深层的主宰因素。近些年来,人类学哲学在我国又逐渐抬头,但是亟待向深层进发,现在该是开掘、整理这份文化遗产,在新的历史时期做创造性转化的时候了。

我国古代哲人对"人的世界"、对人的心性研讨之深刻,在志论中也充分体现出来。

其一,我们容易发现,先哲已注意到康德所谓意志的自律与他律问题。康德认为,在伦理实践领域,意志的他律系于"低级欲望官能",系于对象的"实质",含功利性(包括行善而图报等观念支配的行为);意志的自律出自"高级欲望官能",此意志乃是"纯粹形式"的,"自

---

① 〔德〕恩斯特·卡西尔:《人论》,甘阳译,上海译文出版社,1985,第5~6页。

由"的，具有超功利性。后者才是"一切道德法则所依据的唯一原理"；"反之，任意选择一切的他律不但不是任何义务的基础，反而与义务原理，与意志的道德性，互相反对"。① 我国古代思想家所讲的"志""独志"一般是指自律的意志，而所谓"意""勃志"则通常为他律的意志，他们严格区分二者，不容混淆，并对之一褒一贬，态度鲜明，这构成几千年来我们民族长期存有一稳定的内在价值系统的理论依据。当然，完全贬斥意、勃志，不无偏激，必然带来认为道德是纯先验的偏颇，就社会的道德观念系统来说，它当是内在的价值系统与外部的环境条件共同作用的结果；在心理倾向上排除了意、勃志，所谓志、独志在现实社会条件下就很难取得实践的品格。尽管这样，在任何一个历史时期，强调意志自律在道德立法中的基础性质与主导地位都是必要的。

其二，自律的意志在今天仍只是哲学思辨或深层心理学考察的对象，实验心理学尚难涉足。普通心理学教科书一般将"意志"规定为以认识为基础的、联系着某种（外在）目的的心理过程，实际上主要研究的是他律的意志。古代哲人所谓"志"与此不同，它常常被看作是超越知性认识的：庄子学派以为志超越知虑之思，王夫之以志为"第七识"而明确表示它较"虑"更深一层，二程的养志说要旨在于求助"无意识的闪光"，清人叶燮甚至直接将"志"等同于"释氏所谓种子"（《原诗·外篇》）。志既在意识阈下，又非后天压抑而成的个体无意识，它当属于集体无意识领域，包含人的整个族类生存的内在目的性，故先哲称"通天下之志"。这是人学思辨的极处。完全可以说，中国哲学范畴"志"包含了西方现代人本主义思想家所谓"终极价值"（马斯洛）、"理想自我"（罗杰斯）等有关内容。受达尔文学说的影响，人学中有一种非目的论或反目的论的倾向，认为人乃至整个有机生命都是纯粹偶然的产物；其他有机生命姑且不论，难道能否认人的世界存在一种"目的论结构"吗？② 如果个体心中不存在"理想自我"，怎么可能产生全人

---

① 参见〔德〕康德《实践理性批判》，关文运译，商务印书馆，1960，第19～34页。
② 卡西尔在《人论》中对此做了有力的申辩，参见该书第一章。

类的共同理想或最高理想呢？事实上，这种共同理想在人类混沌初开时便已萌芽，并一直在激励着世界各民族的志士仁人为之不息奋斗。如果人心中确实存在"理想自我"，那么先哲以志为人心之主，认为它是大自然生生不息的必然性在人类身上的结晶的思想便是可以成立的。

其三，现代西方有些思想家将"自由"理解为"任意"，如存在主义哲学家萨特虽然认为可以把"自由作为一个人的定义来理解"①，但他所谓自由只是一种"主观性"的任意选择，其逻辑"起点"在于："如果上帝不存在，什么事情都将是容许的。"（陀思妥耶夫斯基语）诚如萨特所言，"人除了他自己外，别无立法者"，然而应该说，立法者就在人的心灵中，康德称之为实践理性，我国先哲认为是志。已故的北大教授熊伟先生在一次讲座中说得好："自由"最简括的定义莫过于"由自"。"自"者何谓？王夫之有则解析文字甚是中肯："意无恒体。无恒体者，不可执之为自……所谓自者，心也，欲修其心者所正之心也。盖心之正者，志之持也。"（《读四书大全说》卷一）据此我们可以说，"由自"也就是"任志"，或像庄子那样在精神上任志而游，得至美至乐；或像孔子那样"志到熟处"，在人伦实践中从心所欲，不逾矩；或在改造自然的活动中认识客观规律且将它运于掌上（化为内在的必然性），实现自我于对象。由此我们看到，王夫之以志为人之异于禽者与黑格尔以自由为人的本质的思想（《历史哲学》）是相通的。②

整理、开掘志范畴，对于创造性重建中国哲学有着极为重要的意义。

一些论者直言不讳地指出中国哲学近代以来走向衰落，并非危言耸听。牟宗三批评胡适及其之后的一些名流学者"只认经验为真实，只认理智所能类比的为真实"，远离了中国哲学精神，切中肯綮。也许可以说，中国哲学的精髓在于力图敞亮人类心灵的第三层面，其主旨是要引导人们进入"天地境界"（冯友兰），"使人生符于理想"（钱穆），因

---

① 〔法〕萨特：《存在主义是一种人道主义》，周煦良、汤永宽译，上海译文出版社，1988年，第27页。

② 参见拙文《"任志"才是自由》，《社会科学》1996年第3期。

此具有代替宗教的力量。志范畴于此举足轻重。所谓中国哲人注重"理性"（梁漱溟）、讲求"道理"（傅伟勋），都可溯源于志。人学是中国古代文化的核心，人生论是中国传统哲学的核心，对志范畴的忽视无疑会妨碍对中国传统文化、传统哲学精神的把握；研究人若不考虑人之志，实在是撇开了人安身立命之本。

中国哲学的人生论是世界文化宝库中一份珍贵的财富，诚如张岱年先生所说，"其所触及的问题既多，其所达到的境界亦深"①，亟待当代学人发掘、整理和光大。理学大家朱熹曾坚持以"仁"解心，整合前人的思想成果，试图建立较为明晰的原理体系，其思想一方面为当时统治阶级求稳守成政治倾向影响下的产物，另一方面由于意识形态的相对独立性，又影响中国社会近千年——"仁"固然有维系群体和谐相处的积极面，但强调至极处，其湮没个体、因循守旧的消极面便凸显出来。比较而言，王夫之对"志"的推崇既能够继承中华民族的优良传统，又能够同重个性、尚竞争的现代精神接合。从理论上看，"志"较"仁"更能提纲挈领。如果说在宇宙学哲学中"道"的地位为世人所公认，那么人类学哲学中与"道"相对应的当是"志"而不是"仁"：志范畴可以涵括既"自强不息"又"厚德载物"的传统美德，居仁由义乃是其题中之义；并且，志不仅是人的实践理性，还是人的认知理性——如追求更高乃至最高的统一性，以无条件者、无限者为对象等，因而适合于担当其他各种心性因素的统帅。以志范畴为核心，批判地继承前人的思想成果而建立现代原理体系，中国哲学将辟开新生面，在新的时代展现出新的活力。

中国哲学有没有可能与西方哲学接轨？回答应该是肯定的。宇宙论方面姑且不谈——它有待于科学的发展，而科学是超越民族、超越国界的。仅就人生论而言，大约谁也不会从根本上否认"人同此心，心同此理"，如果这一大前提可以成立，那么未来的人类学哲学必将是东方传统哲学与西方传统哲学融合会通的产物；因为它们虽然各有不同的侧重，如一者重伦理，一者重逻辑，或者说一者重所当然，一者重所以

---

① 张岱年：《中国哲学大纲》，中国社会科学出版社，1982，第165页。

然，但实际上各自把捉了心灵的一翼，殊途可以同归。笔者管见，以心性之学为主干的中国传统哲学与以心灵的剖析为主旨的康德哲学就有许多暗合之处。作为人类近代思想史的一座高峰，批判哲学的内在范式值得借鉴。解决康德哲学中"理性"（Vernunft）一词带来的困扰有待于将"志"提升为"志性"：一方面，志有层级之分，将它抽象至最深的层次，作为人类心灵最一般的能力，称之为"志性"更为恰当；另一方面，"志性"与"感性""知性"一样是简洁名词，三者正好并列对照，表意清晰，界限分明，将便于中、西哲学原理的趋近乃至叠合交融。

基于上述，整理中国哲学的志范畴，进而深入研讨表示人类心灵第三层面的"志性"范畴，是继承传统文化中的优秀遗产并进行创造性转化过程中我们面临的双重任务。

第三节 "志性"是较为合适的称谓

康德明确指出人类心灵存有第三层面，对近代以来的人文学科产生了巨大影响。但如何称谓这第三层面，已成为学术界一个非常棘手的问题。由于它是"一"（the One），所以必然存在指称的困难，如中西哲学中"道""太极"或"理念""存在"之类其实都是差强人意的名称。尽管不免"拟向即乖"（《五灯会元》卷四），但要进行思想传达与文化交流，我们还是必须尽可能寻找较为贴切的语词。在汉语中，"灵性"与"智性"都是既有的指称超越知性的心灵能力的概念，不过比较而言，以"志性"称之更为适当。

一 "灵性"与"智性"表意的局限性

"灵性"之"灵"，古作"靈"。《尚书·泰誓》中有"惟人万物之灵"的著名论断。西汉末年的《大戴礼记》卷五有一段话反映了上古时代人们的宇宙观，认为神灵为万物之本，但二者有阴阳之别："是以阳施而阴化也，阳之精气曰神，阴之精气曰灵。神灵者，品物之本也。"就生物界特别是人类而言，一般的理解是神为魂，灵为魄。魂魄被看作阴阳之精，生物之本。东汉许慎撰《说文解字》，并未收入此字；南北朝时期编纂的《玉篇》则含混地简释为"神，灵也"。

应该说，《大戴礼记》之释较为谨严。在严格意义上，灵稍次于神，甚至可以说从属于神，诸如"灵台""灵魂""灵机"和"灵感"等虽然均为人们所珍视，但都不宜以"神"取代其中的"灵"，更不用说"灵枢"之类词语了。作为对人所可能具有的某种特异精神能力的指称，"灵性"的外延也小于"神性"，一般应用于认知或感悟的场合，不适合于人的实践活动方面。而照古人的观点，认知与实践作为人的两种最基本的活动，实有阴阳之别。且无论是用"灵性"还是"神性"指称心灵中超越知性的一层，都不免带有神秘意味。

检索《四库全书》，在中国古代"子学"典籍中唯佛、道两家言及"灵性"共有10余处，凡儒家典籍则不曾一见。

  颜延之《庭诰》之二："未能体神而不疑神无者，以为灵性密微，可以积理。"（梁释僧祐编《弘明集》卷十二）

  简文帝的《唱导文》："夫十恶缘巨，易惑心涂；万善力微，难感灵性。"（唐释道宣编《广弘明集》卷十五）

  沈约《释迦文佛像铭》："积智成朗，积因成业。……眇求灵性，旷追玄轸。"（《广弘明集》卷十六）

  碧空注《庄子·寓言》："受才质于大道者，圣迹不足恃；复灵性以出生者，随变而任化。"（宋褚伯秀撰《南华真经义海纂微》卷九十一）

以上第一例主要指人的思致，后几例则是指人的悟性，均与智慧相关。唐宋以后佛家常用"慧根"而非"灵性"，大约是比较择优的结果。

"智性"之"智"，《说文解字》释为"识词也；从白，从亏，从知"。稍后《释名》则解释为"智，知也；无所不知也"。先秦时代，《孟子·公孙丑下》认为"是非之心"乃智之端，将智理解为明辨能力；《荀子·正名》界定说"知而有所合谓之智"，将智理解为一种主观符合客观的洞察能力。无论从价值论还是从认识论方面看，"智"都相当于柳宗元在《天爵论》中所讲的"明"。它是指人天生而有的一种可贵的认识能力；知是这一能力运用的结果，因而其确切、明晰程度也是检验智力、智慧或智商高下的标尺。

我国传统用法中没有相当于理解力的"知性"一词，它可能为现代哲学家贺麟先生翻译康德批判哲学之首造。"智性"则自古有之。今天，"智性"与"知性"有时可以通用，特别在谈论科学认知的领域。不过严格说来，"智性"较之"知性"有更广阔的外延，因为它还能指称在超知性的层面的明察或敞亮，即不止于一般意义上的认知，还包括本体意义上的开悟。

《四库全书》收录的佛、道典籍出现"智性"一词的地方有30来处。儒家重智，多作为手段而非目的，以之服从于体知和践行仁德，故鲜见采用此词。

> 王僧孺《礼佛唱导发愿文》："愿诸公主日增智性，弥长慧根。"（《广弘明集》卷十五）

> 沈约《佛知不异众生知义》："佛者，觉也。觉者，知（智）也。凡夫……若积此求善之心，会得归善之路，或得路则至于佛也。此众生之为佛性，实在其知性（即智性）常传也。"（《广弘明集》卷二十二）

> 《天台山德韶传》："见性成佛者，顿悟自心本来清净，元无烦恼；无漏智性，本自具足，此心即佛。"（《宋高僧传》卷十三）

> 《三宝杂经出化序》："灵照本同，皆有智性，卒莫反真。"（《云笈七籤》卷三）

以上几例均指个体心灵的一种明觉能力，与灵性相似，因此智性的运用又可称为灵照。在特定意义上，"智"不同于寻常之知，具有大清明的含义，所以佛家又有"转识成智"之说，以识（≈知性之知）为现象界所催生，多可明确言说；智则让本体界敞亮，超越语言："转识成智，不思议境，智照方明，非言诠所及。"（《五灯会元》卷十八）

灵性与智性可统称为悟性，与"知性"一词的区别不太明显；虽然通常是指意识阈下的精神活动，同心灵第三层面密切相关，但偏于指称心灵的认知与体悟一端或聪明才智一面，通常并不包含尊崇德性或强毅实践的意味。佛、道两家推崇灵性的结果是言空言无，忽略人类生存的现实和未来。如果人们普遍信从其说，难免导致退回到"同于禽兽居，族与万物并"（《庄子·马蹄》）的境地。虽然佛道之说有助于个体安顿灵魂，值得我们给予同情的理解，但毕竟不符合人类历史的潮流和社会发展的趋势。

毋庸置疑，灵性或智性是人类心灵的宝贵能力，在心灵第三层面的敞开过程中起着重要作用，但它们只是属于智慧而无关意志，所以不能担当造就健全人格的根据。荣格有句名言：不是歌德创造了《浮士德》，而是《浮士德》创造了歌德。其实人人心中都有浮士德的原型，生命不止，则追求、奋斗不息。这一原型远非灵性或智性所能描述，但可以说它是绝大多数积极入世者之志性的具体而鲜活的体现。由此可见，普遍倾向于兼济天下的古代儒家不用此二词实为必然。

牟宗三先生服膺佛家的转识成智之说，大力论证人类具有"智的直觉"（康德以为神才具有）。这种直觉确实与灵性或智性有关。牟先生指出儒释道三家都在超知性一层上大显精彩确为中的之论，且在这一层上分出圆照与创生两种趋向也很有见地，只是他分析释道两家"智的直觉"主要从圆照义上讲，分析儒家"智的直觉"则主要从创生义上讲，后者联系于道德实践，其实应该表述为自由意志为宜。"智的直觉"当理解为超越感性与知性层面后的一种体悟。特别是他将孟子所讲的"尽其心"解释为"充分实现他的本心"①，是为了论证创生义而导致的明显误解。孟子所谓尽心是指通过反身而回归心灵的深处，如是则见性而知天；他同时还强调要存心养性以事天，则凸显了实践的品格。前者落实于"知"，是灵性或智性的活动；后者落实于"事"，并非"智的直觉"所能概括。统一"知"与"事"者为何？正好决定了孟子之所以尚"志"也。

此外，用"神性"一词亦可称谓心灵第三层面，但它是与"人性""兽性"相对的概念，而"志性"与"知性""感性"并列则恰好是东

---

① 牟宗三：《智的直觉与中国哲学》，中国社会科学出版社，2008，第162页。

西方几乎普遍认同的心灵存在知、情、意（志）三种心灵要素或三种心理过程的逻辑延伸。

二 汉语的"志性"具有广阔包蕴性

在汉语中，"志"是"心"的特指，本义是心之所之，基本义是心之所期、心之存主，可以说是理想与意志的共名。特别值得注意的是，它是"一"心或心之正者（止于一则正），犹如心之太极，因此具有无限与绝对的性质，制导着人们追寻无限和体现绝对，担当了形成宗教与哲学文化的心灵根基。追寻无限与绝对是向内凝聚为一，体现无限与绝对是向外发散为多；无论外部环境如何变迁，它"初终一揆""恒存恒持"（王夫之）。《孔子家语》中讲"清明在躬，气志如神"可谓是合内外而言。我们有可能让先哲的观点达成会通和融合：若能守夜气、体平旦之气（孟子），则能存独志（庄子），恢复本真的自我，一时间便成为天民（孟子），所行所事无不合宜，从心所欲不逾矩（孔子），化必然为自由。

事实上，"志性"一词在古代已常用于人物品鉴，且多见于正史，如《晋书》卷十九称西戎中的吐谷浑王视连"幼廉慎，有志性"，含有理想、抱负之义；《梁书》卷四十四载徐妃之子方等追慕庄周之志，感叹"鱼鸟飞浮，任其志性"，含有心之所期义；《魏书》卷六十四赞张彝"因得偏风，手脚不便，然志性不移"，含有意志强毅义；等等。不过人们通常只是指个体心性或性情的特质，缺少深层的具有哲理意味的把握，如称某人"志性雅重""志性慷慨""志性抗烈"等。

真正从哲理意义上言"志性"，应该将它理解为心之本体，蕴含心灵系统的目的因（其直接显现即是理想）、动力因（自由意志——取康德哲学之术语）和形式因（自性原型——取荣格心理学之术语），或者说是三因的合体。

首先，应该确认，志是人类心灵的目的因。汉语"志"具有目标、目的、理想等义项。特别是"理想"一义，本身就蕴含目标或境界的自由与圆满之意。康德与黑格尔等都将理想看作理念（理式、绝对精神）的体现。无论是心灵活动还是人生旅程，都以它为归趋之所。印度佛教的瑜伽行派以圆成实性为心灵的最深或最高含蕴，《解深密经》释"圆成实性"为平等真如，意味着它具有绝对、圆满的性质。正如《大森林奥义书》第五章开首一偈所云："那里圆满，这里圆满，从圆满走向圆满；从圆满中取出圆满，它依然保持圆满。"通常人们在生活中总是感到现实的不圆满，似乎圆满只存在于理想追求之中。其实还可以反过来看，人们之所以有对圆满的渴求，缘于心灵中存在圆满的本体，并且正是它构成人们不自觉地衡量现实的尺度，且制导着人们的活动趋向于圆满。人人都能体认到，理想总是高于现实且无限地在延伸中上升，依据逻辑它指向绝对的圆满——也就是中国传统哲学所谓太极。

其次，志为心灵的动力因最为显见。现代通用的"意志"一词，其实是一种含混表达。中国哲学发展至宋明时期已明确区分开志与意，认为前者是自由的，具有全人类相通的性质，且恒存恒持因而初终一揆，后者则是他律的，往往具有自私的性质，乍随外物而发。几百年后，西方的康德深研人类学哲学，也意识到必须严格区分开自由意志（free will）与他律的意欲（Willkür）。人作为具体的感性存在，不免意欲的扰动，但人之所以区别于动物，在于更多拥有自由意志的支配。采用马斯洛的说法，人不仅寻求生理和安全需要等的满足，还拥有自我实现的潜能。尽管意与志都是人类生存活动的动力源泉，但后者更为根本和持久。

志作为理想与自由意志的全体为何可能？依据中国哲学可予以解释。易道生生不息，故天地万物在不断地发展变化；人类因为有志，故生命不息则奋斗不止，从而使人的一生不断进步。于此容易看出，志性其实是天地之道在人身上的集中体现，其直接的显现为理想，在实践活动中体现为自由意志。缘何有自由的属性？因为这种意志是目的因内在升腾起来的，是自律的即自己决定自己的。个体恢复自由人的身份便是天民，此时表现的意志同时也是人类的族类意志，墨子所谓"天志"其实正是此之谓。可以说，人类历史的行程是基于自身的志性而千百年来坚忍不拔地追求达到大同社会——和谐有序、自由完满的生存境界。

再次，志性同时蕴含心灵活动的形式因。这一点往往不易被人们发现和承认。其实，从实践领域着眼，追求和谐有序、自由完满的生存境界本身要求有形式因为基础，关键在于应充分注意到，志不仅是自由意志，同时还是理想，且后者更为根本——它犹如一颗种子，必定蕴含着长成参天大树的形式因（自性原型），其发芽、生根、长成枝干等过程都是在成为它应该有的样子。即使就认识领域而言，它也不可或缺：一方面支配着主体总是追求更高的统一性，不断拓展研究的领域；另一方面作为依据审美理想升腾出的信念，激发和指引研究者产生怀疑、提出猜测和校正结论等，科学家们几乎无一例外地肯定审美考虑在研究活动中的重要地位，而这种意义的审美考虑实际上主要指表达简洁、形式和谐等方面的要求。康德称 Vernunft（确切些说是自由意志）为人自身立法，理智（知性）为自然立法，就其活动的直接性而言是对的；若充分考虑间接性方面，则应该进一步肯定志性在人为自然立法领域同样居于基础地位（本书第六章将展开论述）。

一般说来，目的因是潜在的，但却是动力因与形式因的最终根据。领悟心灵活动的这种最初的"一分为二"具有重大的理论意义和实践意义。

东方哲学中积极入世者与消极出世者于此分途：我国儒家要求极高明而道中庸，孔子和孟子主要在伦理道德领域执两而用中，倡导造就既自强不息又厚德载物的"志士仁人"，既主张尽心以知性知天，又要求存心养性以事天；道家则只看重精神向内收敛、至一合天的"独志"，而贬抑向外发散、在社会生活中寻求建功立业的"勃志"；印度佛学意识到圆成实性或种子识有能摄（或集）与能生（或起）两种基本功能，但是他们所赞赏的却只是精神向内收摄，谓之"开真如门"，贬抑向外生发，谓之"开生灭门"，因为在他们看来，前者让精神明朗洁净，后者则让精神陷入习染以致无明。

总体上倾向于积极入世的西方哲学也不免内部发生分化：保持科学主义传统的思想家偏重于寻求宇宙与社会的秩序，精神活动以收摄为主导，具体表现为较多采用经验综合的方法；发扬人本主义传统的思想家则偏重于确立社会与人生的价值，精神活动以生发为主导，具体表现为更多直接描述意志的屈伸状态，传达乐观或悲观的评价。

志性还是个体知与行相统一的心灵根据。人类之知往往趋向于更高乃至最高的统一性，经历由多到一的过程，所以在这一领域康德以为综合较之分析更为根本；行则本着一定的目的和价值尺度付诸实践，是由一到多的过程，具有向外发散的性质。前者主要表现为翕，后者主要表现为辟，均源自志性的能摄与能生的张力结构。科学偏重于认识必然，道德偏重于实践的自由，志性作为心灵之本体一方面联结着存在于万物发展变化之中的必然，一方面又要求实现法天行道的自由。王阳明说得好："从心所欲不逾矩，只是志到熟处。"（《传习录》上）知行常相须，依靠灵性或智性无以实现，弘扬志性则奠定坚实的基础。

"志性"一词也许容易让人们误解为非理性的，其实不然。"理性"一词具有多种含义，概而言之主要有两解：一是人所具有的合乎理的性，通常指理智或知性；一是某观念具有合理的性质，如逻辑性、合理性等。依前者，凡是出自知性的认识和评价一般是理性的，感性正好与之对立；依后者，心灵要求和谐整一的倾向是理性的，因为它合乎清晰性、有序性、确定性等逻辑性兼备的尺度，要求自我实现的倾向则不然，往往展现个性与自由，充溢着浪漫气息。在前一种意义上，志性超越感性和理性，构成心灵的第三层面或能力，如麦克斯·缪勒就如此断定（持科学主义观点者则以之为非理性）；在后一种意义上，我们可以说志性不仅超越理性，而且是理性与非理性的统一体，它所蕴含的自性原型似钟，体现为自由意志似云。人类心灵仿佛大宇宙，是钟与云——理性与非理性的统一体，其根据正在于志性。需要注意的是，尤其在后一种意义上，理性与非理性并无价值高下之分。

基于上述，我们将志性界定为潜藏于人类心灵深层的要求究天人之际、达于更高乃至最高的统一性（认识－体悟方面）和超越一切有限的现实事物、指归人生的理想境地（欲求－实践方面）的先天倾向。前者缘于其蕴含自性原型，后者基于其体现为自由意志。二者实为一体之两面，但一者主翕，一者主辟，正合《周易》所讲的易道；或者说一者能摄（集），一者能生（起），大致相当于佛家所谓种子识。自性原型作用于认知活动，构成先天的综合之根据，即康德所谓理论 Vernunft；自由意志体现于道德活动，构成价值评价的尺度，即康德所谓实践 Vernunft。前者要求合规律性，后者要求合目的性，在审美活动中通常达到和谐统一。

三 面向当代精神建设的优化选择

20多年前，笔者在北京大学哲学系访问期间于1993年冬特意向精通西方哲学的张世英教授请益，禀报自己在描述人类心灵结构的论稿①中用"志性"取代康德哲学汉译本的"理性"一词的理由：一是康德的界定较为含混，其狭义用法在后继者如费希特、席勒、黑格尔和叔本华中没有一个人真正一以贯之地严格沿用；二是严重困扰了我国的思想界，人们除了在专讲康德的场合采用其特定用法之外，谈及其他思想家时所用的"理性"一词完全是另一种含义，实际上同时折磨了讲述者和受众；三是汉语的"理性"一词有偏于形式、秩序的局限，不能揭示人生的动力源泉。比较而言，采用"志性"称谓人们对无限者、无条件者的精神指向似乎要贴切些，且可以避免"理性"同"知性（理智）"的混淆。庆幸的是，张先生阅过拙稿后给予了首肯，并告诫最好能从我国传统哲学中挖掘出"志"范畴。

经过几个月的材料收集和整理，笔者确信"志"为中国传统哲学的重要范畴，关键是如何实现其现代转化。与此同时，在北京大学图书馆保存本室查阅历代哲学典籍的过程中，深感我国先哲对于人类心性把握之深刻与细密，于是写成同描述心灵结构文相关的《中国哲学一些范畴、命题的逻辑定位》一文。1994年春，在听完一次讲座后将此二文送呈张岱年先生过目。② 两周后幸蒙先生约见，对于笔者建设中国哲学原理的初步构想给予了殷切的勉励。岱年师还特别关注"志性"范畴的创立，指点说可以将它与张载的"德性之知"联系起来谈，以便同人们通常所讲的"见闻之知"相区别。

两位学界大家与一个无名晚辈素昧平生，没有任何功利的考虑而在

---

① 即拙文《感性、知性、志性——人类心灵的层次结构》，后发表于《天津师大学报》（社会科学版）1995年第2期。

② 其时《中国哲学一些范畴、命题的逻辑定位》为手写稿，另外一文则是打印稿《试论人类的心理构成》——发表时改为《感性、知性、志性——人类心灵的层次结构》。

学术上毫无保留地予以点拨，其为学和为人激励着笔者此后的学术生涯。他们对"志性"这一新概念的重视也提供了笔者多年来不顾人微言轻而广泛宣讲的潜在动力。

从事学术研究不宜刻意地标新立异，而应该致力于解答理论上与现实中出现的问题。"志性"范畴的创立（严格说来是古代既有概念的提升）在一定程度上反映了当代精神文明建设的实际需求。

我们知道，世界哲学史主要由欧洲哲学、中国哲学和印度哲学三部分构成，它们各有千秋因而需要互补。若从兼顾宇宙学哲学与人类学哲学发展的完善性考量，还是当推欧洲哲学的形态较为健全，因为欧洲哲学在历史发展中素来富于批判精神，哲学学科内部本有的矛盾方面在相互否定和相互吸收中得到充分的展开。在走向全球化的现代，欧洲哲学正在转向东方以弥补其不足。

西方文化精神的源头当追溯至古希腊文明与希伯来文明，二者相辅相成造就了欧美文化的繁荣昌盛。放眼历史长河，西方哲学也是在科学与宗教两股强大的文化力量的交互作用中发生演变，它经历了几次重大的且具有周期性的转向。

古希腊文明代表着科学精神，要求摆脱个人的愚昧，认清事物的法则，深信世界的有序与和谐。整体上看，该时代的思想界沐浴着理性之光。

希伯来文明代表着宗教精神，在欧洲中世纪取得统治地位。人们虔诚地信奉，上帝的意志至高无上，人类只能驯服地充当神的仆从。奥古斯丁认为理性应当服从于信仰，至安瑟伦更表述为"信仰了才能理解"。

从启蒙运动至德国古典哲学，思想界所从事的是复兴和推进古希腊哲学。培根要求扫除"剧场的假相"，批判人们对权威、教条的盲目信仰；斯宾诺莎认为所谓"上帝的意志"不过是自然固有的规律而已；康德通过区分人的理性和知性两种能力划出信仰与知识的界限，但仅从知识学角度解释信仰为必要的"公设"；至黑格尔，更有以哲学的理性代替宗教的信仰之势，整个世界发展史被视为绝对精神内在逻辑展开的历史。

西方现代哲学由叔本华反对黑格尔主义开篇，掀起了一股强大的人本主义思潮。从叔本华、尼采的意志主义到克尔凯郭尔、海德格尔、萨特等的存在主义，另外还有狄尔泰、柏格森的生命哲学等，他们更多将目光转向人自身，总体上看是企求弥补上帝观念缺失情况下人们出现的精神空虚，普遍倾向于崇尚意志而贬抑法则，重视时间性的生命体验甚于空间性的客观研究，认为审美直觉高于科学理性，力图重觅信仰之源和精神家园。他们在批判西方传统的同时仰慕或不自觉地倾向于东方的宗教与哲学精神。但开山人物叔本华借鉴的是印度佛学，导致悲观主义色彩浓重，多以人生为苦难之旅，多描述厌烦、畏惧、绝望之类的生存感受（佛家称之为心所）。应该说，这种倾向持续一段时间后必将向乐观进取的方向转化，而过度贬抑理性之后也必将要求回归中道。

几千年的华夏民族精神演变史表明，中国哲学具有代替宗教的功能。之所以能如此，在于她本天道而立人道，依天德而树人德，由天道的乾与坤二元而建自强不息与厚德载物二德，在此基础上构筑起宏大而稳固的价值体系，让华夏民族无须依赖外在的人格神的荫庇而精神永远不倒；且儒家追求极高明而道中庸，协调了理性与非理性、知识与信仰等的矛盾冲突。凡此种种思想资源，应为当代人类所共享。人类心灵中联结天与人的是第三层面。汉语的"志"能很好地指称蕴藏于天人之际、能支配心灵活动与人生历程的"种子"。尚志在道德领域意味着"居仁由义"（《孟子·尽心上》），就人生整体而言统率知与行，与西方反理性的意志主义不可同日而语。揭橥志性既可反映中国文化的精华，又便于同历来崇尚开拓进取和公平竞争的西方文化精神相融洽。志性可谓是心之本体，灵性、智性都似乎不堪此任。

波普尔将人类生存的世界分为物理的、心灵的和文化的三个次世界，打开了科学研究的新视野，尤其有利于对文化本身的成因与性质的探讨。"志性"范畴的提出其实也是面向物理世界的结果。在庄子学派看来，物理世界存有三个层次，即物之粗者、物之精者和不期精粗者，采用现代哲学话语，就是现象、本质与本体。受经验主义和科学主义的影响，近代以来很多人认为根本不存在什么本体，它只不过是一种玄虚的假设。对于这类人，我们只能引述古罗马哲学家普罗提诺的名言予以奉告:"如果眼睛还没有变得象太阳,它就看不见太阳。"① 对应于宇宙的三个层次,人类心灵恰好有三种能力。② 其中感性能力把握现象,知性能力认识万物的本质,而本体或不期精粗者是无限的和绝对的,因而不可言传,但人类总是企求把握它,却远非自己的认识能力之所及,只能是心之所期,所以当称之为"志性"为宜。

人类文化总体上可以区分为艺术、科学与宗教三大领域(徐复观先生称艺术、科学和道德为人类文化的三大支柱,表述也甚好,只是以道德代宗教反映的是现代新儒家的视野)。这三种精神文化恰好是基于人类三种心灵能力(情、知、志)的创造:艺术最需要感性能力,依靠丰富的情感体验与鲜活的表象积累;科学出自知性能力,是对各种事物的本质和规律(法则)的抽象化揭示;宗教企求把握宇宙和人生的整体,将天地万物之源定于一尊,它的确需要灵性或智性的作用,但从根本上说是出自志性能力,一神教中的 God 在各民族中或有不同的命名,其实都是人类心灵中通天下之志的显现。艺术家通过情感和物象孕育为形象以表达审美理想,科学家在研究活动中总是受到信念的导引,所以艺术与科学文化的产生与发展变化其实也都以志性为根基,而理想和信念显然均不属于灵性或智性范畴。

放眼当代的精神文化领域,可见人类正面临着一次系统性的危机,包括理想沉落、信仰缺失、道德沦丧、审美低俗等。凡此种种,均与志性被遮蔽因而导致神圣性埋没相关。人心中一旦失去了神圣,那么做什么、怎样做都是允许的,必将导致整个价值体系的崩溃。当今日常生活中人们能普遍地感到深受其害。中国传统哲学的独特魅力特别在于它能有效地让个体心灵呈现神圣,让个体行为体现神圣:凭借志性之收摄,视四海为一家,亲亲仁民且爱物;凭借志性之生发,立天下之正位,行天下之达道,从我做起,铁肩担道义。是否有外在于人类的神圣者存

---

① 普罗提诺:《九章集》I.6.9。见于北京大学哲学系美学教研室编著《西方美学家论美和美感》,商务印书馆,1980,第 63 页。朱光潜先生此处是直译,首句似宜意译为"如果眼睛还没有变得同太阳相适应"。

② 这一观点还可逆向表达:人类具有怎样的能力,就会看到怎样的宇宙。知此易于解释人类宇宙观的变迁。

在，不得而知；但毋庸置疑的是，人类存在对神圣者的祈盼——它当源自人类心灵中的志性。人类之所以高于动物界，在于我们是智性与德性的统一体，而志性可以理解为智性与德性的同一基础。

"志性""灵性""智性"三词均出现于南北朝时期，可能与人的个性觉醒密切相关。为何汉语中一度曾广泛使用的"志性"一词没有得到持续的承传，而"智性"特别是"灵性"却得到后世广泛的运用？或许是因为在日常生活中人们运用前一语词时不免表意肤浅且多有含混，后者则得到佛、道两家的哲理性阐述，抢得先机。今天我们主要参考儒家哲学并依据现代视界赋予"志性"以应有的含义，让它恢复活力、焕发青春，相信它必将逐渐融入现代人的话语体系。

第四章
志性在心灵结构中的基础地位

我们已经知道，东西方都有先哲对于人类心灵采用三分法或二分法，尤其以西方思想史最为明晰。但迄今为止，心理学界仍未找到调和两种似乎对立的观念系统的方法。人们普遍认为，自从康德的三大《批判》问世以后，心灵的三分法就取代了亚里士多德的二分法而广泛流行。心理学史家称，19世纪末至20世纪的意识心理学的"大多数代表者都主张把意识的表现区分为认识（智力）、情感和意志"，但遗憾的是都"对它们本质上的相互联系、相互依存关系却未作阐明"①。不过当代对三分法持有异议的也不乏其人，如我国心理学家潘菽就坚持亚里士多德式的二分，并明确表示不赞同心灵的三分法。② 本章我们将致力于探讨心理要素的三分或心理功能的二分内部的相互关系，并力争突破将二者统一起来的千古难题。

---

① 〔苏〕雅罗舍夫斯基、安齐费罗娃：《国外心理学的发展与现状》，第405~406页。
② 现将潘菽先生的一段文字照录如下，以供读者品评："人们的心理活动（或简称心理）显然具有两方面或者说由两大部分构成。一部分是意向活动（可简称意向），另一部分是认识活动（可简称认识）。长期以来的传统心理学的传统区分是知、情、意的三分法。这种三分法是不恰当的……三分法的'知'固然就相当于认识活动，'意'固然就相当于意向活动，但'情'……也就是一种'意'，是一种意向活动。"（潘菽：《心理学简札》上册，人民教育出版社，1984，第5页）

第一节 情、知、志的层次之分[①]

知、情、意（志）之分为现代心理学界所普遍采用。绝大多数普通心理学教科书将三者平列介绍，如表述为互不相属的"认识过程""情感过程""意志过程"。应该肯定，这种分门别类的阐述对于向初学者传授知识是可行的，但若停留于平面的阐述，显然与错综复杂且瞬息万变的心灵活动的状貌相距甚远。学科前沿呼唤人们将三者整合为一个有机的知识系统。向前迈进的第一步宜选择将习惯的平面划分转化为层次划分，而其中的关键在于以指称自由意志的"志"取代包含意欲的"意"。如前所述，意欲往往具有他律的性质，且易与情感活动相混淆，唯有自由意志才处在较之认识更深的层次。

一 从平面划分进到层次之分

追溯东西方的思想史，我们可以发现平面划分与层次划分的并存。应该说二者各有千秋，可以相互补充：一般性地描述人格的构成或解释文化世界的区分，采用知、情、意的平面划分基本可以胜任；而深入描述人类心灵的立体结构或解释文化世界各领域的性质与特点，就需要求助于情、知、志的层次划分。

事实上，无论东方还是西方，平面划分法都要早于层次划分法。人类认识同一事物的一般进程总体上看是由浅入深，于此也可见一斑。由于认识心灵必须反身观照，很难达到如同认识外部事物那样的确定和明晰，所以我们必须适度超越先哲所用的不免差异的言辞，主要探寻其观念的潜在逻辑，才有可能进行综合创新。

2000多年前，孔子从事教育极其注重理想人格的造就，希望弟子具有"知、仁、勇"三"达德"，蕴含了为人处世的深刻哲理："知者不惑，仁者不忧，勇者不惧。"（《论语·子罕》）这接近于西方哲学传

[①] 对心灵做"层次之分"的表达更为普遍，但"层次"显得稍虚，"层面"则较实，便于解析，所以本书通常用后者。

统的"知、情、意"之分：知者好学而识明，所以不惑；仁者爱人，厚德载物，怀有拥抱世界的生活态度，故不忧；勇者意志强毅，知耻更能奋起，因而无所畏惧。现实的个人或有所偏，各有所长，但理想人格当兼备三者于一身。

其后庄子及其学派可谓是层次划分的高手，《庄子》全书几乎都贯穿了三层次之分，这仿佛是贯穿其思想内容的三条纲线，且由表及里，一般都严格地按照感性、知性和志性的顺序排列。现选择几则文字以供大家比照揣摩。

（1）《齐物论》：形固可使如槁木，而心固可使如死灰……今者吾丧我……

（2）《马蹄》：同乎无知，其德不离；同乎无欲，是谓素朴。素朴而民性得矣。

（3）《盗跖》：若弃名利反之于心，则夫士之为行抱其天乎……小人殉财，君子殉名，其所以变其情易其性……

上述三例分别选取《庄子》的"内篇""外篇"与"杂篇"，以显示其代表性和一贯性。我们可以不管它们出自哪一虚拟人物之口，而直接视为庄子哲学思想特别是其基本理路的表达。例（1）的"形"为感性层，"心"为知性层，"丧我"则达到志性层。例（2）主张无欲为超越感性，倡导无知为超越知性，旨在回归人所具有的最素朴的天性。例（3）再度强调，当抛弃名利而返回本心；小人因欲而殉财，君子因知而殉名，均导致人的天性或本性的异化，亦可称之为"倒悬"。其中"变其情"与"易其性"为互文，"情"为情实而非情欲。

与华夏民族毗邻的印度，最早也是平面地列举感觉、知觉、思想、欲望诸心理能力，如《大森林奥义书》就是如此。其后的《歌者奥义书》才有对"生命自我"一谛三相（即红、白、黑）的描述。直到写成于佛陀出世之后的《白骡奥义书》和《薄伽梵歌》才正式阐述了数论的"三德"说，后者从上至下通常表述为喜、忧、暗。至公元后的《金七十论》，更明确地指出三者为天道、人道和兽道之分。

佛陀年轻时虽然受到数论派的思想影响，但其原创的"四谛""十二因缘"诸说一般限于对诸心理因素（心所）做平面列举。佛家对心灵系统做层次划分最值得注意的也许当数《解深密经》，其《心意识相品第三》阐述了"七识"理论，前五识眼耳鼻舌身即我们所讲的感性，第六识即意识为知性，第七识阿陀那识相当于志性；此品最末以一则偈语收结："阿陀那识甚深细，一切种子如瀑流。我于凡愚不开演，恐彼分别执为我。"正好描述的是心灵第三层面的性状。紧接着的《一切法相品第四》阐述了"三性"说，与我们所讲的感（遍计执）、知（依他起）、志（圆成实）也恰好相当。

在西方，德谟克利特与柏拉图试图确定灵魂知、情、意三部分的生理部位的努力虽然可敬，但迄今并未得到证实。亚里士多德之所以不同意前辈的划分，就在于它有平面化之嫌。不过柏拉图在"马车喻"中提出了关于三者关系的见解。在他看来，为人格马车提供动力的来自高低两端：喻指激情（意志）的白马和喻指情欲的黑马，不过真正驾驭马车的是喻指理智的车夫。这在尤爱智慧的古希腊是一种能为人们广泛接受的见解。在分析具体问题时，柏拉图经常采用层次分析法，如在认识论中做了无知、意见和知识的区分，对于文化的分类则依次列举了艺术、自然科学和哲学，等等。

亚里士多德虽然不赞同将灵魂划割为三部分，但他提出的"三种灵魂"说实际上涉及层次划分。作为古代一位杰出的注重研究自然的哲学家，他特别从生物学角度来考察灵魂的能力。在他看来，首先，"营养能力"是灵魂最初的，也是最为普遍拥有的能力，一切生物都能摄取食物和生殖；其次是"感觉能力"，任何动物至少拥有一种感觉；再进一步发展而有"理性能力"，它是灵魂用来思索和判断的部分，为人或与人同等甚至比人尊贵的存在者所具有。这样便由低级到高级展现为植物灵魂、动物灵魂和人类灵魂的序列，它们中每一后继者都潜在地包含了先在者。[①] 我们当然不能说亚里士多德已具有进化论思想，不过可以宽泛地将植物灵魂理解为具有生存意志、动物灵魂具有好恶情绪，于是同人类灵魂并列且融为一体；从中还可见出，意志乃是天地之道或宇宙精神

---

① 苗力田主编《亚里士多德全集》第三卷，第 89~90 页。

在人身上最为直接的体现。

在欧洲启蒙运动时期，三分法再度受到思想界的重视。沃尔夫虽然继续沿用中世纪后期亚里士多德著作被发现后流行的二分法，但其学生鲍姆嘉通改变了思路，他从哲学体系须与心灵能力具有对应关系着眼，认为人类心灵既然存在知、情、意三个方面，那么就应该相应地建立三种哲学学科。事实上，人们研究知或理性认识而建立了逻辑学，研究意或意志趋向而建立了伦理学，可是对情感或感性认识的讨论却一直未能酝酿一门相应的学科；因此，他认为有必要设立"审美学"（Asthetik，照希腊字根的原义是"感觉学"）以专门探究"感性认识的完善"。

康德在建立自己的哲学体系时可能借鉴了鲍姆嘉通关于划分哲学学科的思想。在"批判时期"，他先写出《纯粹理性批判》研究人的认识活动，相当于认识论或逻辑学；接着又写了《实践理性批判》，专门研究意志活动，相当于伦理学或道德哲学；最后写出《判断力批判》，研究反思判断力，也就是美学和目的论。康德在1787年给耶拿大学青年学者赖因霍尔德的信中自述："……心灵具有三种能力：认识能力，快乐与不快的感觉，欲望能力。我在对纯粹（理论）的理性的批判里发现了第一种能力的先天原则，在实践理性的批判里发现了第三种能力的先天原则。现在，我试图发现第二种能力的先天原则，虽然过去我曾认为，这种原则是不能发现的。对上述考察的各种能力的解析，使我在人的心灵中发现了这个体系。……这个体系把我引上了这样一条道路：它使我认识到哲学有三个部分……理论哲学，目的论，实践哲学。"① 不过，康德的伟大贡献更在于既承认了传统的平面划分，又使之变为层次划分：他将感觉能力提升为感性，认识能力提升为知性，欲望能力提升为Vernunft。于是，在西方思想史上，情、知、意（志）被明确表述为由表及里的三层次。

二 心灵的三层面与认识活动

如果人类心灵具有三层面，那么必然会在认识活动中体现出来，而

---

① 〔德〕康德：《康德书信百封》，李秋零译，上海人民出版社，2006，第111页。

当代认识论领域的研究，大多只注意到感性与理性两个层面。但即使就这两个显见的层面而言，其实其中也可见心灵第三层面的作用——收摄、趋向和谐有序以及追求更高的统一性等。

应该承认，认识活动相对而言是主体性最弱的领域，准确反映客观对象往往是主体认识之宗旨。印度佛学的瑜伽行派精研人的认识（此处包括感悟）活动，将直接来自五官感觉的知识称为"识"，将追寻因果关系之类的思虑称为"意"，在严格意义上唯独将心灵第三层面才称为"心"。其中蕴含的某些合理因素有待于汲取："心"对于"意"与"识"的统领应该是不言而喻的。

感性，一般被看作被动的、片面的、表面的反映能力。这种普遍流行的看法，虽然道出了它的某些特征，但不无片面之嫌：其一是没有注意认识活动中主体的能动性，其二是完全无视评价活动中主体的情感体验。简言之，这既造成认识论之偏，又导致与价值论绝缘。我们这里着眼于主体的能动性，将感性界定为人们在生活中对对象外部形式的直观感受能力。它应该包括两个方面：感性直观和感性体验。前者或称为"外感觉"，主要取空间形式，获取外部事物的表象；后者或称为"内感觉"，主要取时间形式，情感体验是其基本内容。情感虽然不能为我们直接提供外部世界的信息，但可能影响着人们的注意。在某种强烈情感影响下，人可能入鲍鱼之肆而不知其臭，进幽兰之室而不闻其香。只有进入注意范围的事物才成为认识对象。一般说来，最可影响人注意的需要既可能是生活的基本需要，也可能是自我实现需要，后者更具有自由选择的性质。

人们对感性的直观方面研讨较多，公认它是认识活动的出发点。感性有感觉和知觉两个层级。感觉是外部信息通过感官达到脑中枢后引起的认识活动的开始，是对事物的个别属性的反映形式。外来的感觉材料与心灵的抽象图式相融合而形成知觉，知觉是比感觉高一级的活动，是对事物的整体的反映形式；它一方面加工了感觉印象，一方面包含了概念思维成分。从感觉到知觉，已初步显示出人的心灵在认识活动中的统括作用。20世纪初叶，完形心理学家发现，人们对于对象的知觉，往往是整体先于部分，如人们夜晚仰望天宇，很容易获得"银河"或

"北斗星"之类的知觉。这种不自觉地整体把握对象的能力,与其说来自生理,不如说来自精神,可追溯于心灵深层蕴含的统摄作用。

人的知性力图规范通过感性所获得的材料,摒除其个体性,抽取出普遍性;舍却其生命情调,把握其客观品格。我们把知性理解为人的头脑将感性材料筛选加工后组织起来,使之构成有条有理的知识的思维能力和依据人的生存需要确定相应的准则,从而支配自己行为的评价能力。它直接体现于认识抽象方面,同时也表现于评价价值方面。认识与评价是知性层面的一种平行而双向的运动。知性又被称作"理解力"。理解,即心灵基于先验(先于经验)范畴对外来信息材料的分解整合。从康德的三大《批判》中我们看到,作者无论是分析认识问题、伦理问题还是审美问题,总是从"量""质""关系""模态"四个方面(包括十二范畴)出发,结合具体实际进行探讨。一方面,范畴来自人们对于林林总总的现象的本质关系的概括(如亚里士多德所列的逻辑范畴);另一方面,应该承认人类心灵先天地存在着与客观世界相同一的普遍的关系结构。范畴的有序性、系统性脱离后者就难于阐明。范畴一经形成,便成为主体思维的触角和尺度,在认识过程中潜在地发挥拓展视野、使感性材料或经验知识分解组合而趋于条理化的作用。

知性主要依据分析和综合两种基本途径把握事物的逻辑联系。所谓分析,就是把事物的整体分解为部分或把整体的个别特征、个别方面分离出来的心理过程;所谓综合,则是把事物的各个组成部分或事物的各个特征、各个方面联系起来、统一起来的心理过程。分析与综合同推理中的演绎与归纳有必然的联系,康德把知识判断总分为分析判断和综合判断,并认为前者是在先验的基础上演绎而出,后者则是在经验的基础上归纳而出。现代科学思维强调两种基本方式——发散式思维和收敛式思维,扩宽了分析和综合两种心理过程的外延,当代著名科学哲学家和科学史家库恩就认为,科学只能在这两种思维方式相互拉扯所形成的"张力"之中向前发展。康德所谓先天综合判断,实际上可以结合皮亚杰的"发生认识论"进行解释:主体一方面基于先验的范畴及知识而同化对象,另一方面又不能不顺应来自对象的新信息而进行综合,于是形成既有普遍性又具客观性的新知。

是什么引领人们特别是处在科学前沿的专家探求新知呢？如果只强调生活实践提出的要求，不免实用主义之嫌，且可能永远局限于"常规科学"范围内的修修补补。近代科学的几次革命，都在某种程度上改变了人们的世界观，引领科学革命的哥白尼、牛顿和爱因斯坦等提出新理论，似乎均不是应对生活实践的需求。他们真正潜心追求的是如何更为合理地解释我们所处的世界。为此他们敢于否定既有的无疑具有权威性的理论，如以"日心说"取代"地心说"；力争更为周密地或在更为广阔的范围内揭示宇宙构成和演化的基本法则，如广义相对论之于牛顿力学。由于科学文化必然具有可以证实或证伪的性质，所以学科前沿的创新大多是在追求更高的统一性中形成的。我们知道，牛顿在发现三大定律和万有引力等之后，宇宙向他展现的图景仿佛是一架精致的钟表，没有停下探索脚步的牛顿于是沉浸于宇宙运动的"第一推动力"的求索中。同样地，爱因斯坦在完成了狭义相对论之后开始思索建立广义相对论，建立了广义相对论之后又开始思索建立统一场论。后人可以为牛顿或爱因斯坦的晚年缺少卓越的建树而惋惜，但必须承认他们努力的方向是合理的。支配他们确立奋斗方向的不是感性欲求和理解力，而只能是潜藏于其心灵深处的扶摇直上的志性。

　　总览心灵三层次中认识活动中的功用，似可以说，人的感性随时随地反映当下的情境，五官接受来自各个方面的信息，基本属于现在时。仅就感性能力而言，人类类似于动物甚至不及部分动物。人类之所以能走出动物界，在于这一族类逐渐发展出知性能力，能总结以往的经验，探究事物先后发生或共时作用的因缘关系，并作为知识世代积累薪火相传，这一层次基本属于过去时。人类对世界的认知之所以总体上不断向上或向前发展，革故而鼎新，就在于其成员有理想、有抱负，企盼掌握自身的命运，规划遥远的未来，这便是志性能力，它凸显了将来时。凭借这种能力，人力图超越自身的现实局限以接近于无所不知、无所不能的神。如果宇宙中并没有神存在，那么我们也可以说，神是由人类基于志性能力而塑造出来的。

　　就认识活动的结果而言，人的感性能力只能把握个别，知性能力只能把握特殊，志性能力则企求把握一般或普遍。这里所谓一般或普遍意味着无限,而无限就意味着绝对。由于人类所处的位置(有限的和相对的)、所发明的语词(为着区分事物而发明,故必然具有相对性的局限)以及借助语词的思维都没有可能认知和表达无限或绝对之物,因此严格说来,志性并不是一种认识能力,而是感性与知性两种认识能力健全发展和正确发挥的根据。没有它的潜在统领,前二者将混乱无序且停滞不前。

三 心灵的三层面与评价活动

人类的认识活动旨在把握蕴藏在事物内部和事物之间的抽象的本质和法则,与之相对的评价活动则是基于人自身的需要衡量对象的价值的优劣或高低。认识活动与评价活动不仅意旨不同,且心理过程恰好相反:前者由外而内,集小归大,后者由内而外,以大统小。但二者均受心灵第三层面的制导,志性既是认识活动的归趋之所,又是评价活动的发源之处。

对应于认识活动的个别(现象)、特殊(本质)和一般(永远处在被追求中的绝对真理)之分,评价活动也存在感性层次的个体性、知性层次的特定群体性和志性层次的全人类性之别。前者描述层次的深浅和范围的大小,是中性的;后者则有鲜明的褒贬色彩,表达价值的优劣和应有的好恶。依价值论的视角,个体的感性欲求具有排他性,如爱情尽管是美丽的,却不能与人共享;特定群体所形成的知性观念往往相互冲突,各有出师讨伐异己的理由;唯有代表全人类的理想与意志,诸如世界大同或超验信仰等,虽然看似虚无缥缈的社会乌托邦,其实来源于心灵的志性,仿佛人类历史航程中的灯塔,潜在地发挥着指引作用,并且成为价值评判的最高依据。

笔者认为,世界上的事物有着复杂的善恶的属性,善恶观念是由于人类的群体生活中包含各种利益冲突而形成的褒贬评价,因而仅限于人类内部达成的规约。康德指出道德系人为自身立法,言之有理。孟子称"可欲之谓善"(《尽心下》),是着眼于人的个体和整个族类而做的界定[①],简洁而确切。个体乃至特定群体寻求满足自身的需要,实在无可

---

① 孟子的诸多论述中常将二者叠合,在学理上是可以成立的,恢复自由或唤起良知的个体必然代表整个族类,否则后者就只是一个空泛的名词。

厚非；只是因为可能导致对他者利益的损害，才有必要提升到全人类的立场来评判，即以满足全人类的需要、合乎全人类的利益为最高的善。代表特定群体的善恶评价则不免相互冲突，樊然殽乱，以致窃钩者诛，窃国者诸侯。

基于人类心灵结构的共同性，我们便不难理解，古往今来东西方的价值观念尽管存在种种差异甚至冲突，可是其褒贬所蕴含的逻辑却惊人地一致。比较而言，欧洲哲学在认识论领域最为精研，中国哲学在价值论领域最多建树，印度哲学在本体论领域耕耘甚密。因此，以下阐述我们将以中国哲学为主，兼取印度哲学和欧洲文化观念合于一炉而冶之。

印度哲学由于执着于本体，其观念往往同时兼容于认识论与价值论。其中传为自在黑撰写的《金七十论》将传统的"红、白、黑"三德引申于"天、人、兽"三道：天神不仅具有轻光相，而且常生活于喜乐的状态；走兽与之相反，因诸根被重重覆盖而暗黑，只能生活于愚痴状态之中；人类则介乎二者之间，既然具有持动相，便只能在忧苦的状态中挣扎。整个印度哲学几乎有共同的取向，将明与无明作为两极，同时联系着解脱或陷于业报轮回。天、人、兽的排序可看作感性、知性和志性的倒转表达。

中国哲学总体上热爱现实人生，儒家更力主在此岸世界奋发有为。先哲普遍热衷于探讨人在现世所能达到的境界，寻求内在的超越。冯友兰先生在其"贞观六书"之一《新原人》中提出人生有四种境界，为我国现代学界经常引用。在他看来，一个人如果只是顺着他的本能或其社会的风俗习惯，就像小孩和原始人那样，对于他所做的事的意义无甚觉解，他的人生是处在自然境界；一个人为自己而做各种事，虽然并不意味着他必然是不道德的，但其动机则是利己的，这种人处在功利境界；一个人意识到自己是社会整体的一部分，能为社会的利益做各种事，他所做的各种事都有道德意义，这种人进入道德境界；还有一种人能超乎社会整体之上，拥有更大的宇宙情怀，能自觉地为宇宙的利益而做各种事，于是他进入人生的最高境界，即天地境界。

如果不为尊者讳，就不能不说四种境界中"自然境界"的提法有点不伦不类，且有蛇足之嫌。我们知道，即使原始人和小孩都能意识到自己的基本需要，千方百计寻求得到满足，这便是功利的考虑；成人中只有严重的精神病患者才可能丧失自我意识。若从原始道家的观点看，自然境界其实就是天地境界，如《老子》中的小国寡民，《庄子》中的建德之国甚至混沌等。如果除去"自然境界"，后三者组成的序列不仅合乎事实，可包括所有社会成员的全部，而且更为合乎逻辑，功利境界、道德境界和天地境界正好对应于人类心灵的三层面。

与这三种境界相连的恰好是三种人格。孔子说："君子喻于义，小人喻于利。"（《论语·里仁》）精要地概括了两种不同的人格特征，是千百年来颠扑不破的箴言。在《周易》的《系辞传》中，言及"圣人以通天下之志，以定天下之业，以断天下之疑"，明确肯定圣人以天下为怀。先哲普遍认为，执着于追求感性需要的满足甚至见利忘义的是小人；经教育而明白道义，在日常生活中举手投足遵循伦理规范的是君子；怀有通天下之志，穷神知化，与天地合其德、与日月合其明、与四时合其序的则是圣人。

人们还普遍地祈盼，不同的人格层级会有不同的福报。《周易·文言传·乾》深信："积善之家，必有余庆；积不善之家，必有余殃。"印度哲学普遍相信灵魂的轮回。西方文化中同样不乏类似的观念，其中尤其以但丁《神曲》的描述最为集中和鲜明。这部经典名著由《地狱》《炼狱》和《天堂》三部分组成：那些贪色、贪财、残暴、欺诈者的灵魂置于地狱中煎熬；炼狱里住着生前不免骄、妒、怒、惰等过错而需要忏悔的灵魂；天堂是立功德者、哲学家、修道者、基督和众天使等的住所，是幸福的灵魂的归宿。其实，但丁的"三界"之分几乎不约而同地遍布世界各地，只是名称或有不同而已，因此可以推论，它反映出人类共有的心灵结构及其不同层次的需要。①

中国哲学极为重视全民的人格修养和人生境界的提升，要求士希贤（相当于君子），贤希圣，圣希天，实际上是要激励志性的充分发挥，

---

① 在其他民族中，更多流行天堂、人间和地狱之分。这种区分容易让人疑为基于人类后天在空间方面的经验直观。尽管我们不能排除存在这样的因素，但深入事物的内在联系，更应该归因于心灵的结构，如但丁对地狱、炼狱和天堂的不同灵魂的描述就与中国哲学的食色之性的放纵、气质之性的偏颇和天地之性的大公甚为相洽。

达到马斯洛所谓超越型的自我实现。孔子倡导"兴于诗，立于礼，成于乐"（《论语·泰伯》），也许是基于自己的切身经验而揭示出人格修养的三阶段：兴于诗能丰富人的情感与言辞，增加对自然与社会现象的了解；立于礼是要人懂得维持人伦秩序和谐的各种规范，能适应特定时代和地域的社会习俗；唯有进达大乐与天地同和的境界才是人格修养的圆成，才真正达到生存的自由与完满。

综上所述，人类的评价活动通常贯穿了三个层次，其中最重要的是志性层次，它从根本上决定着人生境界的提升和人格修养的圆成。从先验的方面看（如康德的道德哲学），志性是道德立法的基石，应当成为其他心性因素的统帅；从经验的方面看（如马斯洛的自我实现理论），志性是评价活动的归宿，指引着个体为人处世应奋力前行的方向。可以说，无论揭显逻辑还是验诸事实，都表明孟子"先立乎其大者，则其小者不能夺也"（《告子上》）的论断在伦理道德或价值评价领域可谓是一语中的。

第二节　志性决定心灵两系列的活动[①]

志性作为心灵最深的层面潜在地制导着感性与知性的活动，能够为认识和评价活动提供正确的方向和强大的动力。严格说来，它不只是能力，同时也是需要，因此能兼为认识活动与评价活动的基础。志性作为心灵最原始的天赋其实是"一"，或称为一种扶摇直上的精神，蕴含于有机体中推动其进化，到动物始有外向的表象直观和内向的情绪体验，至人类更有明晰的认识和评价观念，感性层与知性层分化为两极对于人类生存必不可少，于是形成心灵的两系列。

一　先哲对于心灵两系列的相似体认

在本书的第一章我们发掘、整理了中、西、印三大哲学传统对于心

[①] 就静态的结构而言，也可称之为"两序列"，但它有决定论之嫌；从心灵的活动着眼，似称"两系列"更好，它可以兼含必然（如要求和谐整一）与自由（如要求自我实现）。

灵的认知，已散见先哲对于心灵活动两种对立趋向的论述。这里拟将相关资料集中起来做一梳理，以便读者较为清晰地把握其中的发展脉络。

在西方，亚里士多德最先明确提出关于灵魂的二分法。其专著《论灵魂》认为人的活动包括认识与实践两个领域，与之相对应，人的灵魂具有两种基本功能：认识和欲求。认识的能力表现于心灵能思维一切，但必须保持洁净，任何异质东西的插入或玷污都妨碍它的接受能力，而接受是心灵的本性。欲求的能力包括理性部分的意志（希望）、非理性部分的欲念和情感。比较而言，"心灵永远都是正确的，但欲望和想象既可能正确也可能不正确"①。本着这种观点，亚里士多德将心灵区分为思辨的和实践的，认为哲学作为一切科学的总汇，应当包括理论科学、实践科学和创制科学（艺术）三类。

至中世纪，托马斯·阿奎那较多吸收了亚里士多德的思想，以认知和意欲为人的两种不同的活动方式：前者由外到内，引起人的感官和灵魂的内部变化；后者由内而外，以外部事物为目的，通常见诸人的行为。意欲又可分为感性和理性两种，动物性意欲属于前者，意志则属于后者。因此他肯定理性因素或是理论的，或是实践的。"……善与欲望相对应，其作用恰如最后因，而美则与知识相对应，其作用有如形式因。"② 圣托马斯的阐述不乏深度与逻辑性，但有一处明显的缺陷：与形式因相对的当是动力因，最后应为二者的源头和归宿。

文艺复兴时期，布鲁诺在《论英雄主义激情》中提出心灵是"认识力"与"意欲力"的和谐；启蒙运动中，沃尔夫将心灵区分为认识功能与欲求功能。可见二分法的传统仍在延续。

学界一般认为，自康德的三大《批判》问世，三分法才开始广泛流行。此说虽合乎史实，但不能忽视康德其实也继承了二分法。他一方面将情、知、意分别转化和提升为感性、知性和 Vernunft，同时又将 Vernunft 区分为理论的和实践的，并且，三大《批判》的布局，正好基本吻合亚里士多德对哲学的内部学科的分类。

---

① 苗力田主编《亚里士多德全集》第三卷，第87页。
② 伍蠡甫主编《西方文论选》上卷，上海译文出版社，1979，第149页。

西方现代哲学虽然较多地展现出批判传统的姿态，但潜在地仍在采用心灵的二分法。叔本华通过"直观"而发现，意志是世界和人生的本体，世界的表象不过是意志的客体性而已。人们普遍注意到这内外层次之分，相对忽视了他还有平行的二元划分，即理式与意志一样构成本体界的内容。在他看来，理式是意志的客体化每一固定不变的级别，或者说是意志的直接的恰如其分的客体性。叔本华还以人根（生殖器）和大脑分别比喻意志与理智（理式是其对象）的关系，颇为耐人寻味。① 为节省篇幅，兹依其意列表简介如下：

人	意志——激烈而盲目的冲动 纯知——自由而开朗的主体	人根为焦点 大脑为一极	生命现象的第一条件 完美认识方式的条件	热的源泉 光的源泉	太阳

尼采在审美领域提出酒神精神与日神精神的二元对立，产生广泛的影响。作为一个诗人哲学家，他选取古希腊神话中的狄奥尼索斯和阿波罗具体而形象地代表两种普遍对立又相辅相成的势用，其实同意志与理智、动力因与形式因之分密切相关。其后期鲜言日神精神，正好表明他在反理性的道路上走得更远。

克罗齐自称其思想体系为"心灵哲学"，采用了本民族的先哲圣托马斯的观点：先将心灵活动总分为认识的与实践的，又将前者分为审美学和逻辑学两层，后者分为经济学和伦理学两层。依他之见，心灵哲学当涵盖这四个领域。显而易见，圣托马斯阐述"最后因"的误差至克罗齐的心灵哲学而导致丧失了哲学本体论。

荣格深入人类的集体无意识，他最为看重的是阴影原型与自性原型，二者在心灵深层的功能恰好是一辟一翕。

在印度，数论派哲学以神我与自性为"二十五谛"之首。神我（原人）具有男性的特征，自性（原质）具有女性的特征。在《歌者奥义书》和《迦陀奥义书》中，神我常常被称作灵魂或丈夫，他寄寓在个体心灵深层，这个我也就是梵或原人。《白骡奥义书》（4.5）将二者形象地描述牡羊与牝羊，认为宇宙万物源于它们的交合。类似于中国哲

---

① 〔德〕叔本华：《作为意志和表象的世界》，第283页。

学"乾知太始,坤作成物"(《周易·系辞上》)的宇宙观。

印度佛学明确意识到心灵存在双向运动的根源是在第三层面。说一切有派将心灵由外而内分为"了别""思量""集起"三层,相当于《解深密经》的"识""意""心";其中"集起"正是对《解深密经》将深层之"心"即阿赖耶识的功能释为"积集"与"滋长"的概括。在《大乘起信论》中,所谓"开真如门"就是"集","开生灭门"则是"起"。

印度现代哲学力图以新概念表述传统思想。提拉克探寻《薄伽梵歌》的奥义,认为最高的实在是梵,构成人与世界在本原上统一的是逻各斯与普遍意志。奥罗宾多在《神圣人生论》中认为太一或主宰是"真、智、乐"合而为一。居中的"智"实指一种觉醒与力量。①

我国先哲对心灵双向运动的体认较之西方与印度一点也不逊色。《中庸》一书蕴含丰富而深刻的心理学思想,其中关于"自诚明"与"自明诚"的论述兼涉天道与人道,表现出对心灵活动的透彻理解:由诚而明是心灵向内收敛为"一"而知性并知天,这是天之道的本然呈现,可谓是大清明;由明而诚则是通过有意识的调控或思想教育而后达到诚实无欺,并付之于道德实践,据"一"而统领起"多"。因此,前者联系着"天命之谓性",后者联系着"修道之谓教"——正好回答了该书开首提出的意旨。

庄子区分了"独志"与"勃志",与佛家所言的"集-起"有异曲同工之妙。《天地》篇借季彻之口倡导"举灭其贼心,而皆进其独志"。独志意味着对感性欲念与知性观念的两级超越,因此纯粹而自由,可与道相依,换句话说是"淡然独与神明居"(《天下》)。《庚桑楚》主张"彻志之勃",并界定说,"贵富显严名利六者,勃志也"。依庄子之见,志之勃意味着人在现实生活中孜孜以求感性欲望和社会荣誉的满足。对于独志与勃志二者的态度分别为一褒一贬,集中反映出原始道家的基本思想倾向。

魏晋时期刘劭从才性角度辨析"英雄",赞许"英"之明和"雄"

---

① 〔印度〕室利·阿罗频多:《神圣人生论》,第114页。

之胆,认为二者宜相互补充、相互为用才能成就英雄的人格。此说为嵇康在《明胆论》中继承并发挥。

至隋唐,柳宗元撰写《天爵论》,立意要超越孟子仅注目于道德人格的局限,认为人的尊贵天赋并不是仁义忠信诸观念,而是志与明两种基本能力。他将二者与天地之气联系起来,推测刚健之气钟于人而为志,纯粹之气注于人而为明,"明以鉴之,志以取之",成就了完整的人格。这一观点足可与亚里士多德将心灵活动区分为实践的和认识的相媲美;并且他从人类与其母体——自然(即天爵之"天")的承传关系上立论,非持经验主义立场者所能及。

二 心灵两系列当是天地之道的体现

哲学的确应当尽可能以日常经验和科学实证为基础,从而推演出更为普遍的思想以供人们参考。但如果仅仅局限于在日常经验和现有科学得到证实的范围内言说,那么这门学科实在可以取消,因为局限于此它就没有独特的存在价值,对人类的文化建设无所裨益。相反,哲学依据先验(先于经验)的逻辑由个别、特殊而推论出一般,或由反身内省而领悟的一般推演到特殊乃至个别,即使对错参半,它仍凸显了自己不能被取代的价值:激发人们在更广的范围和更深的层次思考宇宙和人生问题,从而不断提供更新、可能更为切合实际的解释。

前述柳宗元的推测的可贵性就在于此。关于人类心灵何以必然地是双向运动,我们还可以追溯于《周易》。《易传》的作者认为,若参透了易(乾之基本特性)简(坤之基本特性)相辅相成的关系,则可体认出天下之道,从根本上把握天下之理。这是华夏先哲深切的感悟,决不能视为言过其实的浮夸。相关思想在西方古今哲学界也不断地被讨论,我们可以简单地列表揭示二者存在逻辑的会通。

《周易》所描述的天地之道	西方哲学所揭示的宇宙图景
乾–动–辟–可久–易……	动力因–时间–自由–混沌–云……
坤–静–翕–可大–简……	形式因–空间–必然–有序–钟……

也许有人会责备我们这里混淆了宇宙学和人类学的论域，我们可以回答说，人类在宇宙中尽管犹如微尘，但其心灵与宇宙的相通却是客观的事实，否则我们就根本不可能理解宇宙。无论是东方还是西方、古代还是现代，许多哲学家都在从事这方面的探讨，因为哲学的使命就是要深入于天人之际，努力揭示其内在的关联。当然，在这片区域，我们似乎遇到了类似于鸡生蛋与蛋生鸡的先后问题。一方面，宇宙的发展演变本身包含这两种鲜明对立却又相辅相成的势用，演化出的人类心灵也不例外；另一方面，觉悟了的思想者往往能自然而然地以这种对立统一的观念观察世界，由于除去了遮蔽，他看到了基于自己的心灵能力能够捕捉到的世界图景，而一些未觉悟者则无缘领略。老子讲"不出户，知天下；不窥牖，见天道。其出弥远，其知弥少"（《老子》第47章），当是验己而发，决非虚言。道从心中呈现，是许多现代人不能理解也不愿理会的，在这一点上与其说比古人高明还不如说较之先哲蒙昧。当然，《周易·系辞传》的作者推测圣人领悟天地之道是"近取诸身，远取诸物"的结果，兼顾了先验与经验两个方面，立论更为允当。

基于上述，对于古希腊早期的自然哲学家的观点我们有必要重新审视。在一定意义上说，他们的宇宙观同时还可视为其心灵深层含蕴的敞亮和折射。赫拉克利特将世界看作一团永恒的活火，并且在一定分寸上燃烧和熄灭，"分寸"与他最先提出的"逻各斯"（Logos）密切相关。巴门尼德认为，大自然变化万千的基础是受热膨胀和遇冷收缩两个相对抗的原理。恩培多克勒看到，世界本原的动因包含两个矛盾方面：表现为合力的友爱和表现为斥力的争吵。直到古希腊哲学的晚期，相似的观点仍绵延未绝，如斯多噶派注意到世界有两个本原的运动趋向：一种是主动的和向上的，一种是被动的和向下的；在圆球形的宇宙中，向下意味着向心凝聚，向上意味着离心扩散。这些思想观念与中国哲学的太极生两仪，一阴一阳之谓道，易道包含乾、坤二元等一系列观点颇为相似。

我国上古先哲所谓"天地之道"观念是否与现代科学相冲突，从而应归入"去魅化"之列呢？答案是否定的。我们甚至看到，当代科学的某些新发现正是强化这种宇宙观。

基于爱因斯坦的相对论及科学界的其他发现（如"红移"）而形成的宇宙大爆炸理论，推论出在137亿年以前，我们所处的宇宙其实只是一个半径无穷小的一点，仿佛中国哲学所谓太极。它在某一时间点上发生爆炸，至今仍在膨胀之中；不过在有些地方，由于巨大恒星核聚变反应的燃料耗尽而发生引力坍缩，重新成为一种密度极大、体积极小的天体，因其引力大到连光都不能逃逸而被称为"黑洞"。这两种趋向仿佛中国哲学的乾坤二元，保持着发散与收敛的张力。霍金甚至将我们所处的宇宙比喻为一个泡泡，更昭示其发展演变为引力与斥力之间的动态平衡。

在西方科学界，毕达哥拉斯所描述的宇宙观有着众多的信奉者。科学史家亚·沃尔夫指出："近代科学的开创者们满脑子都是毕达哥拉斯主义精神。哥白尼和刻卜勒（开普勒）尤其如此，而伽利略和牛顿也大致如此。"① 今天我们还可以补充说，爱因斯坦也不例外，他自述其毕生致力于以最适当的方式勾画出一幅简化而易领悟的世界图景。毕达哥拉斯以"数"为宇宙万物的本原，且最为推崇"圣十"（1＋2＋3＋4＝10），据传他有一句名言："德尔斐的神谕是什么？圣十。"在他看来，数字1代表宇宙创生时最初的统一（依现代观点即大爆炸起点时的状态）；数字2代表统一体分化为二元；数字3表明所有事物具有三种状态，开始－中间－结束；数字4代表完成，如一年有四季（印度哲学称一劫含生、住、异、灭四阶段）。最伟大最完美的数字是10，它是1~4的数字之和，象征整个宇宙。

17世纪英国数学和物理学家罗伯特·弗鲁德（Robert Fludd，1574－1637）用一个正三角形对"圣十"做了图解。② 我们不妨尝试结合我国《周易》所隐含的太极图，将三角形置于一个圆形之中，或许更为切合大爆炸理论产生之后所展现的宇宙图景（见下图）。于是我们发现，三角形的重心或垂心正好是圆心；而十个点中另外九个点构成双层环绕：

---

① 〔英〕亚·沃尔夫：《十六、十七世纪科学技术和哲学史》，周昌忠等译，商务印书馆，1985，第9页。

② 〔加拿大〕戴维·欧瑞尔：《科学之美——从大爆炸到数字时代》，潘志刚译，电子工业出版社，2015，第7页。

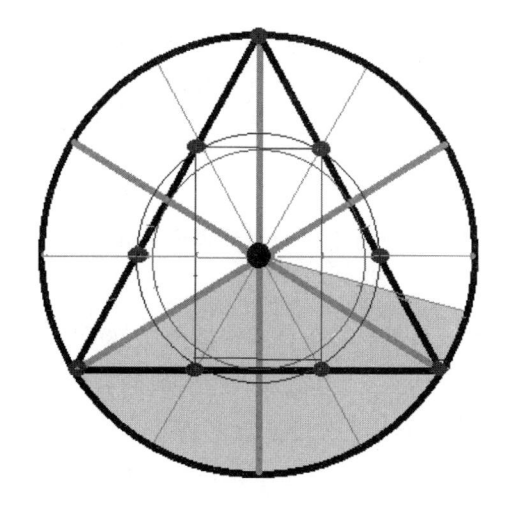

六个点以 60°区隔分布在内圆的圆周上①，三个点以 120°区隔分布在外圆的圆周上。从中较易见出，黄金角（137.5°）与黄金矩形（约 5∶8）的比值作为无理数可构成有序与混沌（二者联系着必然与自由）的边界。

此图一方面大略展现了宇宙潜在的基本结构，同时也较为直观地反映出人类的心灵结构，或许可以从中窥测到某些贯通天（大宇宙）与人（心灵－小宇宙）的奥秘。

我们看到，无论是物理世界还是心灵世界，最原始也最基本的活动方式是"一"（圆心）与"多"（圆周）的双向运动。就宇宙的演化而言，由一到多是乾之辟（辐射、扩散），也就是膨胀；由多到一为坤之翕（辐集、凝聚），也就是坍缩。天地间万物的生长与衰亡过程也贯穿着这两种基本倾向。就人类的心灵活动而言，从圆心到圆周表现为要求自由，从圆周回归至圆心表现为回归必然。着眼于人类的文化创造，可见道德立法活动由乾健倾向主导（合目的），科学认识活动相对来说为坤顺倾向主导（合规律），艺术创作活动则实现二者的统一（歌德曾指出，艺术家对于自然既是奴隶又是主宰）。并且，任何领域的内部其实都贯穿着一辟一翕的双向运动，我们将留待下一节阐述。

至于心灵的三层面，在此图中也能直观显示：圆心为志性层，是一

---

① 世界上的宝石中最珍贵、最美丽的蓝宝石为 6 条星线，或许与宇宙的潜在结构有关。

般；居间的内圆为知性，揭示特殊；外圆为感性，显现无穷多的个别。知性层之所以描画为环状，在于可以解释人类凭借自己的思维能力认知世界，永远会存在经验论（处在环之外沿）和先验论（处在环之内沿）相辅相成的张力之中；就学科而论，经验科学处在外沿，纯粹数学则处于内沿。即使如此，我们仍然缺少充足理由断定三层面为宇宙秩序的本然体现。

原因在于，客观世界具有现象和本体两层是可以确定的（宇宙大爆炸理论提供了有力支持），二者犹如一棵大树的枝叶与根系，不可否认；但枝干也可归于现象界，且实在繁复，难于归为一层。也就是说，从"个别"到"一般"之间存在几乎无数层"特殊"序列，包括我们往往在普泛意义上所讲的"一般"其实也只是"特殊"。例如，我们面对的其实只是世界上个别的一棵树（正如每一个人有不同的 DNA），将它命名为"松树"，是为特殊；再称它为木本植物，是外延更大的特殊；进而还作为植物、生物等看待，绵延不绝……庄子指出物之粗者、物之精者和不期精粗者之别，其直接体现的也许是人类大脑有三层，并不能确证世界就是如此。因为把握特殊（物之精者）一层正是人类知性能力之能事；如果人类大脑没有新皮层，它就难以呈现。对于动物界而言，外部世界可能只有现象界一层。

但心灵的两系列则不同，基于种种事实与逻辑的必然性，可以肯定它是乾辟坤翕的宇宙律动在人类心灵活动中的延伸。

三 志性决定心灵两系列的基本趋向

前述图式展现的只是一个平面（截面），其实它更应该作为一个立体的球形看待。任意截取其中的"一瓣"，都可见出现象与本体或者说"用"与"体"之间的联结，二者是"多"与"一"的关系。对于人类心灵活动而言，现象诉诸感性，志性体现本体，知性构成二者的中介；"多"与"一"的双向运动贯穿于三层面。

我们已将感性界定为人对对象外部形式的直观感受能力，包括感性直观和感性体验两个方面。其中感性直观往往是认识活动的开始，而感性体验则是评价活动的前锋，二者虽然是最初步的，但主体的认识与评价活动于此分途。不仅如此,更微观一些考察,它们都可能包含对立的二元,且与乾、坤二元的基本趋向相关。

感性认识的获得并不只是人的五官对于外部特定刺激的反应,同时还是主体基于自身这一层次的能力（视听嗅味触）对外部事物的建构——显而易见,感官达不到五种的动物或感官超过五种的存在物（如果有的话）,它们面对同一对象,所见到的现象及合成的形象都会不同于人类;且声、色的形成离不开人类的感官。更进一层说,这里还包含皮亚杰的发生认识论所讲的同化与顺应两种对立趋向:主体一方面基于自身的先验（先于经验）的储存可能主动地同化对象,使之为已成之见所俘获,可谓是乾健而辟;另一方面由于受到外来新奇的刺激而在经验中顺应对象,可谓是坤顺而翕（接受——它在认识活动中更为重要）。

感性体验经常也来自对外部刺激的反应,特别是在生理层次上人类情绪的滋生往往取决于对象的外部形式,如好美色或恶恶臭的情绪因对象不同油然而生。进入心理层次,情绪便不再是纯粹的机体反应形式,它与意识内容的结合而形成通常所谓情感。特定情感的产生未必取决于对象的刺激,其先验因素起很大的作用,俗谚所说"儿不嫌母丑,狗不嫌家贫"就道出了普遍的事实。进一步提升,它是理智评价的前沿,群体的生存要求人们好善恶恶,情绪的好恶两端与道德的善恶两极正好形成相互对应的关系。

康德哲学的"知性"（Verstand）一词直译当是"理解力"（朱光潜先生译为"知解力"）,其实主要适用于认识领域。人们的理解能力首先通过善于分析和综合表现出来,二者显然同乾坤二元的一辟一翕相关。由此还可延伸于分析判断与综合判断以及演绎推理与归纳推理等逻辑范畴的把握,它们都贯穿着这一基本的二元对立及其双向运动。如演绎的基本趋向是由一到多（特殊或个别）,归纳的基本趋向则是由多归一,等等。

在价值领域,人们所讲的"知性"应该理解为"理智"的同义词——例如父慈子孝,几乎与理解力的高低无关。汉语的"道德"一词用于人类的价值领域非常恰当,它将人之"德"与天之"道"联系在一起,无需外在的人格神而凸显了自身的神圣性。并且,天道既然分出乾、坤二元，人道就应该推崇志、仁二德，此即《周易》之所谓："天行健，君子以自强不息"，"地势坤，君子以厚德载物"。进一步延展，于是而有伦理意义上的"义"（较多表现为动力）与"礼"（较多表现为形式）等的确立，指导人们处事谋利当遵循道义原则。

志性处在天人之际，担当天地之道（或称宇宙精神）与人类精神之间的桥梁。与感性层面可以分为直观表象、体验情感和知性层面可分为认识抽象、评价价值两极不同，志性层面严格说来只是一个原点，仿佛心灵的太极，但依据其活动趋向也可区分为两个维度（一体之两面）：乾健而辟、主导向外发散的一维可称为"自由意志"，坤顺而翕、主导向内收敛的一维可称为"自性原型"。

是否存在自由意志，在西方存在广泛的争论。中世纪末期，人们向否定自由意志的意大利哲学家布里丹提出诘难：如果没有自由意志，一头驴子就会站在两堆同样大小、同样远近的干草之间，因不能自由选择而活活饿死；至康德，虽然他未能看到自由意志在认识领域的潜在作用，但以自由意志（或称实践理性）为基础建立起在西方空前深邃的道德哲学，对于康德主义的信奉者（如费希特、文德尔班等）而言，其震撼力远远超过关于理论理性的思想；在现代心理学界，斯佩里认为自由意志可能为人脑除意识之外的第二个最宝贵的特性。"自性原型"是荣格借鉴印度哲学与柏拉图的思想而造出的新概念。据荣格的研究，"原型"一词最早是在犹太人斐洛谈到人身上的"上帝形象"时使用的，后来，《炼金术大全》一书也把上帝称为原型之光；并且，这个词又可说就是柏拉图哲学中的"理式"。荣格认为，原型有很多个，其中自性原型是将纷杂的心灵内容统一为一个和谐整体的核心原型。他所谓的"自性"（Soi）约略相当于印度哲学的灵魂（Atman）。[①]

我们这里将自由意志理解为个体心灵中依照天地之道和代表整个族类评判与行动的意志，以自性原型指称心灵深层最原始的、最基本的形式格局。如果把志性比作心灵的"太极"，那么自由意志属"阳"，自

---

① 〔瑞士〕F. 弗尔达姆：《荣格心理学导论》，刘韵涵译，辽宁人民出版社，1988，第62页。

性原型则属"阴"。大致可以说,自由意志构成心灵深层的"原动力",自性原型构成心灵深层的"原状态";前者奋发向上,后者和谐宁静;前者辟一为多,后者归多为一;前者要求无限性,后者要求整一性。二者其实为一体之两面。卡西尔也曾谈到,心灵在全部智力劳动中都旨在一个目的,打破个别观察材料的孤立封闭状态,使它们归集到一个涵盖一切的秩序之中,归集到一个"体系"的同一性之中。他还指出:"追求这一整体的意志乃是我们理论和经验的概括过程中的生命原则。"①

现在我们能较为清晰地看到,人类在创造文化世界的过程中心灵的两维凸显不同的状态。在认识活动中,首先是知觉对感觉信息的统合,然后是从感性认识到理性认识的上升,以至局部的理性认识向更大范围或更深层次的理性认识的递进(如科学史展现出不断地向更高的统一性进发),潜在地都是由于有自性原型的指引;并且,对于事物本质、规律的抽象本身就意味着概括,所以在认识活动中综合较之分析更为根本。此外,人们信奉的道德原则,不是感性经验所能提供的,道德意识总是包含对个体一己之私的某种超越,同时也不是知性的逻辑演绎所能得出的,如此的话它就不会常常与现实环境相冲突;它主要源于主体心灵的一种内在立法,也就是个体在以整个族类"自居"的情境中发出的律令,作为自由意志呈现于知性层面而成为价值观念,要求统率感性层面的情欲和利欲等,支配主体按正义的原则而行动。

难能可贵的是,两个世纪以前,康德就准确而具体地看出了心灵的这种双向运动,他指出,在实践理性方面,"我们是从原理出发,进向概念,随后再从这里进向感觉……反之,在思辨理性方面,则我们不得不先从感觉出发,而停止在原理上"②。不过我们今天可以更为清晰地看到,由于心灵的两大系列密切关联,协同作用,所以无论是认识活动还是评价活动,都包含感知与反应、内向与外向的互逆过程。

东西方"思维的英雄"(黑格尔语)——哲学家们百虑而一致,殊途而同归。基于上述分析和中、印、欧三大哲学传统的相关成果(扬弃

---

① 〔德〕卡西尔:《语言与神话》,第53页。
② 〔德〕康德:《实践理性批判》,第14页。

我国道家对"勃志"和印度佛家对"起"的贬抑,仅作为中性的心灵活动趋向看待),我们可以很明确地断定:志性从根本上决定着心灵两系列的双向运动。(如下图所示)①

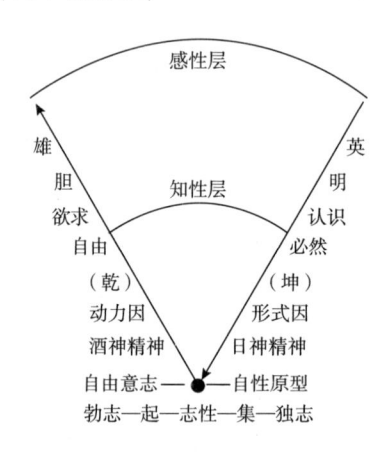

```
              感性层
      雄                    英
      胆      知性层        明
      欲求                  认识
      自由                  必然
      （乾）               （坤）
      动力因               形式因
      酒神精神             日神精神
      自由意志——●——自性原型
      勃志—起—志性—集—独志
```

康德由衷敬畏"头上的星空"和"胸中的道德律",意识到二者均具有神圣性,但在批判哲学中,二者基本上是断开的,最后只能走向神学的目的论以寻求其统一。现在我们可以看到,神圣性其实可以在心灵中寻找。人们通常所谓神圣性,多是指超验的造物者的呈现或对它的皈依。中国传统哲学倡导"与天地合其德,与日月合其明"亦是此之谓。无论是实践领域的"德",还是认识领域的"明",其根本都在于志性。再具体一些论证,释家讲"即心即佛"是就体认而言,讲"放下屠刀,立地成佛"是就实践而言;在这两种情形中,历史上的佛陀成为神圣性的文化符号,实即个体心灵深层志性的敞亮或呈现。它超越理性与非理性的分野,是必然与自由的统一。

第三节 心灵的结构图式与文化世界

前两节我们分别阐述了心灵的三层面和因之构成的两系列,将传统

---

① 或许还可以大胆地推测,大脑的第三层(脑干)具有众多成对的神经核,也许从根本上决定着司感性的哺乳动物脑和司理性的新皮层;大脑的活动可能具有相似于心脏一样的动脉与静脉的回路。

的"三分法"和"二分法"进行了梳理。东西方历史上都有过这两种区分,不过这并不意味着人有两个心灵,只是着眼点不同而展现出不同的图景罢了。统一两种划分法虽然是一项艰巨的工程,但并非不可企及的目标。心灵是一个有机整体,必然存在某种共时性的结构,将诸多对立因素统一于自身。人类正是基于自身的心灵结构,才创造出今天如此庞大的文化世界,二者可以相互印证。因为说到底,心灵结构是文化世界的根基与雏形,文化世界则是心灵结构的花果或展现。

一 心灵的结构图式与真善美的位置

由外在的物理世界演化出人类的文化世界,经历了漫长的历史过程,其间人类心灵及其"硬件"大脑的进化居于关键的地位。人类大脑应该是地球生命进化的最高产物,而宇宙中有生命迹象的物体可能比地球的形成还早。① 就我们所居住的星球而言,低等的生物如植物就显现出生命的"意志",一颗种子的生长可能掀翻一块重量超过它上百倍的石头;只是它没有情欲,更谈不上思维。生物进化至哺乳动物阶段,哺乳动物几乎普遍具有类似人类的情欲,生存活动中有悲有喜,只是没有严格意义上的逻辑思维。人类的独特之处乍一看似乎只是其思维能力,但更应该将其理解为由思维能力唤醒的整个精神系统的某种自觉——当今的电脑在很多场合可以取代人类思维,但并不能说它高于动物界。

从逻辑上看,亚里士多德认为人类除理性灵魂之外还包含植物灵魂和动物灵魂、荀子注意到人不仅"有生、有知,亦且有义"(《王制》),都是合理的推断。麦克莱恩在脑科学的研究中提出人脑由内而外包含爬行动物脑、哺乳动物脑和新皮层,其虽然尚未得到进化理论和解剖学发现乃至整个科学界的一致认同,但也没有为新近几十年的研究进展所推翻;鉴于脑科学研究的复杂与艰难,我们承认这项研究还需要更多实验成果的支撑和理论阐述的完善,但有理由肯定,人脑在生理上很可能为三位一体的结构,这一探索必将具有重大的价值和光明的前景。相对于

---

① 迄今发现来自太空的据称有 47 亿年的陨石已含多种氨基酸,而地球的年龄一般认为是 45 亿年。

人们称谓人类特有的新皮质为"知性脑"、大致处在边缘系统的哺乳动物脑为"感性脑",我们可以顺理成章地将爬行动物脑所在的脑干部分称为"志性脑"①。

如果大脑为三叠体的观点确实可以成立,那么就暴露出人脑的生理结构与人的精神活动过程的层次之间的不协调。就前者而言,由外而内依次为知性层、感性层和志性层,与荣格心理学所分析的意识、个人无意识和集体无意识三层恰好吻合,但与本书所赞同的康德哲学所描述的心理过程却似乎相左。统一神经解剖学和精神现象学的相关发现目前仍是一大难题。② 我们只能推测说,人们由五官获取的感性信息最先传入大脑的边缘系统部分,然后经选择后传入新皮层进行加工(其中含有知性为自然立法),而发生于新皮层的加工活动又潜在地受到脑干部分的某种先天机制的规约。人们通常习惯于由浅入深的逻辑区分,其实生理解剖的天然区分也很重要,例如它可以较好地解释科学、艺术和宗教三大文化领域中艺术的中介地位以及与之相联的美是真与善之间的桥梁等基本问题。

着眼于由浅入深的逻辑区分,我们看到,感性层面存在"直观(表象)"与"体验(情感)"两端,正好与知性层面的"认识(抽象)"和"评价(价值)"二元分别对应,它们的最终根据是志性层具有"自性原型"和"自由意志"两维。志性之所以是心灵活动的本根,就在于它凭此两维从根本上制导着人们的认识与实践两种最基本的活动。

从"直观表象"到"认识抽象",进而追求更高乃至最高的统一性,体现"自性原型"的规范、整合作用。这是一个向内收敛的过程,它由具体逐渐过渡到抽象,由杂多逐渐转化为整一,由散乱趋向于和

---

① 科学工作者用镜头记录了印度西高止山脉中已繁衍过亿年的"鼻蛙"交配的过程:雌娃背负体形相对较小的雄蛙在湍急的溪水中逆流而上,甚至爬过高于它身体数倍的峭壁,为的是寻找一片清澈而平静的水域产卵,以保证后代的安全出生。可见生物界保种延嗣的本能冲动之久远和强大。

② 这其实也是一个千古难题,《庄子》中描述"坐忘"与"心斋"的具体过程恰好反映出二者的差异。前者符合大脑的生理结构(忘仁义在忘礼乐之前),后者合乎精神的活动过程(耳-心-气)。

谐，由有限追寻到无限，我们姑且称之为"要求和谐整一"系列。这一系列的由浅入深的过渡形成人们认识世界的一般过程。另一系列由"自由意志""评价价值""体验情感"构成。它们是一个向外发散的过程，自由意志携载人的族类生存的内在目的性而外向立法，从根本上决定着人们的价值（善恶）观念系统，并以"爱"或"憎"的情感形式体现出来。这一过程是由整一到杂多，由抽象到具体，将心灵深层的"理想自我"（亦可称为"通天下之志"）对象化、现实化，我们姑且称之为"要求自我实现"系列。这一系列的由里向外的过渡形成人们伦理实践的一般过程。

　　心灵的三层面、两系列的诸元素是纵横联系、交叉感应的。就其最一般的关系而论，我们似可做这样的总体描述：志性的自性原型维面直接作用于认识领域，要求各种知性成果达到高度的整一，成为"收敛式思维"的根基；同时它也间接作用于价值领域，成为人的整个族类乃至人与自然和谐相处的纽带，滋生爱恋激情，从心理上要求与对象世界融而为一，于是而有"仁""兼爱""博爱"等道德观念。自由意志则直接作用于价值领域，从根本上决定着内在价值系统包含全人类性一面，滋生英雄激情，要求得到尊重，要求自我实现，于是而有对"义""勇""胆"等的崇尚；它也间接作用于认识领域，构成"发散式思维"的潜在动因，保证思维的触角能指向多种方案并做出选择。知性不仅在认识领域构筑起一个抽象的知识王国，同时还向价值领域平行渗透，力图使各种价值观念明晰化、系统化、科学化。知性通过分析和综合来自感性的各种具体材料而把握事物的"真"，价值观念透过情感对对象做肯定性评价即是通常所谓"善"。价值观念可以寄寓在表象中，使表象渗入功利的或道德的内涵；认识因素也潜在地制约着情感的活动，如对之进行"理智的"调控。体现了自性原型的表象与体现着自由意志的情感经对象化熔铸在富有个性特征的感性形式中，内容与形式相统一，有限与无限相统一，认识因素与价值因素——真与善相统一，于是产生"美"。

　　人类有史以来建立的文化大厦便是真、善、美的巨大建筑。人类的感性（这里的"感性"是指其"凝化"了知性、志性的部分）对象化而有文学艺术；知性的对象化在认识方面有自然科学，在评价方面则有人文科学；志性的对象化在意识形态方面有宗教和哲学，哲学又以其是偏重于自性原型（联系着认识能力）还是偏重于自由意志（联系着生存需要）而裂分为科学主义阵营和人本主义阵营。

综上所述，我们可以将人类的心灵结构及其各元素的关系图示如下：

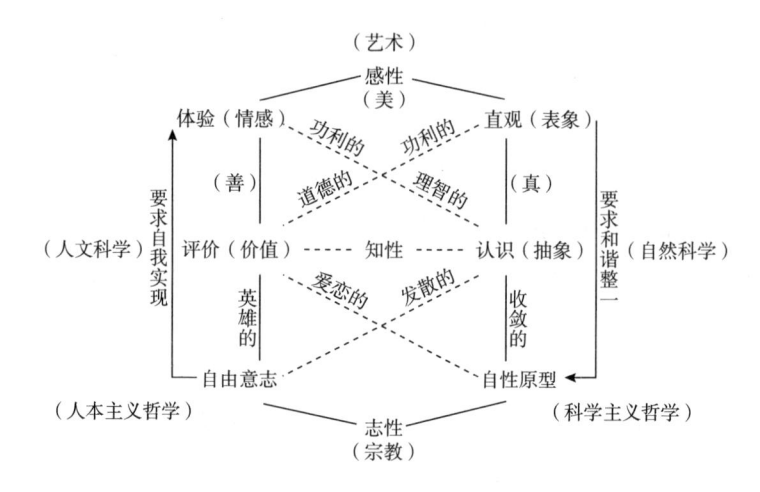

```
                        （艺术）
                         感性
                         （美）
        体验（情感）  功利的    功利的  直观（表象）
                  （善）      （真）
                  道德的      理智的
要
求                                              要
自          评价（价值）——知性——认识（抽象）   求
我                                              和
实  （人文科学）                    （自然科学） 谐
现          爱恋的    发散的                    整
           英              收                   一
           雄              敛
           的              的
         自由意志             自性原型
        （人本主义哲学）        （科学主义哲学）
                        志性
                       （宗教）
```

此图较为直观地表明，千百年来关于心灵构成的三分法与两分法可以统一为一个有机的整体。它告诉我们，原来二者的分歧乃是着眼于心灵的不同方面所致：先哲的三分法大多停留于平面划分，其实还当理解为心灵的三层面；两分法的确揭示了心灵的两系列，只是当进一步认识到它贯通心灵的表里三层。同时我们还看到，这一结构图式不仅能说明所谓"心理过程"（诸如认识情感意志），而且能阐释"个性心理"诸要素（包括兴趣、爱好、能力、性格和气质等）的位置与特性等，因此，它有助于解释所有的心理现象。康德之所以伟大，特别在于其"批判哲学"的立论潜在地贯穿着这一图式。

从某种意义上，可将上述图式称作"心灵之钟"，反映出其共时性的秩序。不过它本身已包含"云"（自由意志一侧）与"钟"（自性原型一侧）的对立。并且，心灵的具体活动更多地近于云状展开，呈现出自由而近乎无序的状态。弗洛伊德指出："……心灵就是相反冲动决斗竞争的场所，或者用非动力论的名词来表达，是由相反的倾向组织而成的。"① 荣格也认为，冲突是生命的基本事实和普遍现象，由彼此冲突的要素所造成的紧张，正是生命的本质。没有紧张，也就不会有能量，从而也不可能有人格。② 冲突是有序中的纷乱，结局是经过纷乱而回归有序，新的冲突又从原有结局中开始……如此绵延，心灵保持着自身的动态平衡。马斯洛在许多杰出人物身上发现，他们一方面安于无秩序的、混乱的、有疑问的、不准确的状态，另一方面又有一种建设性的、综合的、统一的整合能力。③ 正如狄德罗曾指出的，说人是诸种对立倾向的复合物，这并不是责难人，而是为人下定义。

需要重申的是，心灵活动的展开更像是一个扇面。明确这一点就可以简约地把握：其三层面是"一"与"多"的分立，而两系列则是"一"与"多"的双向运动。

二　真善美三者对立与统一的关系

真、善、美的关系错综复杂，千百年来众说纷纭。不过归纳起来，主要有三种不同看法。

一种意见认为三者是对立的。列夫·托尔斯泰明确指出，所谓"真、善、美三位一体"的理论不能成立。在他看来，"善"是我们生活中永久的、最高的目标，这从人们总是向往上帝（最高的善）的事实即可见出。"真"是指事物的表达或事物的定义与它的实质相符合，它只是达到善的手段之一，并不能与善构成一个实体。真与美甚至毫无共同之处，因为它破坏美的主要条件——幻想。"美"只不过是使人们感到快适的东西，联系着人的情感，我们越是醉心于美，就与善离得越远。④ 这位大文豪着重辨析了三个概念的差异，他指出人们总是追求至善并认为幻想是美的主要条件等，应该说都是公允的；不过他没有考虑到当时人们的普遍观念，即以上帝为"最高的真实"，同时也是至善和至美。

另一种意见可以狄德罗的观点为代表。狄德罗非常重视真、善、美

---

① 〔奥〕弗洛伊德：《精神分析引论》，第54页。
② 参见〔美〕霍尔等《荣格心理学入门》，第66页。
③ 参见〔美〕马斯洛《人的潜能和价值》，第247~249页。
④ 〔俄〕托尔斯泰：《艺术论》，丰陈宝译，人民文学出版社，1958，第63~64页。

问题的研究，在《论戏剧体诗》中虚构了一位热衷于拟定"真""善""美"精确定义的研究者，不幸的是这位研究者为五花八门的观点所困扰。几年后，作者在《绘画论》中直截表述了自己的观点："真、善、美是些十分相近的品质，在前面的两种品质之上加以一些难得而出色的情状，真就显得美，善也显得美。"这种观点无疑具有现实的品格，我们可以很容易地将许多现实事物分解出真的、善的或美的因素，例如一位厨师做的一盘佳肴就是真、善、美的结合。然而在理论阐释的深刻性与概括的广阔性上则显见不足，毕竟真、善、美三大价值特别关系于完满人格的塑造，关系于整个文化世界的建设。

第三种意见主张真、善、美可以统一。思想史上持此论者最多，不过具体看法又有差异。

西方曾有一些论者认为真、善、美统一于神。柏拉图在《斐德罗篇》中谈到，神具有美、理智、善及诸如此类的优秀品质。新柏拉图主义者普罗提诺认为，真实就是美，与真实对立的就是丑。丑又是原始的恶，美即是善，所以对于真实界——神来说，真、善、美是统一的。意大利宗教活动家圣弗朗西斯在其《花絮集》中称上帝指令他把尘世的美踏平，从而让人们知道，所有的美都来自上帝。这种观点近代以来并未绝迹，不过形式有所翻新罢了。

自启蒙运动以后，哲学家们更多地从人自身来寻找真、善、美统一的根据。鲍姆嘉通倡导建立审美学，最初就是从心灵角度加以考虑的。康德全面推进了先哲的有关研究，他的"批判哲学"体系从探索知、情、意（志）三种心灵能力入手进而阐释真、善、美三大价值，较为明确地揭示了三者在人格形成和文化创造中的对立统一关系。康德之后，无论是席勒、谢林、黑格尔，还是费尔巴哈、马克思等，在他们有关真、善、美关系的论述中均能见出康德批判哲学的启发。

人类基于自身具有的知、情、意（志）三种心灵能力滋生了真、善、美三大价值观念，通过对世界的掌握而形成科学、艺术、宗教三大文化领域，历史地看，它们之间是平列的不可相互取代的关系。人类在建设文化世界中展开和丰富了自己的本质，文化世界基本领域的开拓正是人的本质丰富性得以展开和实现的确证。旨在究天人之际的哲学因而有三大分支。这种对应关系在德国古典哲学的一些著作中得到近乎一致的揭示，可直观地表示如下：

心灵能力	价值观念	掌握世界的基本方式	文化形态	哲学分支
知	真	知性的或科学的	科　学	逻辑学
情	美	感性的或艺术的	艺　术	审美学
意	善	志性的或宗教的	宗　教	伦理学

在文化世界中，我们看到科学与道德（通常以宗教为基）仿佛是双峰对峙。站在人类学哲学的立场上考察，科学文化是人为自然立法，而道德文化是人为自身立法。人为自然立法，其实是要努力揭示自然界"固有之法"，它要从大量自然现象入手，抽象、概括其一般、恒定的东西，并在认识过程中不断修正，使主体之观念服从并接近于客体之必然。人为自身立法，则是参照一定社会条件确定人伦关系中"应有之法"，它对现实人际关系更多持批判态度，道德观念主要来自主体的深层意志，是要将一种人伦的当然之则强加于现实，因此人们又将道德称作自由领域。科学在于寻真，致力于探寻客体"是什么"，道德在于持善，努力坚持主体"应该怎样"。前者涉及必然领域，要求主体服从于客体，所珍贵的是知识；后者是自由领域，要求客体服从于主体，所珍贵的是信念。

这种体现于社会文化和个体人格上的内在二元对立为康德清醒地认识到，同时他发现，通过反思判断力二者可以在审美领域获得沟通。他写道："在自然概念的领域，作为感觉界，和自由概念的领域，做为超感觉界之间虽然固定存在着一个不可逾越的鸿沟，以致从前者到后者（即以理性的理论运用为媒介）不可能有过渡……因此，我们就必须有一个作为自然界基础的超感觉界和在实践方面包含于自由概念中的那些东西的统一体的根基。虽然我们对于根基的概念既非理论地、也非实践地得到认识的，它自己没有独特的领域，但它仍使按照这一方面原理的思想形式和按照那一方面原理的思想形式的过渡成为可能。"① 这是康

---

① 〔德〕康德：《判断力批判》上卷，宗白华译，商务印书馆，1964，第13页。

德经过多年思考所获得的重大突破，对真善美三大价值的内在关系做出了较之前人更清晰的揭示。

面向事实本身，我们可以这样阐述：在必然领域，人们主要运用知性对自然现象进行分析、综合，建构了科学文化，要求观念形态的东西合规律性，即真；在自由领域，人们依据自由意志对现实事物进行评价并采取行动，越是与险恶环境不屈抗争则越能见出道德文化之崇高，伦理实践的合目的性即是善。审美领域主要为想象力的活动，它一方面对自然事物进行"观照"，以人自身的生理结构等为潜在尺度（如异质同构），蕴含合规律性因素，近于认识性的活动；另一方面将主体自身的社会情感、理性观念、诗意憧憬"投射"于对象，通常称之为"移情"，蕴含合目的性因素，可视为意向性活动。审美活动由于有机地融合了科学认知与伦理实践两种活动的对立趋向而带来全身心的和谐，其成果以符号形式物化出来就是艺术。因此不难理解，艺术家既是自然的奴隶又是自然的主宰，艺术品对现实人生既反映又超越，艺术发展贯串着现实主义与理想主义的交叠更替。艺术既可反映客观事物的必然之理，包含认识功用；又可体现人际关系的当然之则，包含教育功用。这样，艺术文化便构成了科学文化与道德文化之间的桥梁或中介形式。如下图所示。

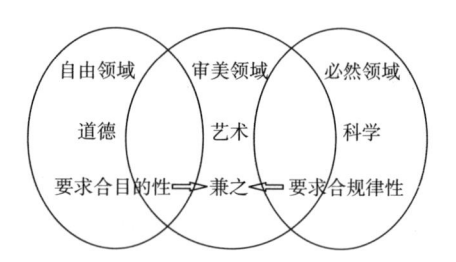

```
    自由领域   审美领域   必然领域
     道德       艺术       科学
   要求合目的性→兼之←要求合规律性
```

黑格尔的观点较之康德更具有浪漫主义的情调。他认为，所谓美应该指艺术美，艺术是人类心灵的创造，心灵高于自然决定了艺术高于现实。因此，他所讲的"艺术美"是与"理想"可以互换的范畴。正是在这种意义上，他说："我深信，真与善只有在美中间才能水乳交融。哲学家必须和诗人具有同等的审美力。我们那些迂腐的哲学家们是些毫无美感的人。精神哲学是一种审美的哲学。"① 的确，尽管现实的社会、现实的人都不同程度地具备真、善、美的因素，但遗憾的是多不完满。只有存在于人的憧憬中的理想的社会、理想的人格才是真、善、美的有机统一体。而唯有艺术世界，能够具体而生动地描绘人的理想憧憬。从人的理想追求角度考察，真善美的统一更显现出有机性。

对于黑格尔的这一观点，我们在下一小节还将继续讨论。

三 志性是人寻真持善求美的根基

一般地说，我国先哲追求成为与天地合其德、与日月合其明、与四时合其序的圣贤，必定是寻真持善求美的典范。马斯洛考察自我实现的人，他们中有科学家、宗教家和艺术家、政治家等，尽管因为社会分工似乎只是凸显某一方面，但在日常生活中他们决非囿于一隅，而是全面秉持真善美的尺度为人处世，否则就算不上自我实现者。我们已经指出，真正的"自我"乃是潜藏于心灵深层之志，它是本真的，也是高洁的。

志性是造就自由而完满的理想人格的根基。在心灵三层面中，感性通常只能反映或应对个别，知性只能适用于特殊层次的认识和评价，所以人的天性中追求完满的倾向只能来自志性——显见的是来自理想，隐约可感觉到的是自由意志。当个体恢复为自由人，通常都有企盼完满的趋向。这便正如印度先哲在《大森林奥义书》中所言："那里圆满，这里圆满，从圆满走向圆满；从圆满中取出圆满，它依然保持圆满。"

遗憾的是，历史发展至今天，许多人仍生活于不自由的状态，且大多是由于感性欲望的膨胀和知性观念的束缚所致。由于为外在于自己的东西所羁绊而失去精神的清澈鉴别能力与自由活动能力，可以盲目地"任意（意欲）"而不能自觉地"任志"。当代社会生活中普遍存在的（合乎天地之道的）信仰倒塌、（全人类性的）理想缺失、（基于自律的）道德沦丧，均为人们放失了本心或者说志性被遮蔽的结果，并因此

---

① 转引自〔苏〕古留加《黑格尔小传》，卞伊始、桑植译，商务印书馆，1978，第20页。

而导致假、丑、恶的肆虐。

人们往往习惯于在普泛的意义上统称"追求真善美",相对于现实生活中的缺失而言,确实应该倡导对于三大价值的"追求"。不过在严格意义上应当有所区分,因为三者对象化的领域和性质不同,获取或实现的途径必然存在差异。在科学活动中,人们探究、揭示各种事物的结构法则、变化规律之真实存在概而言之是"寻",因为这些法则或规律是客观存有的,只是需要我们去发现,并采用人类通用的符号表示出来。道德立法则不同,它一般来说出自人类心灵深层发出的律令,或者说是个体站在整个族类的立场做出的评判或滋生的欲求①,非由外铄,良知通常会自然而然地呈现,关键在于个体能否在各种情境中择善固执,故宜谓之"持"。真正的美是在审美过程中建构起来的,是主体基于自身的理想追求将现实对象幻化、升华而形成的形象,决不限于现实对象的本来样态,因此宜表述为"求",艺术因之是最能表现人类创造精神的文化领域,在西方甚至被认为是天才的事业。用"寻真、持善、求美"取代"追求真善美"的简约说法,并非刻意标新立异,而是力图较好地阐明人类心灵活动的不同动势,展现科学、道德和艺术三大文化领域各别特性的需要。

同时,三者又有着共同的根基。"寻"须信念的指引,才既有明确目标又有强大动力;"持"即持其通天下之志,既立其大者,则气(属于气质之性)、意(含有食色之性)等诸小者不能夺;"求"更为直接的是志之所之,因而必然趋向于完满与自由。稍具体一些阐释,潜藏于心灵深层的志性表现为理想,制导着人们寻真、持善和求美。我们知道,科学家们几乎都是满脑子的毕达哥拉斯主义精神,认为宇宙必定是有则有序的和谐统一的整体,这一信念支配着他们孜孜不倦地探寻科学真理。如果人类没有理想、信仰和自由意志,就没有"应然"观念,也就无"善"可持,因而也就无所谓道德可言;牟宗三先生高举"道德理想主义"的旗帜,实为道德重建之必然要求。理想问题更是审美学的核心问题,审美实乃理想将现实事物幻化与提升;审美并非意志的寂

---

① 王夫之称"大欲通乎志"(《诗广传》卷一),甚是。

灭（如叔本华之所谓），而是意志的自由（任志所之），人们对美的意象或境界心驰神往不能不是自由意志的活动。总之，志性既是寻真的归趋之所，又是持善的发源之处，更是求美的升华之域。

虽然人类创造各个文化领域都有理想的指引，但各个文化领域距离理想的境地各有不同。从事科学研究是脚踏实地的活动，现实主义或求实态度必须居于主导地位，理想（信念）落实于对现实的认知，必然导致主体步履蹒跚，因为二者之间障隔万水千山。道德活动凭借理想俯瞰现实，便会发现现实生活到处是泥沼，需要振拔才能避免沉沦；或者说，到处是污泥浊水，应当拒绝同流合污；所以持道德立场考察社会现实者往往充盈着忧患意识：进亦忧，退亦忧，先天下之忧而忧。唯有审美和艺术活动，由于进入一个摆脱了现实桎梏的虚拟世界，可以无滞无碍地营造出乌托邦的国度，展现个体人格和群体生存所应该有的样子——完满的人格形象和自由的生存境界，因此，真正直接而持久地体现理想的是艺术创造活动。

至此我们更能理解黑格尔认为真与善只有在美中才能水乳交融的观点。因为在他看来，唯有艺术才是理想的王国，而唯有理想才是真、善、美的统一体。康德着眼于现实的科学、道德和审美（艺术）三大文化领域的共时性存在，发现审美兼备合目的性与合规律性，因而弥合了前二者之间的鸿沟。黑格尔更推进一层，加入历时性的考察，注意到超越现实领域而升腾起来的理想兼备真善美，指引着人类的历史征程，统率着科学与道德诸领域。（如图）

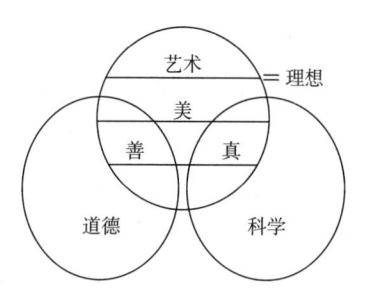

黑格尔的观点拓展出一个新视界，这种拓展既合乎逻辑又合乎事实。其实，美不只是形式与内容的统一（康德之前便已揭显），也不限于合规律性与合目的性的统一（康德所关注），更是有限与无限的统

一。我们知道，生物界在进化过程中经自然选择（天工）可达到形式与内容近乎完美的统一，所有人工产品一般都要求合规律性与合目的性的统一，唯有美与艺术产品才能将有限与无限融合为有机的整体，因此它可以等同于理想。理想虽然滋生于心灵中，但必定含有真的因素，今天的理想有可能成为明天的现实；理想一定是善的，因为其滋生就基于人生存的需要和祈盼。不过，理想首先应被看作美的，因为它并非现实的实存，且又显现了自由与完满的具体形态。正是因为它超越现实而指向完满的无限之域，所以能成为人类文化创造的指路星。

虽然我们同意康德所说，道德是一个自由的领域，但这是仅就主体而言，它是自由意志的呈现，并不等于在现实中达到了自由；科学是在必然领域探索，一般总是要求主体服从于客体，甘当自然的奴仆，虽然在认识领域也存在一定程度的主体性，但决不能摇撼认识对象的至尊地位。黑格尔有一段分析颇为中肯：人凭有限的知性去认识事物，获得抽象的具有某种普遍性的概念，这实际是假定认识对象是独立自在的，主体必须适应它们，于是出现对象的片面自由而主体认识的不自由。人凭有限的意志活动，情形恰好倒转过来，主体让自己的旨趣、目的、意图等发生效力，却牺牲了事物的特性与存在理由，这时主体是自由的，对象则失去自由。由此看来，无论在认识关系（科学）或实践关系（道德）中，都存在主体与客体的对立，而在人与对象的审美关系中消除了这种对立，因为美本身是无限的、自由的。①

理想是什么？为什么全人类有共同的理想？为什么古往今来的文化创造总是围绕着它而展开？无数哲人都在力图解开这一谜团。借鉴亚里士多德的说法，这是由于其中蕴藏着趋向完满的"隐德来希"；在莱布尼茨看来，这是源于一种"前定和谐"。黑格尔将美界定为"理念的感性显现"，与他对理想的把握——"符合理念本质而现为具体形象的现实"② 几乎完全一致。考虑到"理念"诸概念不免神秘色彩，若代之以

---

① 参见〔德〕黑格尔《美学》第1卷，朱光潜译，商务印书馆，1979，第145~146页。
② 〔德〕黑格尔：《美学》第1卷，第92页。

"理想是人的志性的感性显现"表述，虽然乍看会让人们感到陌生甚至生硬，但无疑有助于理解和把握其由来：在汉语中，"志"正好是"理想"的同义词；由于我们已将人之"志"抽象、提升为"志性"，所以也并无同义反复之嫌。

依照理想改造现实，就是美的创造过程，真和善也便包含其中。在这种意义上甚至可以说，无论是个体人格的造就和还是人类社会的进步，都是对美的追求的结晶。

第五章
体认第三层面的基本方法

心灵第三层面属于集体无意识领域，通常人们意识不到它的活动。其实它恒存恒持于人的心中，或多或少总是在支配着人的思想和行为，特别是在个体恢复了自由人身份，即摆脱了感性欲念羁绊和知性观念束缚的时候。因此，体认第三层面的方法也就是恢复自由人身份的方法，说起来似乎玄远，实际上并不神秘。孟子倡导守夜气，印度哲人习瑜伽，西方哲人尊直觉，看似不同的功夫中包含共同的理路，其主旨均在于庄子所谓"以天（性）合天（道）"。

第一节　中国哲学倡导的方法

冯友兰先生曾谈到，西方哲学主要用"正的"即逻辑分析的方法，中国哲学主要用"负的""超越理性"的方法；治哲学者应当始于正的方法，而终于负的方法。① 此说甚是。当然，印度哲学也多采用负的方法，瑜伽八阶得到广泛的认同和运用，只是过于繁密，不及中国哲学所讲的简洁明了。一般说来，正的方法适宜于科学活动中的本质探寻，负的方法适宜于哲学活动的本体感悟，《老子》以"为学日益"和"为道日损"概括这两种方法，极为精妙。中国哲学的主干是道德哲学，主要致力于体认宇宙特别是心灵的本根，从而获得信仰柱石和精神家园，所以先哲普遍关注返本归根的途径和工夫。

---

① 冯友兰：《中国哲学简史》，涂又光译，北京大学出版社，1985，第393~395页。

一　为道日损的方法

《老子》一书今天已享誉世界，据说几乎每一个德国家庭都有收藏。"五千精妙"之所从来，在于作者善于返本归根，也就是体道。归根意味着将整个宇宙包括人类社会看作一棵大树，客观世界演化的进程是由本根生长出主干和枝叶，体道的过程正好是逆向的，须摒弃枝叶而回归其本根。王弼解《老》，用"崇本以息末"（《老子注》）概括其精神，甚为确切。

普通人所关注的多是末端，如五色、五音、五味、驰骋田猎、难得之货等，人们往往孜孜不倦地积累相关的观念和技能，此即是"为学日益"。为道者正好相反，他关注的是本根，所以不求日益，但求日损，"损之又损，以至于无为"（第四十八章）。无为的境界便是体道或循道而行的境界：采用印度哲学的划分，道是体，无为是其相，无不为是其用。至于无为便是复朴，朴者原始、纯一之谓。道是一，圣人抱一，为天下式。

抱一则心灵至真、至纯、至净："载营魄抱一，能无离乎？专气致柔，能婴儿乎？涤除玄览，能无疵乎？"（第十章）"玄览"亦即览玄（马王堆帛书作"玄鉴"，亦通），更明确一些说就是观道。"涤除"可视为"日损"的另一种说法，所要减少的东西正是需要涤除的东西。联系《老子》全书的相关论述，"涤除"当包含两个层次：一是感性的欲望，即贪恋五声、五色、五味及财货等；二是知性的观念，诸如仁义之类的说教，用于机巧的智慧等。通过对感性和知性相关内容的两重摒弃，心灵就像一面明净的镜子，映照万物而无隐，那存在于万物变化过程之中不息运行的道就能获得呈现。这又可谓是"微妙玄通"（第十五章）。

日损或涤除是获致"虚静"的途径，清空所有既藏的东西，包括感性的欲念和知性的观念，心灵就成为一片虚空、寂静且明净的区宇。这时通过反身观照小宇宙就有可能较为便捷地领悟大宇宙的本根："致虚极，守静笃。万物并作，吾以观其复。夫物芸芸，各复归其根。归根曰静，静曰复命。复命曰常，知常曰明。"（第十六章）"虚"与"静"是无为的状态，致之且守之，方能抱一。静为躁君，归根则静，静则复命,复命则得性命之常。当然,其中还隐含着这样的心理过程:有起于虚,动起于静,心灵在至虚至静的时刻,万物以其自然样态一并呈现,周而复始的过程中显露出变化的轨迹;尽管有着千姿百态,其实都要回归其初始;静观其变化和所趋,就能发现其中恒存恒持的东西,此即常。常也就是道,也就是一。观复则"知常",知常便是大清明。必须注意的是,"万物并作"与"夫物芸芸"都是就浮现于心灵中的意象而言,并不是对外在现实的观察和描述。

由此可见,老子体道的过程其实是精神向内收敛、息末以崇本的过程。其所倡导的日损、涤除、致虚讲的是息末过程本身,而至于无为、归根、知常则是描述崇本目标的达成。

比较而言,《庄子》阐述返本归根的过程比《老子》更为明确而具体。《庄子》一书多次谈到其方法,最为值得品味的是所谓"心斋"与"坐忘"。

《人间世》假托仲尼教导颜回说:"若一志,无听之以耳而听之以心;无听之以心而听之以气。耳止于听(从俞樾校改),心止于符。气也者,虚而待物者也。唯道集虚。虚者,心斋也。"何谓"心斋"?简言之即心灵达到虚静而让道得以呈现。王夫之的解释较为中肯:"心斋之要无他,虚而已矣。气者生气也,即皓天之和气也。……心含气以善吾生,而不与天下相构,则长葆其天光,而至虚者至一也。心之有是非而争人以名,知所以成也。而知所自生,视听导之耳。"(《庄子解》卷四)我们可以更明晰一点说,"耳"是感官的代表,感官一方面与无休止的欲望相关联,另一方面又让外部信息纷至沓来,常常会扰乱人的心灵的宁静;知解之"心"固然能认识事物,但局限于有限的领域,且往往服务于感性欲求,钻砺于功利机巧;因此,只有超越感性之"耳"和知性的"心",才能达到个体与宇宙相通相洽的逍遥游的境界。这便是游于天地之一气,便是听气体道。其精神活动的理路如下所示:

1. 耳——听——感性……必须超越(郭象称为遗耳目)
2. 心——符——知性……必须超越(郭象称为去心意)
3. 气——虚——道之所在;达到游乎天地之一气的境界

类似的理路在其他篇目也有展现。《达生》篇描写梓庆削木为鐻,有鬼斧神工之妙。鲁侯问其所持何术,梓庆回答说:"臣将为鐻,未尝敢以耗气也,必齐以静心。齐三日而不敢怀庆赏爵禄,齐五日不敢怀非誉巧拙,齐七日辄然忘吾有四肢形体也。……然后入山林,观天性;形躯至矣,然后成见鐻,然后加手焉。不然则已,(然)则以天合天。"梓庆是鲁国的大匠,他制作乐器之神妙已近乎道,其秘密主要是"忘"。忘非誉巧拙无疑比忘庆赏爵禄内在,而忘四肢形体则更进一层。连自己的肢体都可忘却,就没有任何人为的滞碍,只剩下精神之天以合自然之天了。

"坐忘"与"心斋"其实展现的是同一心理过程。《大宗师》编了一个故事,讲述颜回多次向孔子汇报自己的修养心得,第一阶段是"忘仁义",第二阶段进而"忘礼乐",第三阶段终于达到"坐忘"。何谓"坐忘"?应孔子的要求,颜回解释说:"堕肢体,黜聪明,离形去知,同于大通,此谓坐忘。"孔子听后不由得感慨:"同则无好也,化则无常也。而果其贤乎!丘也请从而后也。"这段看似"无端崖"的叙述其实蕴含着严密的逻辑,剥露开来,庄子及其学派的思维模式清晰可见。为了直观,我们不妨又列示如下(其中"忘礼乐"与"忘仁义"的先后顺序做了调整)。

1. 忘礼乐　堕肢体　离形(超越感性)　　无好
2. 忘仁义　黜聪明　去知(超越知性)　　无常
---
　　　　　3. 同于大通(大道、大化)

由于孜孜以求达到自由的精神境界,所以庄子主张必须"离形",摒弃欲念,使喜怒哀乐不入于胸次(无好);并且必须"去知",关闭引发知虑的见闻渠道,排除儒家宣讲的仁义之类滞理(无常);通过这两重去蔽,心灵便外生死而离是非,于是融入大化,呈现大道。为什么忘仁义在忘礼乐之前呢?也许在庄子看来,仁义是儒家的观念灌输,礼乐则化为人们的生活习惯,所以前者更容易忘却和摒弃。并且,我们不能排除这是基于其切身经验的描述,因为这一向内收敛的过程恰好合乎人脑的生理结构。①

---

① 仁义观念形成于新皮层,礼乐习惯联结着缘脑,同于大通则达到人脑最原始的部分。

《大宗师》还有一则寓言，讲的是同样的道理。有位女偊年纪很大，面色却像孩童，南伯子葵见了很惊异，问其奥秘，她说是闻道的缘故。南伯子葵于是请教闻道之法。女偊告诉他，有圣人之才未必有圣人之道。若有圣人之才，教之以圣人之道是较容易的事情。依圣人之道而行，三日而后能外天下；已外天下后又守之，七日而后外物；已外物后又守之，九日而后能外生；外生而后能朝彻，朝彻而后能见独。——通常人们以天下为自己之所居，万物为生命之所需，从超脱所居到超脱所需，以至超脱生死，也是一个由外而内逐层深入的过程；这一过程的结果是豁然开朗，仿佛由暗夜转变为黎明（朝彻），感悟那独一无二、莫得其偶的道（见独）。见独则超越时间与空间，个体融于大千，须臾即是永恒。

　　日损法是一个不断扬弃个别性乃至特殊性，最后达到一般性的过程。从理论上说它是渐进性的沿流而溯源，由博而返约，而实际的运作则往往是突变性的息末以返本，即言语道断、心行路绝之后的顿悟。这种方法看似神秘，其实先哲多有亲证，它能让人达到生命的本原，而生命的底蕴可能显现宇宙演变的真实。宋明时期陆九渊倡导"减担"或"剥落"法，认为"人心有病，须是剥落。剥落得一番即一番清明。……须是剥落得净尽方是"（《象山语录》卷四）。王阳明称："吾辈用功，只求日减，不求日增。减得一分人欲，便是复得一分天理。何等轻快脱洒，何等简易！"（《传习录》上）虽然在人生观方面他们与道家有着天壤之别，但在体悟心之本体时遵循的是与老、庄相同的路径。

二　反身而诚的方法

　　反身而诚是思孟学派倡导的方法。这种方法也跨越心灵的三个层面：它要求寡欲，注意到智有凿①，通过反身观照而呈现良知良能，从而支配主体理直气壮地付诸行动（实践）以推动社会的改良。由于它伴随有强烈的要求自我实现的倾向，虽然在理路上与老庄的致虚守静方法不无吻合之处，但另成一家之言；并且，没有任何证据表明两说存在

---

① 《孟子·离娄下》："所恶于智者，为其凿也。"

相互借鉴的关系，从发生学角度看，可以肯定二者构成两个思想源头。

不过，孟子并没有像庄子那样有明晰的三层面的观念，关于智有凿的讨论甚少（与之相关的"勿助长"的观念也未充分展开），而他对求放心的阐述却可备一说，我们将予以探讨。在《孟子》中，寡欲与求放心主要是从否定（欲、放心）方面立论，尽心与诚明则是从肯定方面倡导。或者说，反身而诚的过程要求寡欲和求放心，而其结果是达到尽心和诚明。

与道家的"无欲"说相比，孟子提出"寡欲"的观点较多具有现实的和实践的品格，为普通人在日常生活中所当行和所能行，这是孟子整体思想的必然延伸。《尽心下》写道："养心莫善于寡欲。其为人也寡欲，虽有不存焉者寡矣。其为人也多欲，虽有存焉者寡矣。"孟子认为，仁义礼智四德是天所赋予人的德性，也就是人的本心。养心可以理解为存此本心，使之扩而充之甚至放光辉，充实之谓美，充实而有光辉之谓大，大而化之谓圣，展现出一条顺进之路。与之相对的还有逆反的情形，如果为人而多欲，那么他就很容易被外物的诱惑所牵制，从而损害其本心，所以从反面着眼，又可以说养心莫善于寡欲。

寡欲说承认人的基本生理需求是合理的，只是要求保持在适当的限度之内。一方面，超过这一限度而听凭欲望恣肆，则人之异于禽兽者几希。另一方面，如果低于这一限度，连基本的生理需求都得不到满足，除了注重思想修养的士人之外，也会迫使人失去本心，因为无恒产者往往无恒心，"苟无恒心，放辟邪侈，无不为已"（《梁惠王上》）。这种看法近乎《管子·牧民》中"仓廪实则知礼节，衣食足则知荣辱"的观点，表明孟子并非脱离物质生活条件而空谈道德修养。

与提倡寡欲相一致，孟子还倡导求放心。依孟子之思，本心或良心与生俱有，只是一些人在后天因为这样或那样的原因将它放失了，关键是要将它寻找回来，使之呈现，也就是"求"。就像牛山之树木本来是美的，但由于处在郊外，免不了经常遭到人们的刀砍斧劈，这样还怎么能保持它本有的美？"虽存乎人者，岂无仁义之心哉？其所以放其良心者，亦犹斧斤之于木也，旦旦而伐之，可以为美乎？"（《告子上》）令孟子感到悲哀的是，人养有鸡犬，如果放失了就知道去找，可是自己的良心放失了，却没有迫切地要求将它寻找回来，殊不知"学问之道无他，求其放心而已矣"（《告子上》）。

怎样找回这放失的本心呢？孟子谈及两点尤为值得注意。一是存夜气。它与养浩然之气应该有关，但孟子并没有明确交代。我们可以肯定的是，存夜气有助于恢复心灵的本来样态，与庄子倡导的听气得道不无相似。白天忙于各种应对的人们，夜深人静时不与物接，气息清和，便于回归本心，亦即本真的自己，"夜气不足以存，则其违禽兽不远矣"（《告子》上）。二是充分发挥心的功能。不同于耳目之官，"心之官则思，思则得之，不思则不得也"（同上）。如果说耳目之官表现的是物欲，那么心之官则以理义为取向，理义之悦心，犹刍豢之悦口。在孟子看来，只有确立心为主宰，才能克服感官之欲所导致的昏昧放逸。

应该承认，无论是寡欲还是求放心，虽然也表现出返本复初的趋向，但不及老庄那么纯粹和高远。寡欲与求放心是要求多欲与放失其心者迷途知返，回归道德境界，而老庄的旨趣则是要达到天地境界。不过，从独善其身方面立论，孟子所追寻的境界与老庄一样高远，且其旨趣和方法与之有异曲同工之妙。当然他们又各有自身的特点：如果说，老子之学是冥思以为道，庄子之学是游心以合天，那么孟子之学则是尽心以知天且事天。《尽心上》开首就写道："尽其心者，知其性也，知其性则知天矣。存其心，养其性，所以事天也。""心"是人的神明之所在，精神系统的总称；"性"指天地之性，相当于心灵中的太极，构成心灵最深层的底蕴；"天"泛指整个宇宙，尤其是其中崇高庄严的运行法则；"尽"为极尽其能事，回归其尽头；"其"指代任何一个个体人；"存"为持而不失；"养"为顺而不害。前一句旨在如何"知天"（虽然在语法结构上看似解释"尽心"），后一句旨在怎样"事天"。两句对举，立论精辟。

"反身而诚"可以看作尽心的另一种表达，其结果也是知性乃至知天，即自诚明。不过中间还存在一个逻辑上的过渡环节，即包含性为万物之一源的判断。事实上，孟子对诚明的理解与《中庸》基本是一致的，《中庸》认为："唯天下至诚，为能尽其性；能尽其性，则能尽人之性；能尽人之性，则能尽物之性；能尽物之性，则可以赞天地之化育；可以赞天地之化育，则可以与天地参矣。"诚明类似于老子所谓知常曰明，是一种大清明。

与天地参的自由境界也可以描述为"上下与天地同流"。作为一个德性充实的"君子"（这里其实主要指"圣人"），在外部生活中身之所历，人们无不被感召或感化；在精神生活中心有存主，自在自为，神妙不测，不知然而然。能兼此二者，俯仰动静之间与天地的运行相吻合，这是自由而圆满的理想生存，其德与业远非崇尚霸道者那种小补于世的作为所可比拟，因此尤为值得赞赏。庄子也追求"独与天地精神往来"（《天下》），但是没能像孟子这样进而要求泽及社会群体。

由此我们容易理解，孟子何以称"乐莫大焉"。乐是一种情绪形式，与心灵三个层面的内容分别结合而有三种乐的情感。最表层的是感官之乐。如身处鸿雁、麋鹿自由活动的台池中，声色气味都让人的机体怡悦；孟子对此并不持完全否定的态度，只是要求统治者与民同乐。其次是伦理道德之乐。如君子有三乐：父母俱存、兄弟无故，仰不愧于天、俯不怍于人，得天下英才而教之——前者系于天（命运），后者系于人（他者），唯独"不愧""不怍"完全取决于个体的修养，操之者在我，所以当勉力为之。最深也是最高层次的是一天人之乐。由反身而诚实现小宇宙与大宇宙的贯通，万象涌现于心灵世界，精神上下与天地同流，物我不二，天人为一，还有什么能比这更快乐的呢？

尽心与诚明都是"反求诸己"（《离娄上》），是向内体认而非向外驰求。借鉴康德的划分，这是自由领域与必然领域的基本区别。程颢曾谈道："只心便是天。尽之便知性，知性便知天。当处便认取，更不可外求。"（《二程遗书》卷二上）刘宗周曾撰专文讨论，认为道体本无内外，而学者自以所向分内外：所向在内，愈寻求愈归宿，亦愈发皇；所向在外，愈寻求愈决裂，亦愈消亡。他倡导"体认亲切""学者须发真实为我心，每日孜孜汲汲，只辨在我家当：身是我身，非关躯壳；心是我心，非关口耳；性命是我性命，非关名物象数"（《向外驰求说》）。程、刘所言，当是直承孟子的思想。

对于返本复初的心路历程，尽管孟子不及庄子描述得那么明确具体，但孟子之学对于道德立法的心理揭示产生了广泛而深远的影响；且在儒、道、释"三教合流"中，孟子的地位举足轻重，没有他，儒家的精神与道、释精神很难相切，更不用说融会了。儒、道、释合流的核心可谓是孟、庄、禅的合流。

三　寂然感通的方法

《周易》倡导寂然感通，也是一种很值得注意的方法，其趋向与路径同老庄或思孟学派的方法颇为接近。并且，由于"寂然感通"一语概括凝练，甚至可以作为中国传统哲学包括儒、道、佛三家返本归根方法的总称。或者说，中国传统哲学追寻心灵境界、确立人生柱石的基本方法一言以蔽之就是寂然感通。所以它在逻辑上可以看作前两者的综合：寂然意味着致虚守静，感通蕴含尽心与诚明。此外，佛家的妙悟也可纳入其中。①

《易经》本为卜筮之书，但其中蕴含宇宙与人生的普遍性的道理。《易传》的作者将占卜之学提升为天人之学，认为圣人作《易》正是要表达形而上的玄妙之旨，范围天地之化而不过，曲成万物而不遗，简言之即弥纶天地之道。圣人何以能达到这样的洞察？《系辞上传》以赞叹的口吻描述说："易无思也，无为也，寂然不动，感而遂通天下之故。非天下之至神，其孰能与于此？"

长期以来，学界广泛流行一种观念，即认为寂然与感通是体与用的关系，严格说来并不确切。诚然，如果表述为"其体寂然，其用感通"，应该说并无纰漏；但若表述为"寂然是体，感通是用"则暴露出明显的破绽：寂然是形容词，描述的是一种状态，怎么能充当本体？本体当是圣人之心。寂然与其说是心之体，不如说是心之相，可理解为心灵虚一而静；感通是心之用，即感触浮现于心中的物事而直截领悟宇宙人生的大道理。

陈、隋年间，智顗提出"止观双修"，后来成为中国佛教普遍接受的修养方法，当是受到《周易》所讲的寂然感通命题的影响。这位天台大师在《摩诃止观》中写道："法理寂然名止，寂而常照名观。虽言

---

① 本节只考虑中国化的佛教所派生的一些旨在明心见性的方法。

初后，无二无别，是名圆顿止观。"若依据《大乘起信论》中"体、相、用"之分，常照固然是用，但法理才是体，寂然则只是相。照此看来，禅宗以"定为慧之体、慧为定之用"的习惯表述也欠严密。

个体作为此在怎样才能通达生命的本原？由个别体认一般，可以称之为直觉。汉语的"直觉"一词有三层含义：感性的直观、知性的觉察和本体的觉悟。中国哲学中儒、道、释三家对"直观"而获的见闻之知和由"觉察"而获的客观知识均不太重视甚至予以贬抑，而孜孜以求人生本原问题的"觉悟"，即感通天下之志乃至天地之道。① 先哲之所以探索和倡导现代人普遍不懂甚至不屑领会（多称之为神秘主义）的方法，是因为道德立法需要根基，人类精神需要柱石，于是沉潜于精神海洋的深处，这种精神的沉潜蕴含特定的方法。现代人普遍习惯于在陆地上滑行乃至在空气中飘浮，当然不能理解潜水者的经验。

寂然感通之所以可能，在于心灵深层（天地之性）与外部宇宙（天地之道）的相通，只要采用负的方法清除心灵表层意识的遮蔽，就有可能让它得以呈现。

首先，要有一种信念为基础，即道不远人，心具众理。程颢指出："寂然不动、感而遂通者，天理具备，元无欠少，不为尧存，不为桀亡。"（《二程遗书》卷二上）人类心灵中是否存在周遍的天道或天理，这是科学所不能予以证实的问题，但是在哲学和宗教中却是立论的前提。科学研究注重实证，宗教和人本主义哲学则注重亲证。我们知道，熊十力与冯友兰的一次谈话深深地影响了牟宗三一生的治学路向。青年时期的冯友兰沿用西哲的观点，认为中国哲学称人有良知其实是一种假定，熊十力当时正色告诫道："怎么可以说是假定？良知是真真实实的，而且是个呈现！"②

其次，从过程方面看，寂然是感通的必要条件。如果以寂然为体，那么它应该是感通的旨归，其因果关系可用"感通寂然"的动宾结构称谓，这显然不能成立。我们以寂然为心体之相，它不仅表现为寂静，

---

① 牟宗三先生称之为"智的直觉"，即与经验世界相对的智思物范围内的直觉。
② 牟宗三：《我与熊十力先生》，载《五十自述》，台湾鹅湖出版社，1989。

而且意味着纯净，意味着无拘，着实一点说就是虚一而静。的确，心灵若为外物所役而动荡不宁，或为成见所蔽而执迷不悟，就不可能有感通之效。据《论语·子罕》记述，孔子主张戒绝四种情况：主观臆测（毋意）、武断推定（毋必）、固执成见（毋固）、以我为衡（毋我）。若能杜绝这四端，心体就接近寂然了。后世哲人提倡坐如尸，立于斋，也是要求在精神乃至形体上保持寂然不动的状态。我们可以分辨说儒家主敬、道家主静、佛家主定，但合而言之，其实三家的修养工夫都有寂然不动的要求。

最后，我们还应该承认，感通并非生而知之，而是长期积累、偶然得之。此时的感通总是以此前的学与思为基础，没有积累就没有飞跃。刘勰对神思的研究于此也有启发性，他一方面强调"陶钧文思，贵在虚静，疏瀹五脏，澡雪精神"，一方面要求"积学以储宝，酌理以富才，研阅以穷照"，持论甚为公允。佛家探讨证悟成佛的步骤和方法，形成渐悟与顿悟两种理论，其中顿悟基本属于寂然感通范畴。应该说，顿悟之获得，当离不开渐修的准备。就是慧能般极其聪颖之人，如果连《金刚经》都没有学习领会，哪能有《坛经》中的自由表达？当然，即使有长期渐修，也并不一定能达到顿悟，因为它还需要颖悟的天资、寂然的工夫和某些偶然的机缘。

事实上，寂然感通广泛存在于艺术、宗教、哲学三种文化活动中。黑格尔将艺术、宗教和哲学看作前后相续地体现绝对精神的文化形式，从文化发展史的角度难以证实，但三者都有追求无限的旨趣则是显而易见的。个体从有限达到无限依靠感通，要实现感通往往先需要寂然。诗人陆机强调"伫中区以玄览"（《文赋》）；宗教家慧能要求屏息诸缘、不思善恶，从而发现自己的"本来面目"（《坛经·自序品》）；明儒自陈献章发端、至王阳明和王艮等均普遍推崇"以虚为基本，以静为门户"（黄宗羲：《明儒学案》卷八）的寂然感通工夫，事例不胜枚举。

关于灵感（顿悟）思维，迄今仍然是研究领域的一个黑箱，尽管几千年来东西方哲人普遍承认它的存在。基于中国哲学的理论，我们不妨对其发生机制做一管窥蠡测：宇宙中乾辟、坤翕两种势用在心灵中体现为发散式思维和收敛式思维，决定了精神之光既能自由选择又有原型规范，两道光束在不同时境中恰到好处的结合便迸发出以天（性）合天（道）的创造性火花。当然，由于它源于心灵深层的无意识领域，一般需要排除意识层次的屏蔽（包括感性欲念和知性观念）才有可能发生，因此须得心体寂然或虚静。

仅就儒家所讲的寂然感通而言，其意旨大致如明代澹南子的诗作之所述："两端妙阖辟，五运无留停。藐然覆载内，真精谅斯凝。鸡犬一驰放，散失随飘零。惺惺日收敛，致曲乃明诚。"（见于王阳明《澹南子序》）依据心灵活动过程应有的逻辑顺序，我们可以简约地将其表述为：收回放心，敛归诚明；融于宇宙，妙合乾坤。

我们从《老》《孟》《易》三家提出的命题入手，探讨先哲寻求返本归根的方法，它们的确存在差异，如老学主静，易学主动，孟学尚为。不过其一致性尤其需要关注，因为它更具有普遍意义。这些方法都包含两重超越，即既超越感性的欲念，又超越知性的观念——庄子称之为离形、去知，佛家要求摒除"见惑"（迷于外境而心起烦恼）、"思惑"（迷于内境而系缚不脱）；即使是儒家，也认识到智有凿，批判自私而用智。是此方能进入心灵第三层面，即抵达天人之际。可以肯定地说，对于返本归根的方法，华夏先哲已形成高度的共识。这种负的方法不仅没有过时，而且仍然是人们寻求本体觉悟所必须遵循的路径。

第二节　印度哲学倡导的方法

梁漱溟先生在早年撰写的《印度哲学概论》中指出："印土诸宗于本体既极尽其研讨，复肆力以求契合证诣，其道率不外寡欲摄心。"[①]语虽简约，却切中肯綮。印度哲学普遍采取瑜伽的方法以求契合被赋予"梵""原人"或"真如"等不同称谓的绝对的本体，而瑜伽的方法就是通过寡欲和摄心以摆脱无明，简言之即通过超越感性与知性而敞亮心

---

① 梁漱溟：《印度哲学概论》，上海人民出版社，2013，第20页。

灵的第三层面。以《奥义书》《薄伽梵歌》《梵经》为圣典的吠檀多派是如此，佛学尤其是其中的瑜伽行派也是如此。可以说，致力于通过精神内敛以期心灵开悟的禅定瑜伽是重视内明的各主要学派的共同资产，体认无限的方法概而言之就是瑜伽的方法。

一 从《吠陀》到吠檀多派

印度哲学自中世纪以后，吠檀多派逐渐占据了主导地位。这既得力于其代表人物商羯罗的大力开拓，更是因为此派力图全面继承和发扬印度文化由《吠陀》奠基的历史传统。在吠陀本经中，就可以看到瑜伽文化的端倪。如《黑耶柔》（耶柔吠陀之较原始文本）讲解修习的方法，指出贤者往往端坐平胸，摄心静虑，通过诵读 Om（文中将它比喻为乘梵船）而去欲息念（文中比喻为渡过险流）。

《大森林奥义书》是最早且最长的一部《奥义书》，其四之四写道："一旦摒弃盘踞心中的所有欲望，凡人达到永恒，就在这里获得梵。"并称这是一条"微妙而悠久的古道"，可以接触到梵；而智者们一旦知梵，就可获得解脱。因此，沿着这条古道，就有可能"上达天国"[①]。正像华夏先哲强调"道不远人"一样，印度先哲也认为梵存在于人的心灵中，在生命气息之中，是精神性的实体，"控制一切，主宰一切，成为一切之主"[②]。

摒弃欲望而获得梵是哲人从事瑜伽活动的宗旨，作为一条古道实可解析为一个过程。《大森林奥义书》五之二中有一则故事仿佛我国《庄子》中的寓言，值得我们深入品味。它描述说，生主（梵或心）有三支后裔：天神、凡人和阿修罗。生主因材施教，要求天神自制，凡人施舍，阿修罗仁慈。三者其实有似于个体心灵的三层面：阿修罗阶位最低，相当于感性，因而要求他克服贪婪；凡人具有知性，但往往蔽于一曲，因此要求其克服自私；天神阶位最高，只是要求他保持自制，即保持自律，而后率性而行，为所当为——可谓是自由意志的呈现。而自由

[①]《奥义书》，第87页。
[②]《奥义书》，第90页。

意志实即《墨子》所谓"天志",在印度先哲看来就是梵。

瑜伽是一种反身内视的功夫。在《奥义书》的作者们看来,通过反身内视,可以体悟永恒,呈现神圣。《歌者奥义书》八之六引一偈颂云:"有一百零一条心脉,其中一脉通向头顶,由它向上引向永恒,其他各脉通向各方。"通向头顶者指向无限的苍穹,指向神圣的存在。《石氏(伽陀)奥义书》第二章指出,自从造物者为人类向外凿通五官(与《庄子》中的浑沌、《旧约》中的伊甸园相洽),因此普通人往往习惯于向外看,而不看内在的自我,唯有某些智者追求永恒性,他转过眼睛,向内观看自我。正因为这样,愚人们追随外在的欲望,是将自己投身于张开的死亡之网;只有追求永恒性的智者,能够看到内心的神我,从而获得解脱,并趋永生。神我的形态超越知觉和思想,因此必须全部停止五种感官知觉连同思想,才有可能达到精神的至高境界。

吠檀多派崇尚的《薄伽梵歌》也如是观。其第二章要求人们屏息所有感觉器官,摆脱一切感觉对象,犹如乌龟缩进全身;无论面对的是善是恶,既不喜欢,也不憎恨——这种描述约略相当于庄子所谓"离形"和"去知",是要实现对感性与知性的双重超越。之所以采取这样的步骤,是因为"感官游荡不定,思想围着它们转,就会剥夺智慧,犹如大风吹走船"①。第三章又指出,人们说感官重要,殊不知其实"思想比感官更重要,智慧比思想更重要,而它(指自我,即神我或梵——引者注)比智慧更重要"②。在印度哲人看来,感官与思想只能获得识,必须转识成智,方能与梵契合,智慧是心灵第三层面的能力,神我则是应用智慧瑜伽之所显现。也就是说,从个体感悟角度看,智与梵可谓是能与所的关系。

另外值得珍视的是,《薄伽梵歌》还具体地描述了瑜伽的坐法与调息,第五章(《弃绝行动瑜伽》)告诫说,摒弃外在的接触,固定目光在眉心;控制吸气和呼气,均衡地出入鼻孔。第六章(《禅定瑜伽》)

---

① 《薄伽梵歌》,第30页。
② 《薄伽梵歌》,第42页。此颂的观点还见于《伽陀奥义书》(1.3)。

又重申，身体、头颅和脖子，保持端正不动摇，固定目光在鼻尖，前后左右不张望。依照这样的方法践行，就有可能把握自身，控制思想，达到平静，从而以自我（神我）为归宿，以涅槃为至高目标。

吠檀多派遵从的根本圣典之一是《梵经》，它曾被看作当时婆罗门教哲学思想的总汇。此书作者致力于阐释和捍卫《奥义书》的基本思想，确立吠檀多派的正统地位，因而对胜论和佛学、顺世论等派别的观点多有批驳，甚至连《薄伽梵歌》肯定的数论二十五谛也不予承认；但它同样主张采用瑜伽摄心凝神的方法。在作者看来，人的最高目的是解脱，它可以通过对大我（梵）的认识达成，认识至少是祭祀的补充成分；这种认识并非一般意义的认知外物，而是内向的个我向大我（梵）的回归，其得以实现的必要条件是"具有（心的）寂静和（感官的）制御"①。另外，《梵经》还持有真正彻底的解脱在生前可能性不大、只有到死时才能获得的观点。这个问题其实同样涉及瑜伽，或可参考《大森林奥义书》四之四的一段描述：自我仿佛昏迷，他不观看，不嗅闻，不品尝，不说话，不听取，不思考，不认知，正在变成一……"变成一"的自我也可以说就是个我（下梵）与大我（上梵）趋向合一。

事实上，吠檀多派是一个善于博采众长的学派，如商羯罗就汲取佛家以现象界为梦幻泡影的观点。尤其是现代吠檀多派哲学家，更是能超越门户之见，转益多师。其中奥罗宾多·高斯倡导一种新的整体瑜伽，它的目的"不在于出离世界与人生而入'涅槃'或'天国'"，而在于转变生命和存在，达到"生命的神圣圆成"。实现的过程包含两重超越，即要从物理的和"情命"的生存界上升，并且超越"心思"的知觉性而达到"超心思"的境界。他基于自己多年的实践认定，在心思体和情命体归于沉静之后，平和中若还保持着一坚强与镇定的意志，它便是最完善的、脱离了自性束缚的神我的意志。② 显然，奥罗宾多·高

---

① 《古印度六派哲学经典》，第338页。

② 参见〔印度〕室利·阿罗频多《瑜伽的基础》，徐梵澄译，华东师范大学出版社，2005，第3～4页。

斯批判地继承了传统的数论瑜伽,并且将二十五谛简化为"性灵体""心思体"和"情命体"三个层次(我们也可称之为"志性""知性""感性")①,其整体瑜伽的基本思想是沉寂感性欲求与知性造作而回归心灵深处,达到梵我一如。这一理论的可贵之处在于:其主旨(内容)不是寻求解脱而是追求超越,逻辑(形式)上克服了繁琐而纲目了然,是对传统文化遗产进行现代转化的范例。

二 数论派与瑜伽派的理论与实践

"瑜伽"一词,梵语最早见于《梨俱吠陀》。其原始义有枷或驾之意。不过瑜伽之学并非指服牛驾马,而是御心或治心之术。驾驭合度为不即不离,瑜伽之学就过程看却是有离有即,也就是摒弃感性欲念乃至知性观念(离),以期与绝对、无限之存在相合(即)。在印度先哲看来,瑜伽之术旨在抛弃纷杂之物事,回归纯一之神圣者。人们还可以依意表述为,摒弃相对而达到绝对,摒弃个别、特殊而达到一般,弃多归一,离多存一等,都触及瑜伽之学的实质。可以说,瑜伽之术是一种典型的"负的"或"减担的"精神活动。

在婆罗门教的六论中,瑜伽与数论最为亲近,可能同出一源。早期人们常常将二者并称数论瑜伽,以示与苦行瑜伽之区别。

汤用彤先生认为,数论派的重要著作《金七十论》的上卷为总纲,中卷为有情,下卷为解脱,概括精要。② 笔者管见,若稍具体一些表述,上卷着重论述的是二十五谛观念系统之体,包括神我和自性、觉(大)及其三德,中卷着重论述我慢之后的二十二谛之相,下卷则论述本此二十五谛观可致解脱之用。如此看来,作者或许是按照"体-相-用"的逻辑顺序安排其结构的。正是在下卷中,作为系统地阐述了数论派所理解的解脱的方法与步骤,或称之为六行观:由二十五谛中起智慧,一观五大过失,见失生厌,离五大,入思量位;二观十一根过失,见失生厌,离十一根,入持位;三用此智慧观五唯过失,见失生厌,离

---

① 〔印度〕室利·阿罗频多:《瑜伽的基础》,第41页。
② 汤用彤:《印度哲学史略》,第85~86页。

五唯，入如位；四观我慢过失及八自在，见失生厌，离慢等，入至位；五观觉过失，见失生厌，离于觉，入缩位；六观自性过失，见失生厌，离自性，入独存位。通过这六见和六离，最后唯有神我独存，也就达到解脱。它显然是一种精神不断内敛或"涤除"（类似于老子所谓"为道日损"）的过程，且与二十五谛由根到叶的生成过程恰好相反，是由叶归根或由多归一。①

帕坦伽利撰写的《瑜伽经》，正是以僧佉哲学（即数论）为背景，将上述二十五谛作为当然之理继承，而不予讨论或推求。其第二编第29条对瑜伽行法的基本步骤即"八阶"或"八支"做了概括的介绍，然后逐层分析了被称为"外支"的前五支。

一是持戒。包括不采用暴力，以消除敌意；不说谎，其行为会获得好报；不偷盗，便配得上享有财富；不纵欲，可保持生命活力的强健；不贪婪，才能明白生命的由来等。

二是遵行（遵守奉行）。也包括五种：内外洁净——身体洁净能保护自己与他人接触而不被感染，内心洁净易于产生觉醒和对感官的控制；知足，即可获得最大的快乐；苦行修炼，身体和感官及意识的不洁可被清除；读圣书，可与所选择的神祇交流沟通；敬服神灵，将可达到三昧的境界。持戒与遵行，合起来实为十大戒律。

三是坐法。姿势必须稳固舒适，控制心神不定，沉浸于对无限之境的冥想，这样就不会被二元性的刺激或念头所扰乱。

四是调息（调整呼吸）。也可称之为呼吸法或气息控制法。帕坦伽利认为，日常生活中对气息的控制有三种形式：来自外部的吸气、来自内部的呼气，静止不动的闭气。它们都是由时间、地点和数目来调节。不过还有第四种方式，即既不是吸气，也不是呼气，还不是有意识的闭气，而是在专注于某一对象时，呼吸活动似乎停止了。

五是制感（控制感官）。其要点在于，让精神脱离知觉，而知觉也从

---

① 数论的二十五谛为：神我，自性，觉（大），我慢，五唯：声色香味触，五大：地水风火空，五知根：眼耳鼻舌身（皮），五作根：手足舌人根（生殖器官）与大遗（排泄器官），心根。

感官中撤回，于是注意力逐渐内敛于一，这样便达到对感官的完全控制。

八支的后三支被称为"内支"。《瑜伽经》第三编只是简要地阐述了它们的定义，并未像前五支那样进行具体的解析。第六支为凝神，指将注意力集中在一处，如眉心、鼻尖或其他某一物上，毫不分散。这是冥想得以实现的前提条件。第七支为静虑，指冥想者对冥想的事物周流不息地体认。第八支为三昧，或称三摩地。此时唯有冥想的事物在发光，精神离开了身体，达到超越时间和空间的境界。掌握了凝神、静虑、三昧三者①——被称为三雅马或总御，心灵便可去蔽而澄明。

大致说来，瑜伽行法的前二阶着重于戒除感性欲念，三至五阶为过渡，六至八阶为禅定，更要超越知性观念和意识。控制感官和意识的结果是开启智慧之光，显现禅定之力。

不过瑜伽的功夫其实不止于八阶。《瑜伽经》第三编第7~8条指出，虽然后三阶较之前五阶更为内在，但仍外在于无种子的三摩地。也就是说，细究起来，三昧境界有多种，并且存在层级之分，其意译有"等引""等持""等至"之别。

初入三昧，仍不免有寻求与伺察的残留，只能称之为有寻三昧。寻求涉及欲望，往往专注于粗大的物质对象（如五大），手、足等五作根之粗业仍存；伺察涉及认知，一般专注于精细的观念对象（如五唯），眼、耳等五知根之细业仍存。②摒除了欲望的残留便进入（无寻）有伺三昧。现在需要对认知的残留也予以清扫，达到无伺而进入有喜三昧。依据数论的三德说，寻主要联系着暗德，伺尤为联系着忧德，喜德呈轻光相，属于更高的一层。当二十五谛中"觉"谛占据主导地位，便是有喜三昧。修瑜伽者进到觉而喜，但却执持为我，似得归宿，于是离开有喜而达到有我三昧。有寻、有伺、有喜、有我四者总名为有智三昧。

---

① 瑜伽八阶的后三阶的汉译名称颇多差异：第六阶有的译为执持、专注或注意力集中等，第七阶有的译为禅定、沉思、冥想等，第八阶有的译为等持、入定、三摩地等。我们这里杂取诸家，企盼优化。

② 早期汉译佛教典籍（如《长阿含经》）以"寻"为觉，以"伺"为观，不太确切。我们这里取玄奘的译名，在译著《瑜伽师地论》和《成唯识论》中，他释二者为寻求和伺察之意。《俱舍论》卷二十八以无寻为无愿、无伺为无相，可见寻、伺之分同亚里士多德将心灵活动总分为欲求与认识两端不谋而合。

汤用彤先生认为，在有智三昧中，"虽超越世智，但心仍有作用，而有主观客观相对之知"①。此释甚好。显而易见，依据数论的二十五谛理论，有智三昧止于觉（我），不能是尽头，因为神我仍束缚在世界的迁流之中，并未得到解脱。所以还必须完全消除有关客体或主体之知，让心的知觉活动彻底停止，进入无智的或者说完全无意识的状态。然而即使在这种无意识状态中，作为过去生活所遗留，且支配未来生活之诸种差异的业报"种子"并未灭绝，"心行"（如某种意志活动）仍在继续，所以无智三昧通常又称为有种三昧。

　　再进一步是无种三昧，它才真正是瑜伽行者的最高境界。一旦上达此境界，神我与自性得以分别，不再系于自性的轮转过程之中；心行断灭，烦恼尽除；唯神我独存，无羁无缚；般若放光，一切平等；不再有种子的异熟或果报，因而名之为无种三昧。《瑜伽经》第一编的最后几条正是对达成这一境地的描述，称真实自我显现、发光，并将前述有智三昧、有种三昧的心行轨迹也全都抹去，因而绝对真实、纯洁。诚然，该经第四编又以"法云三昧"为最高境界，但可能系后人受到佛家"十地菩萨"之说中"法云地"称谓的影响而做的补缀；只要比较第一编第50、51条与第四编第29、30条，就不难发现它与无种三昧的含义基本相同。

　　对于这三重三昧，汤用彤先生依据印度哲学的惯常观念进行了深刻的阐释。他认为，有智三昧舍弃外界对象，获得果解脱；无智三昧则断灭心之迁流，获得心解脱；无种三昧进而消除业报种子，获得命解脱。我们还可以扩宽视野，结合庄子（中）与康德（西）的哲学观念进一步解说：有智三昧着重于"离形"，或者说超越感性；无智三昧则着重于"去知"，或者说超越知性，无种三昧甚至于"息志"，或者说超越志性。庄子称最高的境界是"坐忘"从而"同于大通"（《大宗师》），瑜伽行者所追求的正是这种回归宇宙的大智慧。

三　佛学的禅定和瑜伽行法

　　《瑜伽经》所述的内容和佛教的修行方式有着密切的关系。从道理

---

① 汤用彤：《印度哲学史略》，第97页。

上推论，瑜伽是触及灵魂之学，其所描述的基本方法与路径是所有宗教感悟得以发生的基础，佛教也不例外。从史实上考察，据传佛陀出家后先修苦行瑜伽六年，穿鹿皮、睡牛粪，七日一食，可惜一无所得；于是改修禅定瑜伽，在菩提树下盘腿静坐冥想多日，终得大悟。但佛陀及其门徒不只是传统瑜伽的践行者，还有力地推动了它的发展。《瑜伽经》写成于佛陀之后，很可能受到佛学某些思想的影响。

佛教的整个修行方法的主干可谓是"戒、定、慧"三学。它们刚好精要地概括了瑜伽方法旨在达成心灵三层面的逐级超越。在佛家看来，需要戒者归纳起来主要为八种：一戒杀生，二戒偷盗，三戒邪淫，四戒妄语，五戒饮酒，六戒着香华，七戒坐卧高广大床，八戒非时食。这些基本是对感性欲望的超越。持戒使行为操守纯洁庄严，为禅定创造了条件。禅定是调控心意的功夫，其直接基础是"八正道"中的正念，即要排除各种纷杂的记忆和思想，让心灵止于神圣之一念或无念之念——所谓"正"者，止于一是也。瑜伽八阶的内三支也指归于入定。依止于定，慧乃得生。但慧的产生一方面需要主体具有慧根，另一方面需要偶然的机缘，因而是难以操控的，所以瑜伽八阶与佛学四禅其实都基本止于戒法与定法的言说。慧者，觉也，悟也，一般表现为"无意识"领域的"突然闪光"（铃木大拙语），我们不妨称之为心灵第三层面的敞亮。觉悟属于钱学森先生所谓灵感（顿悟）思维，迄今为止，人类对它的认知仍不甚了了，因而常常被称为"天启"，也就是庄子所谓"无思无虑始知道"之"知"。不过深谙心灵律动的佛家还是从机缘方面对它做了某种区分，排列出闻所成慧、思所成慧、修所成慧三者。应该说，这种分类具有一定的合理性与严密性，闻、思、亦闻亦思又非闻非思之修三者构成合乎逻辑的序列。

对定的研究在佛教的早期便已取得重大突破。《长阿含经》卷八谈到的"四禅定"，为小乘佛教所遵循。从初禅到四禅，心灵活动逐渐内敛，形成四种不同的精神境界：思惟贪淫欲、恶不善，有觉（即寻——后同）、有观（即伺——后同），离生喜、乐，得第一禅；除灭觉、观，内信欢悦，捡心专一，无觉、无观，定生喜、乐，得第二禅；舍喜守护，专念不乱，自知身乐，贤圣所求，护念乐行，得第三禅；舍灭苦、乐，先除忧、喜，不苦不乐，护念清净，得第四禅。世亲在《俱舍论》卷二十八解释说，初禅有五支：寻、伺、喜、乐与等持；第二禅有四支：内净、喜、乐、等持；第三禅有五支：舍、念、慧、乐、等持；第四禅有四支：舍、念、非苦乐受和等持。所谓等持也就是定，正定即始终保持心一境性。四禅诸要素的分解共为十八支。如此分析因过于繁密而不易掌握。我国佛学专家方立天先生的解释较为简明，可资借鉴。他认为，初禅的思维（广义）形式是寻、伺，由寻伺而厌离欲界，进而产生喜、乐；二禅的思维形式是内等净，进一步断灭以名言为思虑对象的寻、伺而形成内心的信仰，其感受是"定生喜乐"；三禅的思维形式是"行舍"、正念和正知，舍去二禅所得的喜乐，从而产生"离喜妙乐"；四禅的思维形式是"舍清净""念清净"，舍弃三禅的妙乐，唯念修养功德，于是达到"不苦不乐"的境地。① 入第四禅也就脱离了三界中的欲界，据说参禅者至此便上升为神，即六道轮回中的天。②

在大乘佛教中，对于禅定瑜伽的描述更为具体。《解深密经》不仅论述了眼耳鼻舌身意六识和阿赖耶识，而且还谈到有寻有伺、无寻有伺、无寻无伺和闻、思、修等三摩地（"分别瑜伽品"），以及十地菩萨和如来地（"地波罗蜜多品"与"如来成所作事品"）。可见其探讨既深且细。慈氏（弥勒）菩萨在《解深密经》"分别瑜伽品"中是世尊的对话者，至《瑜伽师地论》更成为口授者，并对《解深密经》多有引述，可见这两部佛典密切相关。

《瑜伽师地论》将瑜伽行法分为"十七地"。欧阳竟无先生在《瑜伽师地论叙》中认为其内容宜归纳为境、行、果三相，可备一说。在他看来，境摄九地，并可作体、相、用三分：其中五识相应地（包括八识的前五识）和意地（涉及八识中的意识、末那识和阿赖耶识）为境体，因为一切皆以识为体；有寻有伺地、无寻有伺地和无寻无伺地为境相，主要描述上下粗细之别；等引（音译三摩四多）地、非等引地和有心

---

① 方立天：《佛教哲学》，中国人民大学出版社，1986，第96页。
② 佛家还有"四无色定"或"四空定"的说法，因大大地超出哲学探讨的范围，且不予评介。

地、无心地为境用，分别表示或定或散、或显或隐的区别。行摄六地：闻所成地、思所成地和修所成地可称为通行，因为这三慧的修行其实覆盖一切；而声闻地、独觉地和菩萨地则称为别行，它们讲的是不同种性发愿、修行和得果的三个阶位，有下乘、中乘、上乘之别。果摄二地，即有余依地和无余依地。

经欧阳先生的导读让我们很快理解"十七地"不断递升的整体轮廓，通过瑜伽的修行，精神活动从现实之境趋向于理想之果。不过似乎又可以说，十七地其实也是十七境（此取广义，包括外境与内境），每一境的递升都是行，宽泛意义上的果或许存在于每一阶位，特别是到了声闻地之后更为明显。其中也可见戒、定、慧的历程：无寻无伺地之前"戒"的需要并未完全消除，从寻伺地、等引地至无心地主要涉及"定"，闻所成地之后较多涉及"慧"。无余依地还可称为无余涅槃，是十七地中最高的果位，它摄无心地之定、修所成地之慧和三乘之果于一身但不见其迹，达到寂静寂灭、无损恼寂灭，以致与一切依不相应，超绝诸苦流转，显现真无漏界、真安乐住。在此境界中，即色离色、即受离受、即想离想、即行离行、即识离识，不可言表，永绝一切戏论。人们差强地命名为常、为恒、为无没、为涅槃，等等。如果借用庄子的用语简洁表达，便是达到无待的逍遥游，得至美至乐。

佛学典籍浩如烟海，它对心灵活动的剖析甚深甚密。我们这里仅选取一般意义的"三学"、小乘的"四禅"和大乘的"十七地"予以阐述，未免挂一漏万。不过这一管窥蠡测式的简释，或许也能让读者一斑见豹，大致领略印度佛学深入心灵深层的基本方法和路径。

印度哲学还有胜论、正理论和弥漫差等派，它们的学说各有千秋。但诚如汤用彤先生所指出的那样，弥曼差论多释祭祀，正理论一派多论因明，胜论派通过分析句义成一切法，三论均属积聚之说。① 本节所选诸派着重于内明（此指印度文化所注重的五明之一，非佛教之所独专），其所发明或遵循的方法与我国《老子》所讲的"为道日损"和

---

① 汤用彤：《印度哲学史略》，第 99 页。

《周易》倡导的"寂然感通"有异曲同工之妙，特别是与《庄子》所描述的"坐忘""心斋"等惊人地相似：通过"负的方法"达成心灵虚静，以期豁然开启智慧之光（顿悟）。西方从柏拉图到胡塞尔也有类似的表述。因此可以相信，它是一条具有普遍意义、现在和将来都会保持通达的古道，只是近现代人较少涉足而已。先哲的普遍经验告诉我们，若要体认无限，呈现神圣，就必须收视反听（超越感性），摄心凝神（超越知性）；通过一系列的去蔽，才有可能让心灵第三层面得以敞亮（觉悟），从而实现个体心灵向宇宙本体的回归。

第三节　西方哲学倡导的方法

虽然冯友兰先生有关西方哲学主要用"正的"即逻辑分析的方法而中国哲学主要用"负的""超越理性"的方法一说是可以成立的，但它是就整体的事实而言。巡礼几千年的西方哲学史，我们可以发现，其实倡导"负的"方法者也不乏其人，且产生过深远影响，只是并没有像中国和印度的哲学传统那样获得普遍认同而已。从逻辑上看，只要穷究宇宙和人生的本体，就必须遵循"负的"方法，没有对感性与理性或理智的双重去蔽，便不能达到存在的澄明。只是西方哲学的理性或理智主义传统极为强大（与东方哲学相比较），普遍重视逻辑解析和确切言说，遮掩或省略了其反身体认的过程描述。

一　柏拉图的"回忆"说

苏格拉底没有留下自己的著作，而柏拉图的著作通常以苏格拉底为对话的主角，相关思想的最先倡导者很难确定。当我们将"回忆"说归于柏拉图时，有必要先考察可以确认的"苏格拉底方法"。苏格拉底的母亲芬尼兰托是一名助产士，因而他就近取譬，将自己的方法比作"助产术"。

据柏拉图的《泰阿泰德篇》记述，苏格拉底称这种技术为照料人们的灵魂，能以各种方式鉴别心灵所产生的是错觉还是真知。它通常是有步骤、分层次地问别人问题，并不越俎代庖，提供明确的答案，但能将对方的思维引向正确的方向。这的确与助产士的工作非常相似：自己不生子，只是帮助别人顺利产下健康的婴儿。婴儿从母亲的子宫到呱呱落地，需要经历重重障碍，排除障碍对于获取真知来说就是摒除错觉的遮蔽。

在较浅的层次上理解，苏格拉底的方法是"按对象的种属加以辨析"的艺术。苏格拉底的另一位学生克塞诺封在《回忆录》中称它是"辩证"的方法，认为它旨在将问题的讨论引回到根本命题或确立基本原则上来。例如，当推荐一个好公民时出现意见分歧，苏格拉底就会建议先考虑一个好公民应尽的义务：是否善于理财而裕国？是否能在疆场上克敌制胜？是否奉命出使而能化敌为友？是否向人民演讲而能达到众志成城？若是基本原则得到澄清和确立，意见也就自然而然得到统一。①

比较而言，柏拉图对苏格拉底方法的领会更为深刻，他意识到这种方法的指归之处在于难以言说的本体。如苏格拉底与埃利斯的著名智者大希庇阿斯讨论"美是什么"问题，后者自负地认为很容易回答，先后称美就是一位漂亮小姐，是黄金、象牙之类感性存在物，误将问题理解为"什么东西是美的"；而后经苏格拉底的诘问和引导转向用"恰当""有用""有益""视听快感"之类特性予以解释，均存在不能周全把握的缺陷；山穷水尽之际，才深切感受到把握"美本身"是困难的。逐步深入问题的深处，其实也是回归心灵的深处甚至极点。至此已超越人的理解力（知性），因而难以言说。也正因为如此，苏格拉底经常承认自己无知；而这种"无知"其实正是超越常人的对于本体领域的洞察，所以德尔斐神庙的女祭司传下神谕说他是雅典"最智慧的人"②。

柏拉图的"回忆"说与苏格拉底的"助产术"密切相连。如果学习只不过是回忆，那么帮助他人获得真知的最好办法不是外在的意见灌输甚至强加，而是帮助他恢复记忆，驱除重重迷雾而呈现自身本有的知

---

① 《西方哲学原著选读》上卷，第59页。
② 《西方哲学原著选读》上卷，第68页。

识（真理）。按照《斐多篇》所说，对于"学习就是回忆"命题的一个极为出色的证明是："如果你对人们提出合适的问题，他们自己便会对一切作出正确的回答。"① 这正是高明的助产士之所为。也许可以说，助产术是作为他者帮助主体回忆的艺术，而"回忆"说则是倡导主体自觉地反身叩问从而顺利地"生产"。

"回忆"说强调真正的知识具有先验的基础。《斐多篇》描述了苏格拉底思想的转变历程：在苦心研究真正的存在方面失败了之后，他决定另辟蹊径，"求助于心灵，在那里去寻求存在的真理"②。其中还列举了一则例证，人们在日常经验中做出两块石头重量相等或两根木头长度相等之类判断，有赖于灵魂中存在"相等"（或译为"一样"）的理念这一先决条件。一般说来，见到相等的事物并不能变为相等的理念，可见后者具有先天的性质。《曼诺篇》中记述苏格拉底随机找一个童仆进行数学实验，经过循循引导，未曾接受正规教育的童仆不仅能判断正方形的四条边相等、通过各边中点画的线也相等，而且能够掌握边长与面积的关系而进行准确的计算。的确，在数学领域，知识的自明性是很显见的。

我们看到，"除蔽"同样是"回忆"说的题中之义。《斐多篇》的讨论得出的结论是：灵魂在我们出世以前就存在，包括"美""善"等一切实体都已存贮其中。但认识真理的理智并不能等同于灵魂，只是其中最为纯粹的部分。何以如此？《斐德罗篇》采用一则神话予以解答：灵魂周游诸天，其中羽翼丰满的青云直上，主宰着整个世界；失去翅膀的则向下滑落，摔在坚硬的土地上，附上一个尘世的肉体，便成为不同的生物。灵魂在天上见到多少不等的真理，也就包含着不等的天赋知识；附着于肉身之后，由于肉欲的干扰，它遗忘了过去曾观照过的东西。所以必须尽可能地涤除肉欲的污染，才能让先天的知识呈现出来。净化灵魂是回忆得以实现的前提条件。

除蔽或净化的过程又可以分成若干层次。在上述神话中未曾涉及，

---

① 苗力田主编《古希腊哲学》，第259页。
② 《西方哲学原著选读》上卷，第64~65页。

但在《理想国》卷七的洞穴喻中有较为清晰的揭示。它假设人类居住在一个洞穴之中，就像囚犯一样面朝深处的洞壁，且由于身体被链子锁住而很难回头观望。在他们与洞口之间有一堆火在燃烧；而在他们与火之间又有一道低墙；有人举着雕像沿墙来回走动，仿佛皮影戏一般。时间久了，囚犯们往往固执地认为自己所见的洞壁上的影像是真实的——这可以理解为感性执迷；他们中有的意识到洞壁的影像来自雕像的投影，虽然认知了事物的部分本质，但仍蔽于一曲，并未达到真理层次；如果有人能进而反身回望，看到真实的火（相当于太阳），它才是事物的本原。所谓回忆就是要臻于此境，从现象界进达本体界——在柏拉图看来是一个理式的世界。不难看出，这种递升过程正是心灵三层面依次敞亮的过程。《会饮篇》谈到认识美有四个步骤，其实简化为三步更合乎逻辑：先是观照个别美的形体，然后得到各种美的学问知识，最后是彻悟美的本体。虽然这似乎是遵循经验概括之路，其实也是心灵由浅入深、弃多归一的过程。

回忆说建立在灵魂不死观念的基础上。人们尽管可以怀疑这种观念的基础，但并不能动摇回忆说所揭示的路径的普遍意义和恒久价值。因为谁也不能否认，人类的生命中蕴含宇宙的基本法则；若能反身觉悟，的确是我们认知世界的可靠基石。当然，"回忆"一词正如黑格尔曾指出的不免有些"笨拙"，不及中国哲学"体认"之类语词贴切。

二 胡塞尔的"还原"法

公元5世纪，皮浪主义的"一切都可以怀疑"的观点仍在流行。奥古斯丁在《论自由选择》中予以驳斥，指出怀疑者至少不能怀疑自己的存在。至17世纪，笛卡尔认为神学、科学、哲学诸领域既有知识的可靠性均值得怀疑，必须接受理性的重新检验，但有一条真理，即"我思故我在"，它是如此确定，连怀疑论者最为极端的假设也不能使之动摇，于是成为他全部哲学探索的出发点或不可怀疑的第一原则。

在《方法论》的第二部分，笛卡尔阐述了四条规则：其一是"绝不接受任何东西为真，只有当我确定它是如此时，才接受它"；其二是

"将我所考察的每一个困难,都按要求分成尽可能多的小块";其三为"从最简单的和最容易认识的东西入手,以逐步认识更复杂的";最后是尽可能详细、全面地考察所有东西,以确保无一遗漏。① 第一条是秉持怀疑和批判的原则,后三条按顺序由分析方法过渡到综合方法。第一条仿佛清理地基,所谓清理也可以说是还原;后三者只有在清理过的地基上运用才有意义。

皮浪的怀疑主义是一种文化解构主义,笛卡尔的普遍怀疑则旨在重新建构可靠的知识体系,二者有着本质的区别。致力于寻求确定性的知识,让笛卡尔远绍柏拉图而选择反身内求的方式,探索心灵中的天赋观念和天赋能力,为西方近代理性主义的发展奠定了基础。在他看来,心灵与生俱来便有一些不证自明的观念,包括数学公理和普遍原则、上帝观念等,这些是灵魂在自身之中发现的原理,同时灵魂还具有天生的认识能力和禀赋。二者形成主体的认知结构,成为获得确定性和真理性知识的逻辑前提。所谓"我思"就是指这种认知结构的运行,亦即以意识活动本身为对象的自我反思。

笛卡尔倡导的主体性原则在康德哲学中得到进一步确立。康德考虑到经验论者(如洛克、休谟等)的主张所包含的合理成分,于是将上帝存在、灵魂不死之类观念作为"公设"处理,转而直接从考察人所固有(先天)的心灵能力入手建立起批判哲学体系,对人类在科学、道德和审美三大文化领域的建构进行了深层的阐释,远远超出了认识论或知识学的范围。

仅就人的认识活动而言,康德认为具有普遍必然性的知识的获得是主体将感官所提供的材料纳入先验的形式或范畴加以整合的结果,因而其命题的一般逻辑形式是先天综合判断。数学运算法则就是如此,其先天性为人们的共识,但两数相加之和实是由直观而来,并非分析而得,所以是综合判断;数学中的几何是事物的具体形状被人先天构造出来的图形所规定。物理学的发现固然大多是基于实验结果的综合和归纳,但那些具有决定意义的实验都是按照理性的设计而做出的,所以也不例

---

① 〔法〕笛卡尔:《方法论·情志论》,第14页。

外。在康德看来，伽利略等科学家懂得"理性只是洞察到它自己按照方案造出的东西，悟到理性必须挟着它那些按照不变规律下判断的原则走在前面，强迫自然回答它所提的问题，决不能只是让自然牵着自己的鼻子走"①。

批判哲学又被称为先验哲学，表明康德对于先验之维的重视。它分为三个层次：一是先验感性论，感性直观的先验形式是时间和空间，其质料是被给予的感觉材料；二是先验知性论，主体通过先验图式建立先验范畴与感性材料之间的联系，再基于先验统觉将感性材料综合成系统的科学知识，这种综合过程又可细分为三阶段，即直观的、想象的和概念的；三是先验理性论，这一层主要为先验理念，以及将知性范畴运用于理念时不可避免地会产生的先验幻相——由于理念并非时空中的对象，因而不能通过范畴规定和把握。由此可见，主体其实是一个具有三层心灵能力的先验自我。

尽管康德对主体自身的解析较之前人更为细致和精密，但他认为与理性相对应的逻辑形式是推理，且运用推理的形式可以达到最高的理念，如直言三段式指向"灵魂"，选言三段式指向"上帝"。也就是说，虽然康德意识到它们超出知识范畴，却仍在企求通过逻辑方式解释其由来。这样，先验理念对他来说仍是对象或他者，实际上不及柏拉图所言之真切。也正因为如此，一旦转向道德领域，康德就只好求助于所谓"公设"了。

胡塞尔的现象学在笛卡尔和康德的基础上有所推进，主要不在于它对先验自我的认知增加了多少，而在于他对如何达到先验自我的路径有了更具体的觉察。在西方哲学史上，现象学的方法也许较之它的基本观念更具有创新意义和经久价值。我们这里最为关注的是现象学的还原方法及与之相关的本质直观。

胡塞尔在其著作中谈到过许多"还原"，但主要是先验的还原和本质的还原。由于论述繁多，难免存在含混或让人难解之处。我们不妨按照其"描述心理学"的潜在逻辑，同时直面事物本身，尝试做一层次

---

① 《西方哲学原著选读》下卷，商务印书馆，1982，第241页。

化的解读。①

先验的还原又可称为"括号法"或"悬搁"②，即把一些意识内容放进括号中悬搁起来，暂时中止它们的作用。它包括历史的括号法和存在的括号法：前者是基于怀疑一切传统知识的可靠性而将它悬搁起来；后者不认同外部世界存在于意识之外的常识，用不做判断的方法使所有从时间和空间维度对世界做出的断定都失去作用。通过这两重悬搁，前人流传下来的间接知识和当下对外部世界的直接感知都被清除干净，心灵就犹如一面一尘不染的明镜，只留下"纯粹意识"本身。应该说，这两重悬搁在笛卡尔、康德的哲学研究活动中都曾成功地运用过，只是没有如此明确而系统的论述而已。

参照我国对心灵的体悟最为深刻和严密的庄子哲学，如果说历史的括号法相当于"去知"即解除既有知性观念的桎梏，那么存在的括号法就约略相当于"离形"，即解除感性官能的蒙蔽。现在该如何"同于大通"（《庄子·大宗师》）呢？"去"与"离"均为"破"，止步于此便是彻底的怀疑主义；庄子不然，他落实于"同"。胡塞尔也不然，他进而强调"本质的还原"，旨在"立"。在胡塞尔看来，纯粹意识流动不居，要把握超越时间和空间的绝对真理，就必须洞察纯粹意识现象的内在"本质"和"结构"，即先验的"纯粹观念"和"纯粹逻辑"。这就是本质的还原，约略相当于《老子》中所讲的"观复""知常"。

胡塞尔意识到，逻辑思维的方法对于寻求相对真理的自然科学是必需、有效的，但对于认识纯粹的先验自我则是无效甚至是有害的；认识先验自我必须依赖一种直觉或本质的直观。它是自我意识的内省活动，既不指涉具体的事实，也不包含对任何个体存在的肯定，而仅指纯粹的自我意识的"本质的洞察"。由此可见，"本质的直观"与"本质的还原"是对同一过程的不同称谓，不过一就手段而言、一就目的而言罢了。事实上，胡塞尔甚至将本质的直观看作现象学的精髓，能达成经验论与独断论之间"对立的解决"。他在为《大不列颠百科全书》撰写的

---

① 康德、波普尔等认为研究中"理论先于现象"，按此逻辑阐释先验论哲学当顺理成章。

② 胡塞尔借鉴皮浪"悬搁一切判断"的方法，但申明自己并不怀疑世界的事实性存在。

词条中特别强调，现象学一方面"用得到必然扩展的、原本给予性直观的经验概念取代了经验论者的有限'经验'"，另一方面"通过最普遍的、与先验主体性、自我、意识以及被意识的对象有关的本质直观的理性主义克服了有限的、独断论的理性主义"①。若果真如此，无疑是认识论领域继康德之后的又一次重大推进。

三　柏格森的"直觉"说

如果说胡塞尔倡导的还原偏重于确立认识活动的先验自我，那么柏格森宣扬的直觉则倚重于强调审美活动能直达生命的底蕴。在西方，很多哲学家将艺术看作最能体现完满人性的文化形式，谢林甚至认为艺术哲学应该是整个哲学大厦的拱心石。

谢林是近代自然哲学的创始人，22岁时就出版了相关著作，此后又宣扬先验哲学和同一哲学。这种思想历程不免让人眼花缭乱，但就他本人而言当是合乎逻辑的。他心目中的自然界，是一部写在神奇奥秘、严加封存的书卷里的诗；而所谓绝对同一，是其神秘之源，不可思议、超越语言，必须通过直观才能领悟。他宣称自己的整个体系都是以直观的级次不断提高的过程为依据，"这个过程是从自我意识中最初级的、最简单的直观开始，而到最高级的，即美感的直观为止"②。

美感的直观之所以处在最高的层级，在于它使主体与无意识产生的自然界中的宇宙精神合而为一，宇宙精神则客观化于世界之中且人格化于自我之中，于是达成主体与客体的绝对无差别的同一。因而我们看到，天才艺术家创造出的艺术品，将主体与客体、自由与必然、理想与现实、质料和形式等融合为一个和谐的整体，就像宇宙精神创造自然界一样。比较而言，无论是理论（科学）活动还是实践（道德）活动，主体与客体之间总是存在不同程度的差别。也正因为如此，艺术对于追寻绝对者、无限者的哲学家来说就是最崇高的东西，它好像给哲学家打开了至圣所。

---

① 参见〔德〕胡塞尔《现象学的方法》，倪梁康译，上海译文出版社，2005，第201页。
② 〔德〕谢林：《先验唯心论体系》，第278页。

谢林关于艺术直觉的思想受到德国浪漫主义文学家的影响。歌德全部的世界观和艺术观就建立在有机或目的论的概念上，认为诗人和思想家的最高天赋是在部分中直观整体，于具体事物中发现理念，这种情况可看作人类仿佛是神一般的一瞥。①

叔本华的悲观主义哲学虽然在当时的德国被视为异类，但也不乏浪漫主义的情愫。他的名著《作为意志和表象的世界》由于源自康德的物自体与现象界之分，容易让人误解为关于客观世界的描述，其实它属于人类学哲学而非宇宙学哲学。具体一些说，他沿袭了康德哲学的路数，通过剖析人自身来解释世界——包括物理世界和文化世界。在他看来，"意志和身体的同一性"法则可以被叫作"最高意义上的哲学真理"②；当然也可以说，我的身体是我的表象，是我的意志的客体性。这样，认识世界其实也是认识我自己。

他将认识活动分为直观表象和概念思维两层，由于后者可以为伪，所以往往直观认识比理性认识更为真实和可靠："……直观是一切证据的最高源泉，只有直接或间接以直观为依据才有绝对的真理；并且确信最近的途径也就是最可靠的途径，因为一有概念介于其间，就难免不为迷误所乘"③。对于直观的推崇还涉及这样的逻辑理由：概念思维只适宜于在时间和空间中把握世界的表象，而意志是物理世界和人类心灵的本原，是盲目的无休止的冲动的力量（叔本华视一切力都是意志），既没有时间性也没有空间性，所以当借助于反身内视的直观（包括体验）；就是意志的客体化而为时空中的具有个体性的表象，人们若通过纯粹的直观（伴随着无欲）认识（可谓之观照）它，就可以避免既有成见或利害考虑的误导或蒙蔽。后者在审美活动中最为常见，叔本华因而高度赞许审美和艺术活动。

柏格森与叔本华一样，认为宇宙万物都是表象，它的本质是一种盲目的、永动不息的生命冲动或生命之流。它仿佛一条河流，连续不断，

---

① 参见〔美〕梯利《西方哲学史》，葛力译，商务印书馆，1995，第499页。
② 〔德〕叔本华：《作为意志和表象的世界》，第154、155页。
③ 〔德〕叔本华：《作为意志和表象的世界》，第114页。

其中每一种状态既预示着以后,也包含以往,故可称为绵延。生物的进化、社会的发展均源于内在生命冲动的创化。这种生命之流甚至可以说是上帝的体现,而人类在自由地活动时,也能亲身体验到这种创造,因此,生命之流既是世界万物的本质,也是人类生存的基础。

在他看来,认识生命与认识物质是两个完全不同的领域:前者流动于时间之中,后者静止于空间之中;前者是内容丰富的统一,后者是不能统一的杂多;前者是绝对自由的,在必然性之外,后者在因果关系之中,有必然性可寻;等等。依靠科学的理智不可能认识生命之流,因为它只能适用于认识物质的自然界,揭示其因果性、必然性;且受功利的支配,只能有选择地获得一些相对真理;而其认识成果是以符号代替指称对象,与对象本身相比永远是不完满的。认识生命必须超越科学的方式,通过自我的内省,即直觉,才有可能达到与生命之流的交融。

直觉是一种基于本能的与科学的理智相反的方法,可以到达人的存在的根基,亲切地体验深层自我的绵延状态。柏格森写道:"所谓直觉,就是一种理智的交融,这种交融使人们自己置身于对象之内,以便与其中独特的、从而是无法表达的东西相符合。"① 这里所谓"独特"其实是指独一无二,即绝对;所谓"无法表达"是指超越言词和概念;而"符合"则指与生命之流契合无间、浑然一体。凭借直觉达到这样的境地,便获得了绝对真知并且实现了自由。毋庸讳言,"理智的交融"的表述甚为含混而让人费解。统观柏格森的著述,它似乎蕴含这样的思想:心灵最初的能力是本能,后来逐渐发展出理智,而后本能经由反思转变为直觉。这三种心灵能力既有创化的时序之分,又有应对的领域之异,实际上还有层次的高低之别。若就创化时序而言,直觉是否定(理智之于本能)之否定(直觉之于理智)的产物;如从层次高低着眼,则直觉是一种与本能相似(但没有功利羁绊)且超越理智(但含有自我意识)的最高心灵能力,本能、理智、直觉大致对应于心灵系统由浅入深的三层次。

---

① 〔法〕柏格森:《形而上学导言》,刘放桐译,商务印书馆,1963,第3~4页。

法国当代哲学家吉尔·德勒兹认为，直觉是柏格森主义的一种精心设计的方法，它有严格的规则：一是涉及问题的陈述和创造，二是发现真正的种的差异，三是对真正的时间的把握。① 其实还可以换一个角度进行阐述。柏格森同谢林、叔本华一样非常推崇艺术活动，将艺术视为通过直觉契合绝对本原的范例。他在《笑的研究》中指出："无论是绘画或雕刻，无论是诗或音乐，艺术的目的，都在于清除功利主义的象征符号，清除传统的社会公认的类概念，一句话，清除把实在从我们障隔开来的一切东西，从而使我们可以直接面对实在本身。"② 这可谓是对直觉方法的明确而具体的解说：必须经由对感性的功利和知性的类概念的两重超越，抵达心灵第三层面才有可能直面实在本身。

贺麟先生曾谈到，柏格森思想与中国哲学多有相通之处③，确为中的之论。柏格森推崇直觉、注重生命体验、要求超越语言，近于中国哲学传统；他所讲的生命之流（也可称之为"变易"）犹如《周易》描述的生生不息的易道；虽然他对生命之流没有进一步二分，但其哲学广泛采用了类似乾坤二元的范畴，诸如生成与停滞、绵延与广延、时间与空间、开放与封闭，等等。当然，对于变易（主要为乾元的势用）的偏重使之不及《周易》立论的公允。

在西文中"intuition"一词来源于拉丁文"intueri"，原意为"观看"，西哲以之指称主体对外部世界或内在心灵的直接认识及其能力。汉译或为"直观"，或为"直觉"。其实，汉语中的"直觉"一词包括感性的"直观"、知性的"觉察"和本体的"觉悟"三重含义，可以区分为深浅层次不同的三种直觉观④，且恰好与人类心灵的三层面相对应。这里选择谢林、叔本华特别是柏格森的直觉观阐述，在于他们均直指心灵第三层面，实为本体的觉悟。

---

① 参见尚新建《重新发现直觉主义》，北京大学出版社，2000，第123页。
② 此处采用蒋孔阳的译文，见于伍蠡甫主编《西方文论选》下卷，上海译文出版社，1979，第278页。
③ 贺麟：《现代西方哲学讲演集》，上海人民出版社，1984，第21页。
④ 三种直觉观可以克罗齐、黑格尔和柏格森为代表。请参见拙著《审美学》，北京大学出版社，2010，第14节。

以柏拉图的"回忆"说、胡塞尔的"还原"法和柏格森的"直觉"说为代表，可以看出西哲回归心灵深层的方法的一致性，即超越感性和知性两个层面，以期进达天人之际，呈现绝对的本体。这与《老子》所讲的"为道日损"相吻合，正可谓是"东土西洋，心理攸同；古时今世，道术未裂"。只是西方除柏拉图和柏格森等极少数哲学家外，即使持先验论立场者也大多相对忽视言语道断、心行路绝的生命体验。这与西方哲学重知解的传统密切相关。这种传统既有"方以智"的优势，也有缺少"圆而神"的弱点，应当与东方哲学相互补充。

第六章
心灵第三层面的广泛体现

由于文化是人类的心灵创造，所以在它的任何领域都可见志性的潜在参与。当然，不同的文化领域凸显不同心灵能力和需要的主导作用，距离心灵第三层面有远近之分，在心灵两系列中占位有别，于是呈现出层级、方位的差异，总体上看，文化认识体系是基于人的需要和能力而形成环绕着人类生存的圆圈。例如在认识领域，理论科学中数学较之物理化学为更深的层级，与理论科学相对的工程科学则偏于实践一端；而在实践领域，伦理学较之经济学处于更深的层次，与之相关的管理学及公共关系学等则淡化了价值色彩，向中立区域位移，等等。限于篇幅，本章只考察最有代表性的四大精神文化领域，即艺术、科学、道德、宗教和哲学。

第一节 志性在艺术领域的体现

2000多年前，亚里士多德将"科学"划分为理论的、实践的和创制的三部分，很有道理。2000多年后，康德继承了亚里士多德的划分，又有所发展，其《判断力批判》不限于考察审美与艺术，最后落实于目的论——实属本体论。我们这里借鉴康德的三大《批判》而将文化划分为四大领域，企盼进一步发扬光大康德的思想成果；同时也是基于面向事物本身的启迪：科学与道德是人类日常生活中两种最为必需的文化，但二者犹如对立的双柱，几近互不相干；实际上，其根基（包括道德的滋生与科学的指归）在于宗教与哲学。如果说宗教或哲学构成科学与道德在本体层的统一，那么艺术则让二者在现象界达成有机的统一。

艺术不仅兼含合规律性与合目的性，而且能直截联通现象与本体，所以它是最能体现人类心灵的完满性与丰富性的文化形式。① 艺术活动主要包括创作、作品和接受三个环节，都可加以立体的解析。

一 艺术思维的立体结构

通常人们习惯于讲艺术家在创作时运用形象思维，其实不如说运用艺术思维确切。俄国著名作家阿·托尔斯泰开始也曾采用别林斯基首倡的说法，后来感悟道："对于我们说来，形象思维只是艺术思维的一个部分。如果我只用形象来思考，亦即只用事物的表象来思考，那么，不可胜数的它们全部，我周围的一切，便会变成毫无意义的一片混沌。"② 事实上，将人类思维区分为形象（直感）思维、抽象（逻辑）思维和灵感（顿悟）思维本身是一种抽象，任何具体的文化创造都是三者的有机统一。艺术思维虽然以形象思维为主，但同时包含抽象思维成分，并且还经常需要借助于灵感思维。

显而易见，形象思维属于感性层面，抽象思维属于理解力的活动，灵感与顿悟则是来自意识阈下迸发的火花。黑格尔从历史发展的角度也触及艺术思维包含三层的事实。他以"诗的掌握方式"指称艺术思维，认为与之相对的"散文掌握方式"在历史发展中分化出日常意识、知解力思维和玄学思维三层次，尽管原始初民中诗的掌握方式近于形象思维，但"等到散文已把精神界全部内容都纳入它的掌握方式之中，并在其中一切之上都打下散文掌握方式的烙印的时候，诗就要接受彻底重新熔铸的任务"，将三者融合于自身。③

再具体一些考察，艺术思维必具表象、情感和理想三大基元，三者

---

① 为了有助于读者的理解和记忆，我们不妨将四大文化领域比喻为一个家庭：艺术犹如天真烂漫的少女，不仅是性格迥异的父（道德）母（科学）之间和谐相处的纽带，而且深得祖辈（宗教或哲学）的青睐。切记：任何比喻都是不确切的，因为它必须借用具体事物，而具体乃是多样性的统一。笔者管见，不管是从人类历史还是从个体一生来看，三者（祖辈、父母和小孩）的出现顺序刚好应该翻转过来，就文化成型而言其先后当为艺术－科学与道德－宗教与哲学。故本节从艺术讲起。
② 《外国理论家、作家论形象思维》，中国社会科学出版社，1979，第164页。
③ 〔德〕黑格尔：《美学》第3卷下册，朱光潜译，商务印书馆，1981，第25页。

的结合形成一种立体结构，正是这一结构的潜在变化（此消彼长）决定着艺术品的形态差异。

艺术思维以表象的运动为躯干。这里所谓表象，是指映入主体头脑中的物象，它是感性具体因而是富有个性的。艺术家群体犹如人类的感官，他们的创作活动依靠生活的富裕而不是观念的富裕。对生活现象观察得越仔细，积累得越丰富，艺术家的构思就越能左右逢源。正如刘勰所说："诗人感物，联类无穷。流连万象之际，沉吟视听之区；写气图貌，既随物以宛转；属采附声，亦与心而徘徊。"（《文心雕龙·物色》）

情感赋予艺术思维以生气。在艺术思维过程中，情感首先作为原动力发挥作用，它使艺术家不作不能，不吐不快；其次作为内容而存在，是艺术家力图加以表现的题材要素；再次还作为黏合剂而贯穿于艺术构思的始终，促进处于不同时空环境的表象，以及表象与艺术符号结合为一体，故刘勰称之为"文之经"。艺术思维中的情感可总分为创作者的激情和笔下人物的情感，由于激情的主导因而总是趋向于惩恶扬善。

创作激情与理想相连，理想构成艺术思维的灵魂。从本质上看，艺术是一个乌托邦国度，理想在艺术思维中的核心地位不言而喻。完全可以说，没有理想就不能审美，从而没有美，也没有艺术。席勒曾写道，艺术家"按照他的尊严和法则向上看……他把理想铭刻在虚构与真实中，铭刻到他的想象力的游戏里以及他的行动的真情实意中，铭刻在一切感性和精神的形式里并默默地把理想投入无限的时代中"[①]。诺贝尔文学奖获得者约翰·斯坦贝克认为，一个作家"如不满怀激情地相信人类具有臻于完美的能力"，那么他就"不该在文学领域中占有一席之地"[②]。

值得珍视的是，中国古代美学和艺术批评常以"象（或景、物色等）""情""志"分别指谓表象、情感和理想。"体物""缘情""言志"（"志"的最初义包含了情，后来逐渐分离）是我国古代艺术论的

---

① 〔德〕席勒：《美育书简》，徐恒醇译，中国文联出版公司，1984，第63页。
② 《诺贝尔文学奖颁奖、获奖演说全集》，建钢等编译，中国广播电视出版社，1993，第473页。

三个基本命题，其先后出现并长期存在显然合乎艺术自身的逻辑。三者分别组合，便构成艺术思维的三个向度或者说三个维面。

表象与情感的结合即严格意义上的形象思维。没有情感和理想的渗透或光照，表象就只能是一种僵死的东西，如同科学的标本或挂图。刘熙载说得对："在外者物色，在我者生意，二者相摩相荡而赋出焉。"（《艺概·赋概》）一方面，表象引起相关的情感，即刘勰所谓"情以物迁"，如献岁发春，悦豫之情畅；滔滔孟夏，郁陶之心凝。另一方面，主体的情感投注于表象，"物以情观"，使之更为鲜明，登山则情满于山，观海则意溢于海。在审美学中，前者被称为"同构"，后者被称为"移情"，在西方均产生了系统的理论；一般而言，前者是由物及我，后者为由我及物，正好是心灵两系列活动的具体表现。

情感与理想的结合形成酒神精神。它的活动表现为内在激情向外涌流和跌宕起伏，或为英雄的，或为感伤的。中国古代士大夫大多立身谨慎，这就需要为文放荡来补偿，所以表现型艺术在历史上居于支配地位。一些大艺术家的名字常常与"酒"联系在一起，往往在醉态中创作，如陶渊明、张旭、李白、杜甫、苏轼等莫不如此。酒神精神是发散性的，偏重于内心激流的迸发。钱谦益描述道："夫诗者，言其志之所之也。志之所之，盈于情，奋于气，而激发于境，风识浪奔昏交凑之时世。"（《爱琴馆评选诗慰序》）也正因为这样，所以它奠定了浪漫主义倾向的心理基础。

表象与理想的结合形成日神精神。尼采用"日神"统称美的外观的无数幻觉。梦是日神精神在平常生活中的状态；它坚持静观，总是保持适度克制，赋予事物以柔和的轮廓。日神精神代表造型力量，代表规范、界限和使一切野蛮或未开化的东西就范的力量，专注于对美的形象作纯形式的观照，在再现型艺术中往往占主导地位。日神精神的活动致力于在纷繁杂多中追求和谐整一，与古典主义倾向密切相连。据传拉斐尔画圣母像，曾召请全城最美的女子做模特，并将她们的优点集中起来，以此力图达到尽善尽美，即实现表象的理想化。

情、象、志三者的融合构成艺术想象活动。陆机描述道："其致也，情瞳昽而弥鲜，物昭晰而互进，倾群言之沥液，漱六艺之芳润，浮天渊以安流，濯下泉而潜浸。……观古今于须臾，抚四海于一瞬。"（《文赋》）在这种活动中，表象提供基本材料，情感直接作为动力，理想制导着方向，想象力因而能在无限的时空中自由驰骋，创造出活泼玲珑的意象世界，通过贴切的语言加以物化即是艺术作品。

应该承认，艺术思维还蕴含理解因素。一方面，艺术需要别材和别趣，并不直接取决于知性认识的深度和广度；另一方面，若没有对人生、对社会的深切了解，也不能达到大家风范。莎士比亚的剧作如《罗密欧与朱丽叶》《雅典的泰门》等就有明显的劝诫意旨，并且还有大量的警句箴言。理扶质以立干，缺少必要的理解，艺术思维很可能流于浮浅。艺术不能抛弃理，又不宜直说理，关键在于化"理障"为"理趣"。钱锺书先生综合中外一些美学家的观点而写道："理之于诗，如水中盐，蜜中花，体匿性存，无痕有味，现相无相，立说无说。所谓冥合圆显者也。"① 此说甚是。

按现代心理分析学即所谓深层心理学的观点，心理动力系统可以总分为前意识和无意识两大系统。知性或理解因素无疑属于前意识系统。除此之外，人的相当一部分感性认识和体验也在这一系统。弗洛伊德所谓无意识系统基本是指个人无意识，特别是被压抑的性欲当属于感性层面的内容。后来荣格提出的集体无意识则超越知性与感性的范围，较好地解释了宗教等文化的心理由来，它构成无意识系统的更深部分，艺术思维的理想因素（包括理想人格与生存境界）与之相通，宜归入志性层。

西方有句格言："创造的精神宛如大海，它是由人生所有的河流汇集起来的。"艺术思维由于包含三种思维形式的成分于自身，并且体现了酒神精神与日神精神的协同作用，足见它是主体全身心的投注。也就是说，艺术思维是人类心灵作为三层面、两系列的结构体的整体运行和鲜活体现。艺术思维中所浮现的生活世界可能波涛汹涌，志性则仿佛是其定海神针；可以肯定，没有理想的潜在导引和自由意志的积极活动，艺术家就不可能创作出优秀的作品。

---

① 钱锺书：《谈艺录》，中华书局，1984，第231页。

综上所述，可图示如下：

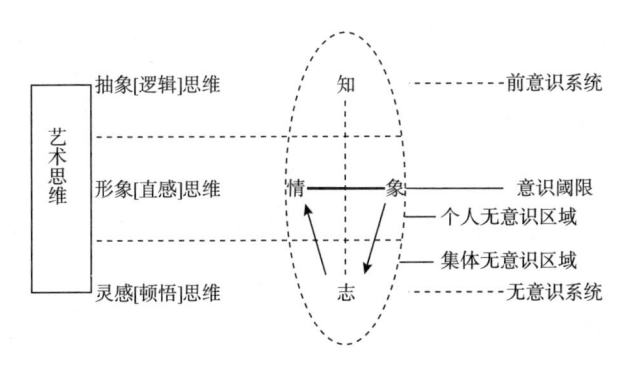

```
          ┌─抽象[逻辑]思维 ─────知─────前意识系统
   艺术思维├─形象[直感]思维 ─── 情─象 ───意识阈限
          │                         ───个人无意识区域
          │                         ───集体无意识区域
          └─灵感[顿悟]思维 ─────志─────无意识系统
```

二 艺术作品的层次秩序

剖析艺术品的纵截面，它具有哪几个层次？中西方古代哲人均有解析文本层次的方法可资借鉴。例如庄子称："世之所贵道者，书也。书不过语，语有贵也。语之所贵者，意也，意有所随。意之所随者，不可以言传也。"（《庄子·天道》）"语"是外在的语言符号，"意"是可以言说的思想观念，"不可以言传"者则是更深层次的蕴藏，需要主体切身领悟。柏拉图区分了画家的床、木工的床与床的理式，意识到艺术品就直接性而言是一种符号形式，它是现实事物的摹本；现实事物之所以出现，在于它是理式的摹本；从这一角度考察，艺术品可谓是"摹本的摹本"①。哲人们将艺术或非艺术的文本划分为三层次，在历史上甚为普遍，不过他们一般偏重于作品内容的分析，对于作品外观则较少予以研味。

在现代西方，最为流行的是波兰美学家英加登的层次划分法。他将"美文学作品"由外而内划分为："（a）语词声音和语音构成以及一个更高级现象的层次；（b）意群层次：句子意义和全部句群意义的层次；（c）图式化外观的层次，作品描绘的各种对象通过这些外观呈现出来；（d）在句子投射的意向事态中描绘的客体层次。"② 在这段论述中，

---

① 〔古希腊〕柏拉图：《文艺对话集》，朱光潜译，人民文学出版社，1963，第70~71页。
② 〔波兰〕罗曼·英加登：《对文学的艺术作品的认识》，陈燕谷等译，中国文联出版公司，1988，第10页。

（c）层和（d）层关系密切，较为容易混淆。后者之所以区别于前者，在于它呈现为观念形态，并且，经过阅读的"具体化"过程，突出体现了主体纯粹的"意向性"，往往言人人殊，所以又可称之为"观点"层次，前者就叙事文学而言大致可以表述为"小说家的世界"①。按照英加登的看法，在优秀的艺术作品中还有一个形而上的层次，即作品所表现出的崇高、悲剧性、神圣性等，它使人沉思默想而可能进入一个升华了的人生境界。

尽管英加登的划分较为细密，富有启发性，但仍存在几点明显的缺陷。其一，由于仅着眼于文学作品，他区分"声音"和"意群"两个层次对于艺术的其他门类显然缺少普适性。其二，英加登尽管是胡塞尔现象学的传人，但对于作品形而上层次的理解，似有撇开接受主体的意向性建构之嫌。如据传为骆宾王幼年所写的《咏鹅》仅"鹅鹅鹅，曲项向天歌。白毛浮绿水，红掌拨清波"十八字，鲜明生动地勾画出儿童眼中一个活泼玲珑的世界，我们怎能排除其中的形而上意味？其三，英加登也不免受到现代科学主义倾向的影响，竟然无视优秀作品必备的风格层。歌德曾指出，风格是"艺术所能企及的最高境界，艺术可以向人类最崇高的努力相抗衡的境界"②。在中国，充分考虑作品的风格层几乎是艺术界的共识，清代画家与画论家戴醇士指出："笔墨在境象之外，气韵又在笔墨之外"（《题画偶录》）。他所讲的"气韵"即风格。

在前人既有认识的基础上，我们可以将所有优秀的艺术作品由外而内分为五个层次，即风格（或气韵）层、媒介层、物象层、认识评价层和哲学意味层。

艺术家在操作媒介描绘物象的过程中，基于其心灵旨趣和生命律动往往有着与他人不同或不尽相同的运作态势；这种运作态势虽然以某些特殊的符号操作能力为基础，但又超越于个别技巧的运用，它特别是艺术家比较稳定的心理动力特征（气质）的直接外化和鲜明体现。当它成功地将媒介与所要描写的题材融为一体，成为美的精神产品的时候，

---

① 〔美〕勒内·韦勒克、沃伦：《文学理论》，刘象愚等译，三联书店，1984，第159页。
② 〔德〕歌德等：《文学风格论》，王元化译，上海译文出版社，1982，第3页。

自然而然地自身也凝冻在作品之中了,于是形成作品独特的气势与韵致,这种犹如云蒸霞蔚的审美风貌便是作品的风格层。

通过媒介的操作,艺术家直接呈现给欣赏者的往往是一幅栩栩如生的生活图景,即物象层。不过看似与现实生活相仿佛的物象其实是经过心灵化的产物,不能不具有艺术家所赋予的情感色彩和价值属性,因而艺术形象可称为"意象"。情与景的交融必然蕴含特定的认识和评价,包括真与假、善与恶和美与丑的分辨和褒贬。一般说来,创作中的艺术家由于恢复了自由人的身份,往往较之日常生活中的他本人更多体现出人的类特性,因而自然而然地倾向于肯定和赞扬真善美,否定和鞭挞假恶丑,这就构成作品的认识评价层。作品的这一层可以较为容易地用概念形式表达出来,如主题思想之类。

与认识评价层适成对照的是物象层所蕴含的哲学意味,它往往超越语言表达的界限,创作者感到只可意会,难以言传。正如陶渊明的诗句所述:"此中有真意,欲辩已忘言"(《饮酒》之五)。叶燮所言甚是:"诗之至处,妙在含蓄无垠,思致微渺。其寄托在可言不可言之间,其指归在可解不可解之会,言在此而意在彼,泯端倪而离形象,绝议论而穷思维,引人于冥漠恍惚之境,所以为至也。"(《原诗》内篇)审美趋向于自由境地,必然具有无限的超验的一维,因为若只是局限于有限的经验层次,就不能达到精神的真正解放。优秀的艺术品正是创作者审美感受和审美意识恰到好处的物化。

其实,无论是风格层、媒介层还是物象层,都直接诉诸人们的视、听,诉诸人们的感官感受,因此三者可以合并为感性外观层。如果将三级形式合并,我们便得到艺术文本的三层次:感性外观层、认识评价层、哲学意味层。由此易于发现,它们刚好与人类心灵存在的感性、知性、志性三层面相对应。

更有兴味的是,艺术文本的五层次以物象层为中轴,展现出一种美妙的两极对应:操作媒介与进行认识评价均需要较多的知性能力参与,风格与哲学意味的形成一样体现志性心灵能力的运行(如下图所示)。

物象层相对于风格、媒介而言是内容(所指),相对于认识评价层和哲学意味层则是外观(能指)。它是感性具体的,感性形象较之抽象

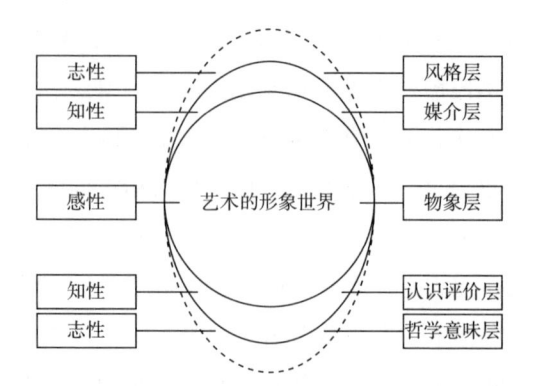

```
志性 ─┐              ┌─ 风格层
知性 ─┤              ├─ 媒介层
感性 ─┤ 艺术的形象世界 ├─ 物象层
知性 ─┤              ├─ 认识评价层
志性 ─┘              └─ 哲学意味层
```

符号的文化运载力远为强大,即所谓形象大于思维。如《五灯会元》记述佛祖在灵山会上拈花而笑,将无可估量的认识或评价因素和哲学意味都内含其中了。正因为如此,艺术文化以感性具体的形态能塑造千姿百态的圆整人格,描绘各种各样的生存环境,展现活泼玲珑的精神家园。

在艺术品中,媒介层"蜕变"为物象层之后,自身以隐而不显为佳。艺术家通常以媒介为筏,最终的目标是舍筏而登岸,欣赏者更是得鱼而忘筌。文学及以文学文本为基础而形成的戏剧、电影等作品有一个特殊之处是有时可能直接裸露认识和评价成分,这是因为语言文字最适宜于直接表达思想观念的缘故,如托尔斯泰的名著《复活》就常有大段的议论。音乐、绘画与雕塑等则不然,认识与评价层完全隐含于物象层之中。

认识事物的真假或评价事物的善恶均是人的知性能力的发挥,显而易见。往往被忽视的是,运用媒介栩栩如生地勾画出作品的形象世界,同样需要知性能力的参与:它一方面表现于对不同媒介的特性的认知,另一方面表现于掌握组织和调配媒介的技能,前者近于自然科学,后者近于工程科学,所以优秀的艺术家几乎都经历过较长时间的"求法则"阶段。

艺术品的一般结构反映出心灵创造的奥秘:艺术家在操作媒介、处理题材而形成艺术的形象世界的过程中,心灵的三层面潜在地实现了双向介入。以物象层为中心,不仅有形而下的媒介层和认识评价层,还滋生出形而上的风格层和哲学意味层。

艺术品的所指深入无限和绝对的领域，无疑是源于心灵第三层面即志性的呈现。表现为作品整体的神采的风格或气韵其实与之相通，因为它是艺术家在操作媒介描绘物象的过程中自身特定的生命律动的呈现（传神）。依据中国哲学的观点，这种生命律动体现天地之道：狂者更多体现乾健精神，通常以气胜，易于形成壮美风格；狷者所体现的多为坤顺精神，通常以韵胜，易于形成弱美风格；中行者则为乾坤和合，气韵协调，易于形成优美风格。

罗丹曾指出，"凡是……天才的艺术家，是会激起同样的宗教情绪的——因为他把他在不朽的真理前亲自感受到的东西传给我们"。所以，"神秘好像空气一样，卓越的艺术品好像浴在其中"①。应该说，这种神秘的氛围不只是艺术作品所蕴含的哲学意味层（生命体验），还当包括作品周身弥漫的风格层（生命律动），因为二者都体现了天地之道，均超越语言所能确切描述的范围。

三　艺术接受的最高境地

这里所谓艺术接受，包括艺术欣赏、艺术批评，延伸至艺术的社会功用。

艺术欣赏的过程是一种以艺术世界为对象的审美过程。张彦远在《历代名画记》中记述了自己欣赏顾恺之人物画的感受和体验："遍观众画，惟顾生画古贤，得其妙理。对之令人终日不倦，凝神遐想，妙悟自然，物我两忘，离形去智。身固可使如槁木，心固可使如死灰，不亦臻于妙理哉！"不难看出，这段话无论在精神上还是在言语上都受到庄子之学的深刻影响，庄子所讲的"心斋""坐忘"被直接借用来描述欣赏艺术的体验。它的第一层次是观赏顾画时流连忘返，第二层次是离形去智、凝神遐想，第三层次是物我两忘、臻于妙理。

表述既明确又形象的当算蔡小石的《拜石山房词序》，其中谈读词的体验有三境："始读之则万萼春深，百色妖露，积雪缟地，余霞绮天，一境也。再读之则烟涛澒洞，霜飙飞摇，骏马下坡，泳鳞出

---

① 《罗丹艺术论》，沈琪译，人民美术出版社，1978，第92页。

水,又一境也。卒读之而皎皎明月,仙仙白云,鸿雁高翔,坠叶如雨,不知其何以冲然而澹,倏然而远也。"宗白华先生认为这段描述极为精妙地形容出"从直观感相的模写,活跃生命的传达,到最高灵境的启示"三境层。①

有理由认为,完整的审美过程总是从感性开始,穿越知性层面而抵达志性领域,因此可以划分出悦耳悦目、悦心悦意②、悦神悦志三境层。就艺术品而言,三者对应于感性外观层、认识评价层和哲学意味层。其中由于感性外观层又含风格层、媒介层和物象层,不同的接受者可能有不同的侧重。

当我们走进艺术展厅,见到许多画作或雕塑,一种活泼灵动的气象就在我们眼前展现,它们中有的显得刚健,有的显得清新,有的显得妩媚;或有的粗犷,有的素朴,有的绚丽,等等。这就是风格。对风格层的领略是对作品整体气象的把握,它需要人们对艺术品作全景式的观照,如果拘泥于局部而难以自拔,就会妨碍对其整体风貌的领悟。

专业的艺术工作者通常特别注重作品媒介层的品味,既要知其然,还要知其所以然,即所谓"外行看热闹,内行看门道"。对媒介层的琢磨是艺术家的职业需要,也形成了他的职业敏感。据记述,俄国大画家列宾在观看《庞贝城的末日》一画时,感动得哭泣起来,事后一反平素的艺术见解而慨叹说:"艺术中主要的东西就是技巧的魅力和美妙的手法。"

普通人欣赏艺术,往往最先注目于物象层。站在《蒙娜丽莎》面前,望着她那神秘的微笑,可能忘记时间的流逝;端详那双富有质感、仿佛散发温馨且富有表情的手,可能不由得发出惊叹。通常有些赞语,如"惟妙惟肖""栩栩如生""巧夺天工"等,便是运用于艺术品这一层次的基本尺度。

任何作品都有某一主题起着统领作用,把握了主题也就把握了创作者的基本意旨,即对生活的认识与评价。以语言为媒介的文学作品的主

---

① 宗白华:《艺境》,北京大学出版社,1987,第155页。
② 取《庄子·人间世》中"心止于符"义,此"心"即知解之心。

题相对要明晰一些。蒲松龄的《聊斋志异》，共辑了近五百篇荒诞离奇的故事，然而绝非只是要资人一笑，一般都有着明确的嘲讽意义。

艺术有可能揭示人生的哲理。现代许多诗歌、小说和戏剧，如艾略特的《荒原》、卡夫卡的《城堡》、贝克特的《等待戈多》等，都具有较强的哲理意味，其主旨是描述人类生存的境遇，探索人世的奥秘，虽然大多持悲观的看法。欣赏这类作品，必然进入哲理层次。

艺术批评是将欣赏过程中的感受（包括认识和评价）较为明白地"说"出来。泛览古今中外的艺术批评，人们一般将其宏观地区分为人本主义与科学主义两类，实际上二者源于心灵两系列的主导情况。由于两系列都含有三层，于是而有六类。不过科学主义批评主张价值中立，着重于形式的研究，所以可归为一类。因此常见的有四种批评模式。

一是印象－欣赏式批评。我国古代的文艺批评多属此类，它侧重于描述个体的主观印象，点到为止，语焉不详，批评与欣赏的界限颇为模糊，艺术化的倾向非常显豁。如钟嵘的《诗品》开创了"诗话"这一独特的批评文体，往往熔欣赏、批评和创作于一炉。批评家的目的是自娱或邀人共赏，批评被当作一种艺术创作活动，注重直观感受而贬斥知性解析，不要求普遍适用性，追求表达的艺术性，讲求文体的优美雅致。可以说，印象－欣赏式批评是其他各类批评模式的必要起点。

二是社会－道德批评。无论是东方还是西方，社会－道德批评在历史上均居于显著的地位。这类批评主要来自非艺术家阶层，他们一般只把艺术看作人们的社会化生存中辅助性的文化形式，并由此出发确定褒贬，要求它有助于道德教化和政治需要，能移风易俗。由于从社会角度考察文艺现象，艺术家的身世便备受重视，历史真实性与思想倾向性往往构成批评的焦点，形式研究仅居次要地位；又由于按某种价值尺度进行分析评价，所以判断具有特定群体性、时代性和相互否定性的特点。

三是文本－规则批评。这一批评模式也有悠久的历史，不过其典型形态出现于20世纪的西方，也许是作为对印象－欣赏式批评（在西欧）和社会－道德批评（在俄苏）的反拨而出现。此种批评把艺术品看作独立自足的结构体，并以之为批评的唯一对象，致力于寻找某些恒定的形式规则，对作品的具体内容往往弃之不顾，抱着科学研究的态度，客观、冷静、细致地剖析对象，通常采用科学图表式的解析、大学讲义式的文体。因此无论在内容上还是在文体上，此种批评最为接近于文艺理论。

四是冥思-顿悟式批评。以哲学家（包括宗教思想家）的身份和眼光，联系宇宙、人生的本体方面的思索鉴赏文艺作品，产生这种批评。如西方柏拉图、我国王夫之谈文艺的著作即是。在20世纪文艺批评诸流派中，以海德格尔为代表的存在主义批评担当了这类批评的典型角色。它重视个体的本真生存，把艺术世界看作精神家园，尽力发掘艺术品的诗意成分，追寻"天人合一"的境界，不泥于艺术品，不拘于艺术家，重在欣赏主体心灵的攀缘领悟。这类批评对艺术形而上层面的揭示，还原了艺术文化应有的崇高旨趣，展现了人生可能有的精神家园，具有其他批评模式不可替代的功用。

印象-欣赏式批评、社会-道德批评和冥思-顿悟式批评的主导倾向是价值评价，属于人本主义阵营；文本-规则批评在20世纪前后相继出现俄国形式主义、英美新批评和法国结构主义，它们由浅入深也恰好体现为三个层次。这些批评模式的形成大致对应于艺术批评的中心——作品的方方面面，其统一的逻辑基础则在于人类心灵的本体结构。

人类心灵	两系列	评价（价值）系列	认识（抽象）系列
三层面	艺术作品	人本主义倾向	科学主义倾向（文本-规则批评）
感　性	感性外观层	印象-欣赏式批评	俄国形式主义
知　性	认识评价层	社会-道德批评	英美新批评
志　性	哲学意味层	冥思-顿悟式批评	法国结构主义

由于艺术本身的具体性和丰富性，所以在受众中可以发挥广泛的作用。有的论者（如苏联学者卡冈）从不同方面和不同层次上列举了几十种之多，实际上还远未穷尽。提纲挈领地把握，艺术最基本的功用可归纳为四种，即娱乐功用、认识功用、教育功用和升华功用。其中以升华功用为最高层次。梁启超认为，文学作品有熏、浸、刺、提四种力，

前三种力是自外灌输的，提之力则自内而脱出，所以当看作"佛法之最上乘"。他描述道："夫既化其身以入书中矣，则当其读此书时，此身已非我有，截然去此界以入于彼界，所谓华严楼阁，帝网重重，一毛孔中，万亿莲花，一弹指顷，百千浩劫。文字移人，至此而极。"① 这是微末见大千、刹那悟永恒的体验，是艺术作用于人的极致。

如果说艺术的认识功用近于科学，教育功用近于道德，那么升华功用则表明其含有与宗教和哲学相同的崇高旨趣。艺术以其感性具体的形式诉诸人的感官，不仅悦耳悦目，而且兼摄其他文化领域的基本功用并达成有机的统一，因此艺术的确是最能体现完满人性的文化形式。艺术作为虚拟的乌托邦国度，最为容易恢复人的本真和自由，趋向于个体人格和群体生存的完满境地。

第二节　志性在科学与道德领域的体现

从人的主体性着眼，科学和道德文化可谓是人类依据自身的需要和能力的"立法"。就需要而言，人类生存面临着双重环境，一是人与自然的关系，需要认识和利用自然以满足物质生活需求；二是个体与群体的关系，需要营造正义、进取与和谐的人际环境。在康德看来，科学文化是人的知性为自然立法，道德文化则是人的 Vernunft 为自身立法。不过，若穷根究底，前者亦受心灵第三层面制约。本节我们将着重就科学文化立论，道德文化由志性生发已得到越来越多的人所认同，且笔者已有专著系统阐述②，因而相对从略。

一　信念在科学活动中的引导作用

近代以来科学的迅猛发展较多依赖于观察与实验。现代科学活动很大一部分可由计算机来完成，如实验进程的操控、实验数据的采集、实

---

① 梁启超：《论小说与群治之关系》，《饮冰室文集》卷十。
② 拙著《中国哲学原理》（中国社会科学出版社 2012 年版）坚持面向世界、扬长避短的原则，着重阐述了中国传统哲学无需人格神的宣谕而进行道德立法的思想系统，希冀有助于当代世界能超越宗教教派之争而重建人类的价值体系。

验结果的统计等。仅就人类的知解力而言，它有逐渐为计算机所取代的趋势。谷歌的工程总监库兹韦尔不久前甚至预言，计算机的智商在2029年将超过人类。能否说人在科学领域将被边缘化？答案当是否定的。理由在于：人类具有超越知解力层次的理想和自由意志及其滋生的信念。人们制造计算机代替自己的工作，可以赋予它认知必然，却没能赋予它实现自由。

单纯从知识的确定性和明晰性角度评价，信仰与信念曾有不好的名声。柏拉图认为，真正的知识是哲学，其次是数学，其他的自然科学观念形成于人们对可感事物的共同知觉，只是属于信念或意见范畴。休谟明确地将信仰排除在知识之外，断定人们形成上帝观念的心理根源是无知和幻想；他甚至怀疑近代自然科学得以建立的基础，因为物理世界的秘密并未直接展示出来，人们探究其中的因果关系其实只是潜在地靠信念来维系。

信仰与信念本是两个非常相近的概念，二者都蕴含理想的指向，具有确信的性质，能引导甚至支配人们的行为。不过"信念"的用法要宽泛一些，与经验领域联系紧密，明显兼有认识、情感和意志诸因素，个体因时因地可以持有多种并不冲突的信念，即使面临同一对象，也可以有中心信念和边缘信念并存。"信仰"则具有宏观、整体、一元等特点，一般特指对于本原甚至绝对的存在或自由而神圣的生存境界的崇敬和向往，景仰超验领域，因而与知识的界限较为分明。如果说普通信念中较多以既有的认知为基础，那么作为其最高层次的信仰则突出体现了主体的自由，主要为心灵中意志高扬的产物。正因为存在这些含义的差异，人们通常将"信仰"运用于宗教和哲学领域，而用"信念"指称科学活动中对某种具有引导性的观念的确信且贯彻于行动的精神因素。

若如康德所言，人类的理想植根于柏拉图所谓理念，则完全可以说，科学家的信念植根于心灵的志性层面。它不仅包含"应该"是什么的追求（理想），而且还包含"必须"怎样做的决定（意志），超越感性与知性的志性心灵能力恰好是理想与自由意志之母体。一方面，志性决定着科学家们持有宇宙是和谐统一的理想信念，因而在研究活动中总是追求更高的统一性。爱因斯坦在1905年发现了狭义相对论,揭示了质能转化与光速的关系;然后用了大约十年的时间将狭义相对论与引力场统一起来,完成了广义相对论的论述;不久又进入建立统一场论的艰苦探索,试图将电磁场和引力场等纳入同一理论构架中进行解释。他总结自己的研究历程时写道:"所有这些努力所依据的是,相信存在应当有一个完全和谐的结构。今天我们比以往任何时候都更没有理由容许我们自己被迫放弃这个奇妙的信念。"① 另一方面,志性又赋予科学家们在探索过程中百折不挠的意志力量。与天地合德可为人的生存营造精神家园,发现和欣赏大自然美的构造能给科学家无穷的乐趣,这种动力源泉远远超越了感性的欲念和知性的"机心",不仅强大而且纯洁、持久。居里夫妇在极其艰苦的条件下提炼出震惊世界的镭元素,并且放弃专利而终身不悔,他们享受了来自更深层次的幸福感:物理世界是美的,科学研究从不同角度揭示了它的美并且不断增加它崭新的远景,为此终生埋头于实验室的工作而自得其乐。

科学研究活动一般包括发现问题(怀疑)、提出假说(猜测)、经验证实(或证伪)诸基本环节,我们可以发现,作为志性心灵能力具体体现的信念其实潜在地全程参与其中而不可或缺。

发现问题是科学进步的重要一环。人类自古至今都力图解释自己生存于其间的世界,怀疑一般是基于既有见解不能周密解释某一事实或更大范围的事实的一种批判行为。如哥白尼之所以怀疑"地心说",就在于他发现既有的权威见解矛盾百出,排除逻辑矛盾便是信念的表现。彻底的怀疑论者由于不具有建设性在科学研究中是不足取的,着眼于建设就必须有信念的支撑。笛卡尔虽然主张普遍怀疑以摆脱蒙昧,但"我思故我在"的格言告诉我们,纵使怀疑一切,还是当以人的理性为立足点。人的理性通常与必然性联系在一起,而在西方学界看来,最高的必然性源于上帝,由通达信仰的信念支撑的怀疑因而同样具有充足理由。如爱因斯坦至死也没有被波尔等的量子理论所说服,因为他坚信微观世界也有其必然律,"上帝不会掷骰子"。应该说,爱因斯坦的怀疑可能

---

① 《爱因斯坦文集》第1卷,许良英、范岱年编译,商务印书馆,1976,第299页。

预示着量子研究的另一个方向。

波普尔将迄今为止的所有科学知识都看成一种猜测，确有一定道理。由于人类认识能力和文化符号的局限，今天看似确定无疑的论断可能在明天就会被更为精确的表述所代替，历史上出现的几次科学革命有力地证明了这一点。在通常意义上，人们普遍认同，科学知识的前身是猜测，它提供了一种解释现象或解决问题的方案或假说，而假说的提出离不开信念的引领。海森堡曾与爱因斯坦交流经验说："正像你一样，我相信自然规律的简单性具有一种客观的特征，它并非只是思维经济的结果。如果自然界把我们引向极其简单而美丽的数学形式——我所说的形式是指假设、公理等等的贯彻一致的体系——引向前人所未见过的形式，我们就不得不认为这些形式是'真'的，它们是显示出自然界的真正特征。"[①] 人类认识自然的发展史对于各种不同的猜测或假说有一个择优的过程，如哥白尼的"日心说"经过开普勒的改进后显然优于亚里士多德－托密勒的"地心说"，信念往往潜在地制约着择优的方向。

科学研究活动的成果也在不断强化研究者的信念：宇宙存在和谐有序的法则，它具有简单而美丽的特征。人们今天广泛运用的电磁理论方程，其实是麦克斯韦在没有实验依据的情况下，基于审美的考虑对法拉第等拟出的电磁理论方程的大胆修正，后来被一再证明它是正确而相对简洁的表达。芸芸万物，形态各异，古希腊的德谟克利特推测万物由不可再分的原子组成，至18世纪晚期得到实验的证实；20世纪的科学修正了德谟克利特的观点，揭示出原子由更小的粒子组成，但同时发现原子的内部结构与一个星系（例如太阳系）的内部结构甚为相似。19世纪的化学元素研究突飞猛进，据传门捷列夫从一次梦境中得到启示，将当时已发现的63种元素根据其原子量排列成一张元素周期表，并且根据这个直角坐标网络，纠正了十多种元素的原子量，还预言了镓、钪和锗的存在。种种事实表明，开普勒认为宇宙像一个时钟是有道理的，只是今天我们需要补充说，它同时还像云，确切些说是云与钟的统一。信

---

① 转引自《爱因斯坦文集》第1卷，第216页。

念的滋生和修正恰好体现了自由与必然的相互作用，因而信念常常担当科学研究活动的指路星。

二 志性在科学方法中的基础地位

科学文化是人类认知物理世界的符号表达。如果说物理世界的物质元素一般由最原始也最基本的氢元素演变而来，那么就有理由推论，我国《周易》所揭示的乾辟坤翕是宇宙万物的根本法则，二者刚好合乎宇宙似云又似钟的图景，便于解释万物的存在与演变是混沌与有序的统一。科学活动中人类赖以认识世界的各种方法（包括思维工具）大多可以看作二者在不同情境中的变体。

分析与综合是人类两种最基本的思维方法。笛卡尔的《方法论》旨在为理性时代制定思维规则，其中提出的四个基本原则就围绕分析与综合展开。休谟认为，人类的所有知识都由判断构成，而知识当分为两类：一类为关于观念关系的知识，如数学中"等角三角形的边长相等"之类命题，只凭思想的作用就可以发现它们；另一类是关于事实的知识，如"明天可能要下雨"之类，它们需要依据观念关系之外的经验做出判断和进行检验。前一类命题属于分析判断，后一类命题属于综合判断。一般而言，分析是思维把事物分解为各个部分而加以考察的方法，综合是思维把事物的各个部分联结成一个整体进行考察的方法。前者将"一"分为"多"，后者将"多"合为"一"，二者是所有科学研究者必备的本领，只是或有偏重而已。显而易见，这对方法论范畴是志性既能生又能集或一辟一翕的具体表现形式。

推理过程亦然。它是按一定的逻辑规则从一个或几个判断中得出一个新判断的思维形式，主要有演绎与归纳两种类型。莱布尼茨在其《单子论》中指出，我们的推理建立在两大原则之上：一是必然理由律，包括亚里士多德揭示的同一律、矛盾律和排中律，凭借它可以判定包含矛盾为假，反之为真；二是莱布尼茨自己提出的充足理由律，凭借它可以确定任何一件事实或陈述若是真的，就必须有为什么这样而不那样的充足理由。于是而有两种真理："推理的真理和事实的真理。推理的真理是必然的，它们的反面是不可能的；事实的真理是偶然的，它们的反面是可能的。"① 这里所讲的推理的真理来自演绎，事实的真理来自归纳。前者是从一般推演到特殊乃至个别，后者是从个别抽象为特殊乃至一般。莱布尼茨甚至将充足理由律的最后根据（或理由）归结为最高的实体——上帝。

由演绎推理获得的结论由于已蕴含于前提之中，所以当前提为真时结论必然为真，只是并不能增加新的知识，如断定"某物体具有广延的属性"，谓项的内容其实已包含在主项"物体"之中；由于归纳往往是不完全的，推理获得的结论虽然包含了不同于前提的新内容，但作为知识却具有或然性，如人们根据大量的经验而断定"天鹅是白色的"，却不能保证所有的天鹅都是如此。唯理论者重视理性的分析，经验论者重视经验的累积。康德力图调解二者的对立又克服二者的局限，提出真正的知识判断是先天综合判断，并认为这是一切科学得以可能的条件：由于是先天的，所以具有普遍性和必然性；由于是综合的，所以具有客观的经验基础和开新的观念内容。在康德看来，"一切物体皆有重量"就属于这样的命题。康德的创新，可看作认识论领域的乾（先验演绎）坤（经验归纳）并建。

纯粹从心理活动着眼，康德所谓"先天综合判断"可释为主体在认识过程中既有对经验事物的"同化"，又有对经验事物的"顺应"。皮亚杰研究儿童认识的发生，认为它形成于同化与顺应双向运动的"中途"，这从一个特定方面呼应了康德的观点。

最为直接印证志性的两维在科学活动中居于基础地位的是当代心理学的"发散式思维"（Divergent Thinking）与"收敛式思维"（Convergent Thinking）两种模式的区分。前者的趋向是由一扩散于多，为自由意志积极活动的表现，敏于发现问题，冒出各种猜测，提供多种解决方案，思维仿佛天马行空般无拘无束，又可称为辐射思维、求异思维等，通常是个体富有创造力的主要标志；后者的趋向是由多凝聚于一，当是自性原型的潜在制导，它坚持逻辑，长于筛选择优和加工美化，让混乱走向秩序，纷杂变得简明，歧异得以统一，因此又可称为辐集思

---

① 《西方哲学原著选读》上卷，第482页。

维、求同思维等,是形成创新成果不可或缺的基本条件。毫无疑问,二者是相辅相成的关系,犹如《周易·系辞传》所言:"乾知太始,坤作成物。"

对于科学研究弥足珍贵的灵感思维很可能产生于这种对立二元的交互作用。我们甚至可以推测,当爱因斯坦某天坐在伯尔尼专利局的椅子上向后仰靠而感觉近乎自由落体的时候,有两道电光在他脑海撞击出灵感的火花:一是意志的自由选择,一是原型的恰当规范,二者恰到好处的结合使他走向一种全新的重力理论,并最终引出广义相对论的发现。当代神经生理学已初步揭示,灵感的迸发可以通过脑干的左右对称的六列神经核的活动予以解释。① 若果真如此,表明它源于心灵的深层,因为脑干无疑是大脑最为原始的部分,其左右对称的各列神经核的互动与互补当最能体现天地之道。(如图)

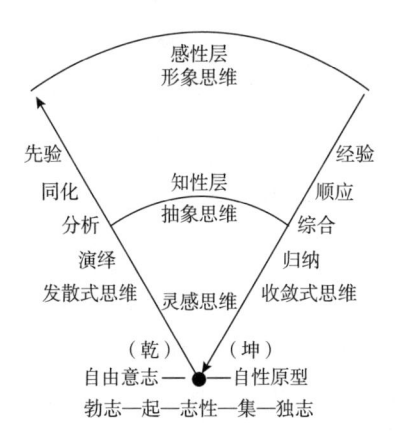

```
              感性层
              形象思维
     先验              经验
     同化    知性层    顺应
     分析    抽象思维  综合
     演绎              归纳
  发散式思维  灵感思维  收敛式思维
            (乾) (坤)
          自由意志——自性原型
        勃志—起—志性—集—独志
```

范畴是理智思维必备的工具,犹如捕鱼活动之渔网。在西方,亚里士多德在《范畴篇》提出判断的谓词共有十类,即十个范畴:实体(如人)、数量(如两个)、性质(如男性)、关系(如兄弟)、何地(如野外)、何时(如早晨)、所处(如站着)、所有(如穿衣)、动作(如讨论)、承受(如遭水灾)。② 人们对世界的认识通常以判断的形式表述,考察判断的谓词的种类从而归纳为范畴的确是一种便捷的方法。

---

① 参见〔日〕山元大辅主编《大脑》,第113页。
② 苗力田主编《古希腊哲学》,第400~401页。

十个范畴中，实体是其他九个范畴的主体、基础和中心。围绕它，可以合成对某一情境的整体描述，如早晨有两个男人，他们其实是兄弟，穿着雨衣站在地头讨论如何应对水灾的办法。在亚里士多德看来，这些范畴是人类概括经验（感性）材料的结果，并不是先天具有的能力。毋庸讳言，由于局限于经验材料的概括，得出的十个范畴是一种不完全的归纳或枚举。

在亚里士多德的逻辑学基础上，康德采用演绎法列出的范畴表无疑更为完备和周密。他依据判断的形式推演出十二范畴：从量的方面看有统一性、复多性、总体性；从质的方面看有实在性、否定性、限制性；从关系方面看有实体与属性、原因与结果、主动与被动；从样式方面看有可能与不可能、存在与不存在、必然与偶然。① 照康德的意旨，每一组中的第三个范畴具有合题的性质，如"限制"正好是实在加否定，"必然"是通过可能给予的存在。与亚里士多德的观点截然不同的是，康德认为理智的先天法则不是从自然得来的，相反是给自然界以规定的，亦即理智为自然立法。遗憾的是，这一范畴系统也同样主要着眼于静态的空间中的剖析，而未能充分显现动态的时间中的辩证运动。

也许正因为有这样的弱点，黑格尔转向动态的包括时间维度的考察，力图达成历史与逻辑的统一。黑格尔的《逻辑学》既是其哲学的本体论，又蕴含其哲学的认识论，因为其主旨是揭示绝对理念的展开或自我认识的过程。该书以二元对立经辩证的否定而导致变易为经，以存在论、本质论和概念论为纬，从一个什么都不是的"纯有"开始，推演出质与量、本质与现象等范畴，并将形式逻辑所讲的概念、判断和推理包含于自身。这种辩证逻辑植根于对超验领域的领悟，刚好与亚里士多德所倡的经验材料的概括反向而行。

上述简要的比照启发我们，康德虽然未予交代，但其所列的知性范

---

① 见于陈修斋、杨祖陶《欧洲哲学史稿》，湖北人民出版社，1987，第462页。参见〔康德〕《纯粹理性批判》，第87页。其中"总体性"似表述为"具体性"为宜，如此正好与"单称"判断对应，且恰为统一性与复多性的合题。

畴形成的根据当追溯于心灵的深层,在同一与差异之间形成二元对立,经过辩证否定而出现二者的合题——正好是康德所列范畴表所遵循的逻辑。当然,亚里士多德的观点也有存在的理由,知性范畴一方面固然植根于本体的普遍性,另一方面又的确为着把握现象的无穷个别性而形成。概而言之,知性范畴是受志性能力制导而概括感性材料的结果,是经验之维与超验之维两个方面交互作用的产物,因而是介于普遍与个别之间的一种"特殊"。低于人类的其他动物之所以没有形成这些范畴,在于它们没有达到这两端的联通。

三 志性是联通道-德-福的枢纽

志性在道德领域的基础地位显而易见,人类的道德文化由于直接来自本体界才具有神圣性。如果它只是圣人的发明(如荀子的观念)或契约的规定(如西方经验论),则可能是无根的浮萍,而道德应该坚如磐石,砥柱中流。

汉语的"道德"一词,远非西文的 moral 所能对译,它并不包含教训意味,自律或自己决定自己是其题中之义。华夏先哲认为,"德"者得也,得于道之谓。《老子》又可称作《道德经》,正合乎这种意义。《中庸》开篇即言"天命之谓性,率性之谓道",所谓性也就是德,依德而行即人道之应然,故有"德性"之谓。据此考察,现今人们普遍并提"伦理道德",严格说来应该有所区分:伦理一般指称人与人之间相对外在的关系秩序,往往出自特定时代或特定地域的社会规约,如礼义之属,须求助于观念的灌输和习惯的培养,他律的成分较多;道德才是康德所谓自由领域,因为它建基于天地之道,表现为良知良能,超越个人乃至特定群体而带有全人类性倾向(或通天下之志),根深而蒂固,所以具有神圣性。例如佛家不愿遵从世俗伦理,甚至提出"沙门不敬王者",但是却有着深刻的道德哲学。就狭义而言,道德当为伦理的根基①,诚如孔子所指出的:"人而不仁,如礼何?"(《论语·八佾》)

---

① 当今人们普遍呼唤的"诚信"即是道德之诚与伦理之信的结合,前者本于道,后者缘于教。

《周易》以乾坤范畴为枢纽,顺理成章地将天地之常道与人类之美德贯通起来。所谓与天地合德可解读为人类本性的呈现当合乎天地之道的运行。正如《乾》《坤》二卦的《象传》所言,"天行健,君子以自强不息";"地势坤,君子以厚德载物"。自强不息为志,厚德载物为仁,人之德中志、仁兼举恰好是天之道的乾、坤并建的逻辑延伸或必然要求。乾健不息有利于建功立业,坤厚载物有利于人际和谐。此二德在人类本性中天然而存,非由外铄,只是个体或有所偏蔽而已。孔子最先倡导人们在现实生活中应当将自己造就为"志士仁人",体现了对道德精神的全面把握。孟子"尚志",实可蕴含他所讲的"居仁由义"。

　　遗憾的是,由于宗法制度的需要,后世儒者多孜孜于角逐仕途而渐失原始儒家思想的自由品格与进取精神,理当追求族群社会的长盛(体现乾道)久安(体现坤道)变成只求一家天下的"长治久安"(均循坤道),与之相应,"志士仁人"亦被偷换为"仁人志士"。检索文渊阁《四库全书》,"志士仁人"一语自孔子提出后在"史部"出现了50次,从班固的《汉书》开始一直延续,而"仁人志士"仅5见,始于明代黄训编纂的《名臣经济录》;前者在"子部"凡55见,后者仅11见;"集部"分别为149见与46见。从中可以看出,"仁人志士"的用法均出现在有宋之后并逐渐变为成语。人格理想中志与仁两维主导地位的转换或许正好反映出中唐以后华夏民族精神趋向于保守和疲软。

　　更有甚者,儒学演变为以仁为总德,让道德滑落为以礼教为基础——也就是以礼为伦理的核心,以仁为道德的核心。这种价值观念系统的偏移具有鲜明的因循保守倾向,严重妨碍华夏民族的文化发展和社会变革。应该承认,这一观念系统的形成有其必然性或者说存在的合理性,以农耕经济为基础,形成与之相应的宗法制度,进而建立起世代相传的家天下,小至一家大至一国,都需要外在的"礼"以明分、保持秩序和内在的"仁"以传爱、凝聚彼此。但它背离了人人生来平等、应尊重个体的独立与自由诸更为根本的原则。如果今天还想维护这种"国粹",无怪乎人们宁愿"西化"。

　　其实,仁只能是德之一元,并且是相对保守的一元。仁者爱人,仁为爱之理。爱是一种向心力,能有效地维系群体内部或个体之间关系的团结，正是易道中坤元之禽的突出体现。《说文解字》释仁为"亲也。从人从二"；同时交代其古文的写法为"忎"，大约是指体贴众人之心。徐铉认为，"仁者兼爱，故从二"。段玉裁的注释更为具体："独则无偶，偶则相亲，故字从人二。"也就是说，单就个体而言，无所谓仁之德，仁是在与他者并立时相亲相爱、凝聚彼此的心理纽带。在这种意义上，仁可谓是由内在的道德转向外在的伦理的枢纽。①

除了向内凝聚之外，仁德还具有柔软的特征：《说卦传》将人道的"仁义"对应于地道的"柔刚"；郭店楚简中《五行》称柔为"仁之方"；扬雄答问时明确肯定"君子于仁也柔，于义也刚"（《法言·君子》）；朱熹也曾承认，"仁是个温和柔软底物事"（《御纂朱子全书》卷四十七）。一般而言，男德刚，女德柔，所以常有"严父慈母"之谓，表明母性通常较多占有仁德。《说文解字》又以仁释"恕"，而此字的古文"从女从心"。的确，现实生活告诉我们，女性较之男性往往性情温柔而富于凝聚力，可见将仁归于坤顺之性具有充足的理由。

当然，着眼于个体与群体乃至人类与自然关系的和谐，给予仁德以怎样的估价都不会过高。它或表现为己欲立而立人之忠，或表现为己所不欲勿施于人之恕，而其极致处是总多归一，在心理上浑然与天地万物同体。

志与仁是志性在道德领域展现的二维。其中志为向外发散的自由意志，属于乾健之性（志在认识领域表现为坤顺之性，如孟子所讲的"专心致志"，庄子所讲的"独志"等，已见前述），据于天地之道而显之于浩然之气与正义观念，构成人在处事谋利时所应遵循的原则，所以孔子和孟子都将它比喻为心之统帅。可惜人们普遍以仁为德而忽视了志。其实，尚志者德高，如屈原，胸怀高洁之志而使其人格"可与日月争辉"；守仁者德厚，如闾巷中有无数"大爱无疆"的感人事例。这种忽视导致我国学界迟迟未能以志范畴为基础建构完整而明晰的道德哲学体系。毕竟人同此心，心同此理，这一使命至18世纪由康德基本完成。将中国哲学的丰厚财富与康德的理论框架相结合，是当代世界价值领域

---

① 尚志者有可能特立独行，守仁者则不然。

的文化建设之迫切需求。

耐人寻味的是，尽管缺少学理的深入阐述，中国人在日常生活中却常用"同志"或"同仁"称谓。最初使用时或为偶然，但既然能够普及和流传，表明其中蕴含着必然。从中间接地可见志与仁为天赋之性，构成个体人格大厦的两大支柱。① 当然，二者不能或少，不宜孤行。志强而仁薄，一般欠缺亲和力，反之，仁厚而志弱，就没有蓬勃朝气。更进一层看，志的弘扬是公平竞争的基础，是社会和人生不断超越现状的动力源泉；而仁的浸润则是团结友爱的基础，是保持既有社会秩序、营造群体关系和谐的根据。因此有理由肯定，人类社会发展到工业乃至后工业时代，尚志超出守仁而更能应和时代的律动。

孟子讲"居仁由义"，是一个非常值得品味的思想深刻且表达精确的心学命题。"居"者人之安宅，"由"者人之正路（或者说正道）。安宅（如心灵之港湾）静而柔，正路（须直行）则动而刚，与《周易》的仁柔义刚思想相通但更为具体；安宅在内而正路在外，又昭示了层次之分。后者还暗含一重意义，即相对而言，仁更为根本。当然，对于专注于社会伦理的某些后学，可能推广、化用为"居仁由礼"，虽然不合乎孟子的思想②，但在逻辑上的确可以成立。

依现代的视界，我们可以对义、礼的关系看得较为"邃密"③ 一些。首先，义偏于内在的道德方面，礼偏于外在的伦理方面。相对而言，义从中出，礼由外作。其次，由于是内在的德性表现于意识层面，所以义常为人的实践行为的自律因素，正己以处事，一般不为外境的顺逆所动摇，即所谓义不容辞；由于来自现实伦常关系的要求，所以礼多是人的实践行为中的他律因素，因时因地需要适当变迁，个体仿佛舞台上的角色，常常不免丧失自己。再次，由于正己、自律，所以行义之人要求"我（I）"字大写，通常持有平等观念，因为道义可以有上帝般

---

① 人们之所以没有使用"同义"或"同礼"相互称谓，可能是潜在地意识到礼、义的外在性。

② 孟子不同于孔子，较少言礼，有时甚至主张只要秉持正义就可越礼，如见嫂溺则叔当伸出援手。

③ 此处冒取朱熹"旧学商量加邃密"一语。

的崇高；由于着眼于现实关系，而现实的人处在不同的社会等级之中，所以循礼之人极为看重尊卑，卑贱者的言行举止必须揣摸尊贵者的要求。

如果说志与仁构成道德的二元，植根于人类天性之中；义与礼构成伦理的二元，形成个体在群体生活中的规约；那么它们应对的是现实的事与利；三者正好体现心灵的三层面。并且，从道德角度观察心灵的先天结构，中国先哲所谓天地之性正是志与仁，气质之性处在义与礼的两侧（分别为气之刚柔与智之颖钝），食色之性见诸感性的情欲和表象。道德活动的真正秘密在于要求人回到根部思考、评判和行动，此即陆九渊最为服膺的孟子之名言："先立乎其大者，则其小者不能夺也。"（《告子上》）

志士仁人就是与天地合德的人。现实生活中德与福的不匹配造成哲学的千古难题，因为人是追求幸福的，如果有德却不能有福，德又有何用？德与福的相悖导致人们相信命运的安排而转向宗教，往往通过"灵魂不死"（基督教）或"轮回转世"（佛教）的公设获得精神的慰藉。我们的回答是，个体理想的生存大致可以达到德福相当，而理想的社会必然要求德福相当。若此论成立，则无论是个体还是社会，德福相当的营造均应以志性及其滋生的理想为前提。

孔子无疑是厚德之人，可是生前奔波于列国之间，差一点饿死于陈、蔡，看似德福相悖，其实不尽然。关键在于转变一种视角，从厚德者自身的立场和观点思考：人生之福并不等于荣华富贵，而取决于能否积极奋斗以达成一定限度内的自我实现，为群体乃至整个族类带来福祉。孔子志在淑世救民，且不限于当代，他在自己所处的条件下尽力而为，离世时自有欣慰；若在九泉之下有知，或许未必赞同后人认为他无福的观点。同样道理，父母含辛茹苦将后辈抚育成人，甚或培养成才，亦可含笑于九泉。

从社会着眼，由于人类的灾难绝大多数来自同胞之间的相损与相残，因而我们可以确信，以志、仁兼举为基础建设高度的精神文明以逐步杜绝人祸，将是改善人类生存境况以接近德福相当的根本途径。如果所有的社会成员都是志士仁人，那么生活中就不会有坑蒙拐骗，职场上也无须钩心斗角，不同国家或民族不会因其特定群体之私而争得你死我活，以致将自己置于火药桶上惴惴不安地度日。尚志要求不断发展，守仁则要求持久和平；可以比之为人类社会航船的双桨，航船依赖二者才能快速而平稳地驶向光明的彼岸。

科学文化与道德文化都产生于人类心灵的知性或理智层面。不同的是，前者由对现象界的抽象而获得，后者由本体界的呈现而形成；前者由"多"趋向于"一"，后者由"一"发散于"多"。"一"者，志性也，实为人类认识与实践之根由。由此可见，志性的确既是科学活动的归趋之所，又是道德活动的发源之处。

第三节　志性在宗教与哲学领域的体现

俄国著名作家契诃夫有句名言："人应该或者是有信仰的，或者是在探索信仰的，否则他就是个空虚的人（或译为'行尸走肉'——引者注）。"① 的确，信仰是一个人安身立命的精神基石，让人的生活有一个高远的目标，并可能提供不竭的动力；如果没有它，就会造成生命不能承受之轻。人类创造的各种文化总是基于特定的心灵能力和适应特定的生存需要而产生，宗教与哲学所拓展的领域能满足人们信仰的需要，因此不可或缺；但它们是基于何种心灵能力？至今仍众说纷纭，莫衷一是，值得进一步探讨。

一　志性在宗教活动中的地位与作用

关于宗教的起源，古代最为盛行的观点是天启。在婆罗门教、基督教和伊斯兰教等宗教的典籍中，均有神灵启示或宣谕的记述。尽管言之凿凿，近代以来却屡屡遭到崇尚科学精神的研究者强有力的挑战。

英国人类学家泰勒和弗雷泽致力于原始文化的田野调查和其他形式的资料收集，都志在做一个科学的宗教理论家，将宗教归于原始文化范

---

① 转引自〔苏〕帕佩尔内《契诃夫怎样创作》，朱逸森译，上海译文出版社，1991，第430页。

畴，认定凡是诉诸神秘经验或某种超自然启示等对宗教来由的解释都是不可靠甚至不可信的，必须在研究中予以清除。在他们看来，宗教的产生与原始的万物有灵观念或巫术相关，例如直到近世，日本的天皇仍然被视为充满魔力，他的双脚不允许接触地面。这种经验主义的解释主要停留于现象的归纳，未必揭示了贯穿于现象之中的真正本质。

擅长于抽丝剥茧的奥地利心理医生弗洛伊德由于只注意到意识与个人无意识两个层面，兼之他自始至终都是一个无神论者，竟然将宗教信仰视为一种病态的幻觉，认为"宗教就是人类普遍的强迫性神经症，和儿童的强迫性神经症一样，它也产生于俄狄浦斯情结，产生于和父亲的关系"[1]。他描述说，儿童在其成长过程中常常将父亲看成与神一样的强大，仿佛全知全能，产生由衷的敬畏。但当他成长为青少年时，认识到父亲也终究难免一死，于是将孩提时产生的对父亲的敬畏转移到上苍，崇拜一位严父般的上帝。弗洛伊德甚至认为，一旦人理解了他们原始的欲望，并从返祖性的神化倾向中摆脱出来，宗教就会化为子虚乌有。这种简单化的负面理解也是建立在宗教信仰完全由后天经验形成的预设之上。

诚然，宗教大多直接起源于人们寻求解脱社会和人生的苦难的思索，其基本倾向是祈盼重返伊甸园或寄托于来世进入天国之类彼岸世界。但它并不限于被压迫的民众，其创立者往往有明确的普度众生的意识，志在给予承受磨难的心灵以慰藉，给予悲观失望者以希望。宗教之所以具有流传的沃土，在于人类心灵深层天然存在着这种祈盼的能力，即志性。或许可以说，墨子所谓"天志"其实是所有宗教家的共同向往，只不过有些民族命名为某一人格神而已。是否存在天志可能无从论证，但若将它解释为人类心灵深层之志的显现，当是令人信服的。其实，只要承认志性的存有，就可以顺理成章地解释弗雷泽所谓对魔力的神往和弗洛伊德所讲的父亲典范作用的形成。

比较而言，麦克斯·缪勒对于产生宗教的心理根源的论述最为中肯。这位现代宗教学奠基人在100多年前就认为，必须承认心灵中具有

---

[1] 〔奥〕弗洛伊德：《一个幻觉的未来》，杨韶钢译，华夏出版社，1999，第116~117页。

不同于感性和理性的"第三种天赋",即"信仰的天赋":"正如说话的天赋与历史上形成的任何语言无关一样,人还有一种与历史上形成的任何宗教无关的信仰天赋。"① 它使人感到有"无限者"的存在,而大量事实表明,"信仰永恒存在的东西,是一切宗教的起源"②。据他看来,正是这种天赋在严格意义上将人与其他动物区分开来,"人之所以为人,就是因为只有人才能使脸孔朝天""只有人才渴望无论是感觉还是理性都不能提供的东西,只有人才渴望无论是感觉还是理性本身都会否认的东西"。假如不是这样,人类所有渴求神祇、追求无限等宗教事实就无以解释;并且这种天赋"不仅体现在宗教中,而且体现在一切事物之中""是一种非常实在的力量"③。几年之后,他仍坚持说:"如果我们公开承认有理解无限的第三种功能,那么这种功能并不比感性和理性的功能更神秘。"④

缪勒从人类心灵深层找到滋生宗教信仰的根据,揭示了它具有先天性和全人类性的一面,既与此前的康德哲学相呼应,又成为荣格在20世纪以集体无意识解释宗教的先声。

事实上,承认某种心灵现象与肯定这种现象反映了客观实在不是一回事。如果我们承认人类建造的文化大厦中确有许多依据感性和理性不能做出解释的区域,那么,为了排除神秘的迷雾,恰恰要求我们从人类心灵中找出相应的能力,而不是简单地回避它或否定它。与缪勒同时代的恩格斯在谈到宗教信仰时也曾讲过:"即使是最荒谬的迷信,其根基也是反映了人类本质的永恒本性。"⑤ 历史学家希罗多德在埃及旅行时发现当地的阿蒙(Amon)神和何露斯(Horus)相当于希腊的宙斯和阿波罗。这种相似性未必是文化的流传所致,或许是人类心灵自发产生的祈盼。我们看到,古印度《梨俱吠陀》中两位最重要的神祇因陀

---

① 〔英〕麦克斯·缪勒:《宗教学导论》,第11页。
② 〔英〕麦克斯·缪勒:《宗教学导论》,第95页。
③ 〔英〕麦克斯·缪勒:《宗教学导论》,第12~13页。
④ 〔英〕麦克斯·缪勒:《宗教的起源与发展》,金泽译,上海人民出版社,1989,第17页。
⑤ 《马克思恩格斯全集》第1卷,人民出版社,1956,第651页。

罗和伐龙那，就仿佛是荣格所谓人类集体无意识中阴影原型与自性原型的体现者，反映出更为普遍的物理世界与人类社会中力与数的二元对立。

由于植根于人类的本性，所以在一定意义上说，全人类都直接或间接地表现出或强或弱的宗教情结，普遍地忧戚未来，渴求神圣。虽然历史上流传的种种神迹很难让受过启蒙的现代人信服，但我们宁愿将它们看作出自心灵深层的热切祈盼。当然，这里所关注的是历史上产生过积极影响的宗教，不包括反人类的邪教在内。

首先，从特定宗教的创立者看，他们不仅有超人的智慧，而且有着一以贯之的虔诚、高远的抱负和非凡的毅力。依《旧约》的记述，亚伯拉罕是犹太一神教的创始人，他几乎时刻在遵循着神的指引，甚至经受了超过凡人可能接受的最大限度的考验，甘愿将自己的独生子以撒向上帝献祭。犹太教的实际创始人摩西也是如此，《旧约》中以他命名的"五经"与"十诫"均系他得自神的宣谕；因为虔诚信神，年迈的他带领以色列人在茫茫荒漠中跋涉几十年而摆脱埃及人的奴役。即使不信人格神的释迦牟尼胸中也充盈着神圣感，他在一个富裕的家庭里长大，娶妻生子后为探究人生的奥秘和纠正时代文明的偏失，毅然出家从事苦行修炼，终于在菩提树下静坐多日而感悟人生的大道理。

其次，从特定宗教的信仰者看，可以分为两种基本情形。一种是普遍的神化祖师的倾向，如佛陀本是历史人物，至后世越传越神，甚至描述他刚生下地时便能走路说话，并分手指天地，作狮子吼："上下及四维，无能尊我者！"（《五灯会元》卷一）这种传说近乎神话，但正反映了人类的本性中潜存的将事物神化、完美化的倾向。另一种是具有开宗立派资质的人物，在不丧失自我的前提下甄别和接受经典，面向实际而高扬主体性精神，进行自由的言说，如禅宗六祖慧能便是如此。他有一句名言很值得人们记取："心迷《法华》转，心悟转《法华》。"（《坛经·机缘品》）两种倾向看似南辕北辙，其实出自同一心灵能力，只是存在一者变异而一者本然之别罢了。

再次，从不信仰任何特定宗教的人来看，并不意味着他没有信仰的天赋，其表现也可分出两种情形。一种是特定宗派的首领及其追随者，打着无神论的旗号,行着个人崇拜之实。中外历史上曾有过形形色色的造神运动,如封建帝王凭借威权和利诱的双重裹挟,让民众臣服于己,其实是进行赤裸裸的思想奴役。这是信仰的一种变异情形。另一种是深入探究宇宙与人生的哲理,形成了所谓宇宙宗教感情,深切感到无须借助存在至高无上的人格神的假设。中国古代哲人多是如此,现代知识界也大有人在。他们追求与天地合德,胸中不乏神圣感,保持着个体人格的独立和自由,努力实现清澈理性与崇高信仰的统一,可能代表着人类未来的发展方向。

二 志性在哲学活动中的地位与作用

汉语"哲学"一词,源自日本著名学者西周于1874年正式发表的对西文philosophia的意译。他借鉴中国古代"圣哲""哲人""明哲"及"希圣""希贤"诸词,起初将古希腊的"爱智慧之学"对译为"希哲学",后去"希"而定名。我国在1896年前后引进这一名称,今天我们仍不能不为其冠名之精妙而叹服。

在西方,毕达哥拉斯最早使用philosophia(爱智慧)一词,并称自己是philosophos(爱智者)。柏拉图认为,哲学是由惊奇而产生的;在这门学科中,万物脱去了种种俗世的遮蔽,展现出真正的知识。亚里士多德将"形而上学"称作"第一哲学",他所谓形而上学实为"物理学之后"的意思;《形而上学》一书还开宗明义地指出,求知是所有人的本性。这些前后相续的观念奠定了西方哲学偏重智慧研究的传统。

古代印度人也爱智慧,但其所指与古希腊人有别,聚焦于让人们摆脱生存的"无明"。所谓"吠陀",其意即为明(或知识)。作为"吠陀的终结"的《奥义书》是印度哲学的根本经典,为后来出现的各个哲学派别提供了思想资源,它致力于探讨宇宙与人生的根源和二者的关系,追求"梵我合一"的境界。总体上看,印度哲学属于阐发宗教的哲学,其宗旨是引领人们去彼岸,对于此岸世界的物理学或伦理学则较少论及。

中国传统哲学较之前二者别有风采。虽然它也穷究天人之际,但主要落实于现实人生,追求与天地合其德,与日月合其明,重点在为人自身立法。它由天道的乾坤并建，落实于人道的志仁兼举——师法天行健，君子当自强不息；师法地势坤，君子当厚德载物。尚志与守仁，构成人生的两大支柱，统率着义、礼、智及情与欲等。先立其大者，则其小者不能夺，于是成就富贵不能淫、贫贱不能移、威武不能屈的大丈夫。

兼顾中、西、印三大哲学传统，汉语的"哲学"似乎较之西方通行的"philosophy"一词更为切合这门学科的实际内容，因为它既可包括爱智慧，又能蕴含爱德性（中国哲学所看重）和求超越（印度哲学重解脱，亦可谓超越）。哲学与其说是爱智慧之学，不如说是一种致力于究天人之际的明哲之学、圣哲之学。"明哲"侧重于对世界的认知与洞察，较为适合西方哲学传统；"圣哲"同时还具有价值的属性，较为适合东方哲学传统。

相应地，在汉语的语境中，人们又习惯于将哲学称为"形而上学"，昭示这一学科具有超越经验层次的特性。《周易·系辞传》写道："形而上者谓之道，形而下者谓之器。"这一论述较为适用于哲学与科学的分野。科学一般是对于实体性的自然器物的研究（在古希腊时代，柏拉图等明确地将数学与自然科学区分开来，确有其合理性），属于相对的领域；哲学则企求探究绝对的领域，涉及关于"道"的最普遍的"知识"和最根本的原则，在严格意义上甚至可以说超越人类理智所能把握的范围。

如此立论所涉及的哲理其实正是西方近代特别是德国古典哲学所揭示的。康德清楚地了解西方哲学史的一些基本问题，认为其症结在于理性与理智的混淆。在巨著《纯粹理性批判》面世之后，他撰写了缩写本《未来形而上学导论》，其中写道："把理念（即纯粹理性概念）同范畴（即纯粹理智概念）区别开来作为在种类上、来源上和使用上完全不同的知识，这对于建立一种应该包括所有这些先天知识的体系的科学来说是十分重要的。"在他看来，诸如上帝、自由、灵魂之类理念基于人类理性而滋生，而关于原因与结果、可能与现实之类逻辑范畴则是人类知性（理智）的产物，西方思想史上历来的误区是"都把理智概念和理性概念混为一谈，就好像它们都是一类东西似的"，殊不知真正的形而上学涉及"与理智完全不同的领域"①。依照这一区分,"道"才是形而上学研究的核心。

黑格尔解释康德哲学说:"理性的产物是理念,康德把理念了解为无条件者、无限者。这乃是抽象的共相,不确定的东西。自此以后,哲学的用语上便习于把知性与理性区别开。反之,在古代哲学家中这个区别是没有的。知性是在有限关系中的思维,理性照康德说来,乃是以无条件者、无限者为对象的思维。"②自康德之后,无论是费希特的"绝对自我",还是谢林的"绝对同一"或黑格尔的"绝对精神",都相当于"道"的领域的研究。黑格尔认为,哲学是一种特殊的思维运动,是对绝对的追求,"凡生活中真实的伟大的神圣的事物,其所以真实、伟大、神圣,均由于理念。哲学的目的就在于掌握理念的普遍性和真形相"③。哲学以绝对理念为对象,也可以说是以上帝为对象,因为唯有上帝才是最高意义的真理。

在此基础上,我们较易理解罗素在其名著《西方哲学史》中对于"哲学"的界定。在他看来,哲学表达人生观和世界观,"乃是某种介乎神学与科学之间的东西"④:一切确切的知识都属于科学;一切涉及超乎确切知识之外的教条都属于神学;介乎神学与科学之间有一片受到双方攻击的领域,它就是哲学。这种平行划分本是按照知识的确定性和可靠性做出的,不过还可启发人们从层次维度把握:神学专注于超验之域,科学专注于经验之域,哲学则追求超验且给予经验以指导。此外,他认为思辨的心灵所最感兴趣的一切问题几乎都是科学所不能回答的,涉及哲学与科学的分野。如果不持"科学万能"论的立场,就得承认哲学有其不可取代的地位。毋庸讳言,罗素的观点近于维特根斯坦,二者都否定哲学能提供确切的知识,都崇尚科学而轻视伦理学等。

无论是西方哲学还是东方哲学,其实都建基于本体的探究,自康德

---

① 〔德〕康德:《未来形而上学导论》,第105~106页。
② 〔德〕黑格尔:《哲学史讲演录》第四卷,第275页。
③ 〔德〕黑格尔:《小逻辑》,贺麟译,商务印书馆,1980,第35页。
④ 〔英〕罗素:《西方哲学史》上卷,何兆武、李约瑟译,商务印书馆,1963,第11页。

以来逐渐形成共识。这一领域超越人类理智所能把握的范围，难于确切言说，不过人类基于志性（即康德哲学中狭义的"理性"）心灵能力又必然追寻无限与绝对的存在。就积极的方面而言，这种追寻决定了哲学研究总是趋向于达到更高的统一性，同时为道德活动奠定神圣的基石，引领人们不断地向理想（审美）的境地攀登。简言之，哲学是一门对于宇宙和人生进行整体探究的学科，是基于志性心灵能力而表达对人类生存的终极关切；它致力于引导人们寻真、持善和求美，从而达到以天（性）合天（道）的境界；由于它追求的是最普遍的"知识"和最根本的原则，所以往往对人类的认识和实践活动发挥统领作用，甚至可以被称作其他文化学科之母。

由此可见从事哲学研究的不易。哲学家们往往是些踽踽独行的人，胸怀广宇而又习惯于冥思，这便与专心应对外部现实的人们形成巨大的反差。黑格尔曾指出："愈彻底愈深邃地从事哲学研究，自身就愈孤寂，对外愈沉默。"① 1818年他在柏林大学讲授哲学的"开讲辞"中指出："世界精神太忙碌于现实了，太驰骛于外界，而不遑回到内心，转回自身，以徜徉自怡于自己原有的家园中。"② 这迹近于老子在《道德经》中的自我描述："俗人昭昭，我独若昏；俗人察察，我独闷闷。忽兮若晦，寂兮似无所止。众人皆有以，而我独顽似鄙。我独异于人，而贵食母。"（第二十章）它不仅具有真实性，还具有典型性。传说西方哲学史的开山人物泰勒斯平时专注于观察天象，有次竟跌入坑里。于是有个女奴嘲笑说：他只想知道天上的事情，却不知道身边的事情。柏拉图承认，这句话对所有哲学家都适用。黑格尔则解释说，这是因为哲学家较之常人关注"更高远的东西"③。

踽踽独行者更有可能独诣玄门。一种新的哲学思想的诞生，与其说来自天启，不如说是灵感的光顾。1619年，笛卡尔在从军期间一天晚上连续做了三个梦：其一是很多幽灵出现，使人心惊肉跳；其二是眼前

---

① 〔德〕黑格尔：《小逻辑》，第30页。
② 〔德〕黑格尔：《小逻辑》，第31页。
③ 〔德〕黑格尔：《哲学史讲演录》第一卷，第179页。

光亮闪烁，能清楚看到周围的东西；其三则是看到一本字典和一本诗集，意识到字典象征各门科学的综合，诗集则象征哲学与智慧的统一。梦境启示他，应该完全在理性的基础之上重建知识体系。我国的陆九渊在十三岁时，读到古书中有"宇宙"二字，查看其注释为"四方上下曰宇，往古来今曰宙"，忽然间大悟，提笔写道："宇宙内事即己分内事，己分内事即宇宙内事。"（《宋史纪事本末》卷二一）后来反复研读《孟子》，更感悟到"宇宙便是吾心，吾心即是宇宙"（《象山集》卷二二）。宋明心学的建立自此始。

然而在宽泛意义上可以说，人人都是天生的哲学家。因为都曾有"我从何来"与"天地从何而来"的惊奇和"我当何为"与"社会向何处去"之类困惑，即都具有刨根问底（认识方面）和良知呈现（价值方面）的潜能，也就是拥有志性心灵能力。

社会分工导致一部分人专门从事哲学研究，他们实当分为两类：坚持"我注六经"者属于纯粹的哲学史家，而敢于实践"六经注我"者才是具有开创性的哲学家。一般说来，前者可以只凭借知性就能继承和传授既有的思想财富，后者更需要凭借志性把握流动不居的世界，既为天地立心，又为生民立命，从而为人类思想宝库增添新的财富。哲学家们的思想倾向存在经验论与唯理论、科学主义与人本主义的对立，可视为出自志性之两维的分野：经验论者注重归纳，主志性之翕，唯理论者注重演绎，主志性之辟；持科学主义立场者潜在地遵从自性原型的规范作用，持人本主义立场者则更为关注自由意志的活动（屈伸）状况。

三　志性决定着宗教与哲学的亲缘关系

哲学与宗教有着亲缘关系几乎成为人们的共识。马克思曾指出，哲学的最初形式存在于"意识的宗教中"[①]。克罗齐甚至认为，宗教"是正在形成过程中的、多少有点不完善的哲学"，哲学"则是多少有些净化和精制的宗教"[②]。在这一点上，他们都继承了黑格尔的相关思想。

[①] 马克思：《资本论》第四卷（《剩余价值理论》）第一册，人民出版社，1975，第26页。
[②] 〔意〕克罗齐：《美学原理·美学纲要》，朱光潜等译，外国文学出版社，1983，第217页。

黑格尔认为艺术、宗教和哲学是绝对理念借以展现自身的前后相续的文化形式，虽然不无神秘色彩，但的确表现出一位大哲学家对于三者本质特点的洞察。我们容易看到，人类对于神圣的希求最为集中地体现在这三种文化形式中，至于它们是否在严格意义上前后相续甚至有的是否会消亡，则是有待继续研究的另一个方面的问题。在"宗教哲学"的讲演中，黑格尔明确指出："哲学乃是同宗教并无二致的活动"，二者"实际上有着共同的内容、共同的需求和意向"。一方面，宗教犹如哲学，其对象是其客观性中的永恒真理、上帝及无（除了上帝及对上帝的说明）；另一方面，哲学也如同宗教一样，其实并非世间的智慧，而是对非世间者的认识，确切一些说是"对永恒者、作为上帝者以及与其自然相关联者之认识"①。

哲学与宗教的亲缘关系尤其在印度传统文化中可以清楚见出。吠陀本集具有浓郁的宗教色彩，以歌颂神为轴心，《梨俱吠陀》义为颂明，《娑摩吠陀》义为歌明，《耶柔吠陀》义为祀明，《阿闼婆吠陀》义为咒明，构成一个较为完整的宗教神学系统。发展至《奥义书》，奠定了印度哲学的基础。其后出现的婆罗门教各派哲学及佛教哲学等多旨在阐释宗教之教理，似可看作从宗教向哲学演化的中间形态。中国传统哲学的普遍敬天，西方哲学的毕达哥拉斯派学说，也或多或少地具有宗教与哲学的双重特征。

究其原因，根本在于这两种文化形式均出自人类心灵的志性能力和与之相关的需要。由于具有这种能力和需要，所以人类总是力图超越有限而达到无限，超越局部而把握整体，超越现实而指向未来，构成生存价值的源泉。

科学是对有限事物的认知，既易证实又可证伪。宗教与哲学与之不同，要求达到无限之域，因为唯有达到这一领域，精神才摆脱了羁绊，真正实现了自由。与无限之境相关联的是绝对者的存在，它为天地之始，万物之母，在宗教中一般称之为上帝，在哲学中则称之为道（中国）、理念（希腊）或梵（印度）等，其中"梵"至今仍是宗教与哲

---

① 〔德〕黑格尔：《宗教哲学》，魏庆征译，中国社会出版社，1999，第17页。

学共有的称谓。这样的"知识"的确既不能证实也不能证伪,但是否如分析哲学家之所期,能轻而易举地将它驱逐出文化领域呢?答案是否定的,因为它满足了人类生存需要精神家园和价值支柱的需要;事实上,分析哲学并没有从根本上动摇人们对于无限者或绝对者的信仰。

一般说来,科学注目于从个别事物和现象中揭示相对抽象和相对恒定的特殊本质或规律,提供一种局部性的解释,并且随着时间的推移不断修订和优化。宗教与哲学一开始便持有整体的视角和宇宙的情怀,要求究天人之际,通古今之变,也就是追求宇宙与人生的最高统一性。这种倾向往往制导着科学研究的方向却是科学研究所永远达不到的。诚然,现代科学的发展越来越接近于宗教与哲学的基本问题,如宇宙从何而来,人类从何而来;宇宙大爆炸理论和人类基因组排序项目的完成似乎让这两个问题在某种程度上得到科学的解释。但它毕竟只是揭示对象整体的一个截面,与宗教和哲学不可同日而语。

虽然科学知识可以应用于预测未来,但它本身是基于人类的知性能力,是由归纳过去和现在的事实而形成的。由于未来有无数的可能性,对它的预测决非本质上要求确定性的科学之所长。宗教和哲学基于人类的志性能力,集中地体现了对宇宙和人生的终极关切。二者都将目光投向未来,力图回答"人类向何处去"的问题,为科学所鞭长莫及。合乎事实的准确性并非这类文化的根本要求,关键是它们希冀也确实能够提供一种有益于人生的信仰或信念,赋予人们的生活以信心和希望及价值和意义,让灵魂得以安顿,精神得以寄托。

追求无限、把握整体和指向未来三者相互关联,构成宗教与哲学区别于科学文化的共同特征,也使二者能在很大程度上奠定人文文化的基石。歌德曾谈道:"在理论上能否承认绝对物的存在,我不敢说什么;可是,我认为,承认绝对物存在于表象世界中,并始终把目光放在绝对物上的人,会从这种绝对物那儿受益匪浅。"① 应该说,很多启蒙主义

---

① 转引自〔美〕吉尔伯特、〔德〕库恩《美学史》,夏乾丰译,上海译文出版社,1989,第455页。

思想家（包括康德等）都持这样的观点。

毋庸讳言，宗教与哲学毕竟存在明显的区别。对此人们有着颇多的讨论。如从社会发展角度看，宗教大多对现实持悲观态度，倾向于消极出世，而哲学对现实大多持批判态度，倾向于积极入世；从心理因素角度看，前者较多诉诸表象和情感，后者则一般诉诸概念和逻辑；从文化形态角度看，前者近于艺术，后者近于科学；等等。

由于文化是人类心灵的创造，从心灵能力入手进行分析更有可能提纲挈领地进行较为系统的把握。宗教与哲学虽然产生于志性心灵能力，但没有任何符号能确切指称无限者或绝对者，只能权且借助不免相对性局限的感性的表象（如佛陀拈花而笑）或知性的概念（如道或理念）表达。这便从根本上显示出宗教与哲学在形态上的分野：前者较多诉诸感性的情感与想象，故近于艺术；后者较多诉诸知性概念和逻辑，故近于科学。二者都须借助灵感思维而敞亮心灵第三层面，但宗教活动中更多体现志性之收摄一面（佛家称为开真如门），沉浸于对彼岸的神往，通常在现实社会生活中并不积极要求自我实现，所以往往对社会的发展显得消极甚至悲观，而哲学较多涉及此岸世界（佛家称为开生灭门），一般在体悟绝对者存在之后还要求在实践中体现出来，既不失神圣又积极入世，全面体现志性之能摄与能生的功能。

宗教由于诉诸感性表达的成分较多，所以传播较为简易，方便于广大文化程度较低的民众所接受，一尊偶像或一段训诫有时足以让人敬畏，达成信众的情感皈依，这是它的优点和长处。但也正因为较多停留于这种前逻辑阶段，它在传播中往往会流于迷信，形成与科学的冲突。种种神迹的编造具有蒙蔽群众的性质，经不起理性的检验；而对于一些历史人物进行神化而顶礼膜拜，造成主体的自失，繁衍出大量精神的奴仆，显然不利于社会的进步；不同宗教或教派之间时常发生激烈的冲突，影响着世界的和平与安宁；等等。事实上，迄今为止任何一种特定的宗教都不能为全人类所接受，其本身也无不包含对异教徒的排斥，因此在严格意义上说，它只能被看作人类志性所表现出来的或多或少异化了的文化形态。

哲学通常诉诸理性的思考，往往因其玄奥而难于广泛地传播，且抽象的语词传达对无限者的体认有时不及具体的形象,这是它的弱点和短处。然而随着全人类文明程度的提高,科学对世界各个侧面的揭示愈加清晰,经过启蒙的人们出于穷根究底的天性使其更愿意认同哲学的逻辑推导,心悦诚服地接受某种世界观和人生观。哲学一般兼顾彼岸与此岸,达成认识与实践的平衡,与科学完全有可能并行不悖且相互为用:一方面以信仰指引理性,另一方面又以理性补充信仰。与理性相融洽的信仰具有自律的性质,能让主体实现自主和自由。如中国传统哲学由天道的乾、坤二元,推演出人道中当持志、仁二德,从而造就与天地合德的"志士仁人"(《论语·卫灵公》),这样的人格可以也理应担当社会和谐发展的脊梁。

通过上述比较我们看到,由宗教向哲学过渡的确具有某种必然性,黑格尔认为哲学将代替宗教的观点蕴含深刻的哲理。冯友兰也曾谈道:"放弃了宗教的人,若没有代替宗教的东西,也就丧失了更高的价值。他们只好把自己限于尘世事务,而与精神事务绝缘。不过幸好除了宗教还有哲学,为人类提供了获得更高价值的途径……在未来的世界,人类将要以哲学代宗教。这是与中国传统相合的。"① 可以设想,一个和谐发展的地球村实难容纳多种各自唯我独尊而相互排斥的宗教,但却呼唤一种能逐渐接近于揭示宇宙精神或天地之道的哲学。若宗教的统一遥遥无期,哲学不断创造新高峰并普及为"高原"便是人类的集体期盼。②

如果说人类基于丰富的感性而创造了艺术文化,基于清澈的理智(知性)创造了科学文化,那么正是基于高远的志性而创造了宗教和哲学文化。我国上古典籍《墨子》有"天志"三篇,具有半宗教、半哲学的性质:若将天志描述为人格神,便成为宗教信仰的对象;若将天志表述为宇宙精神,则是哲学的信仰对象。人类的志性能力能滋生信仰、确立神圣,奠定人们持善(道德活动)、寻真(科学活动)和求美(艺术活动)的基石,既能指引方向(目的因与形式因),又

---

① 冯友兰:《中国哲学简史》,第9页。
② 这里借鉴了马斯洛的"高峰体验"与"高原体验"的表述。

能提供动力（目的因与动力因）。唐代禅师智通临终留下一偈云："举手攀南斗，回身倚北辰。出头天外看，谁是我般人？"（《五灯会元》卷四）志性的高扬让人成为神，在社会领域可以自然而然地化身为"德先生"（民主）与"赛先生"（科学）①，而促成人生的神圣化正好是宗教与哲学的共同目标。

---

① 虽然政治和科学活动必须立足且一定程度上服于现实，但未必需要"良知的坎陷"。

结　语

笔者在"导言"中谈到本书写作的缘起，特别在于一系列现象不得其解。写完最后一章，对相关问题基本上已提供一种解法。不敢期许完美（它只存在于追求中），但愿在既有认识的基础上有所推进，以资学界同仁参考。

探讨心灵的第三层面，无疑是深入天人之际。宇宙大爆炸理论表明今天呈现给我们的宇宙万物的确存在庄子所谓本根（既是本原又是本体），它使我们更有理由相信，人类所有的文化创造也同样存在本根。康德的早期著作《宇宙发展史概论》末尾引用蒲柏歌咏大自然的诗句同样适用于精神世界："天上人间万物纷纭，／是根链条从上帝发轫，／从安琪儿、人类到畜生，／从六翅天使到苍蝇。／啊！宇宙遥远而无垠，／肉眼永不能探求其究竟！"① 的确，分析人类的基因组，据说约 40% 相似于卷心菜，与猩猩的相似度竟高达 95% 以上。

从严格意义上说，本根是"一"，即一绝对、无限的存在，例如宇宙大爆炸前的状态，人类所发明的任何语词都无从描述，否则就"拟向即乖"。但是当它演化出天地万物便有可能从时、空维度把捉。无怪乎华夏先哲只从"太极生两仪"讲起，黑格尔的《逻辑学》回避对"纯有"的进一步分析。一句话，人们只有可能按照本根演化出来的有差别的属性去归结于本根。本书所讲的"志性"也是如此：它为天地之道的凝聚，是心灵的"种子"；主体若反身体认，则是心之止于一（正）。不过当它活动时，我们就以之为自由意志，得以感性显现时便是理想；由

---

① 〔德〕康德：《宇宙发展史概论》，第 221 页。

此可以将它归于整个精神系统的目的因,且为动力因与形式因的合体。

志性虽为"一",却能摄又能生。这种精神性的能力可能在不死的变形虫身上便具有。① 从大脑进化角度看,当是它首先让感性层分化出直观表象(空间性之摄)和体验情感(时间性之生)两端,此后又让知性层分化出认识抽象(适应于人为自然立法)和评价价值(适应于人为自身立法)二元。毫无疑问,知性层的认识抽象之于感性层的直观表象,评价价值之于体验情感,都是前者使后者趋于深刻化和明朗化。于是而形成人类心灵所特有的三层面和两系列的结构体,因而也形成人类所特有的精神世界。

显而易见,对于本根而言,无所谓时间和空间;时空只相对地存在于现象界。人类将自己生存的环境称为"宇宙"或"世界",就明确体现了是从时空角度把握。并且,相关认识必然受到自身心灵结构的制约。在时间上人们区分过去、现在和未来:如果说人对"现在"是一种直感式的把握,对于"过去"主要是一种知性的积累,那么既包蕴遥远的"过去",又特别指向无限的"未来"的则是人之志性。在空间上人们区分个别、特殊与一般:恰好感性限于个别,知性能揭示特殊,而志性要求把握的正是一般。

人类为自身立法也存在类似情况,自然而然地依据自己的心灵结构划分德与福的等级,因此各民族有关文化观念几乎不约而同。就德性而言,人们以沉溺于感性之欲而不择手段者为小人,以恪守社会伦理规范者为君子,以穷神知化、通天下之志者为圣人(王夫之直接以志之呈现的多寡划分人格类型)。相应地,人们普遍祈盼按德行的高低"分配"不同的福报:将那些为非作歹、恣意纵欲者打入地狱,而那些在生活中

---

① 属于单细胞生物的阿米巴已在地球上繁衍数十亿年。它像动物一样吃细菌,又像细菌一样产生孢子。全身直径通常只有0.1毫米,最大的阿米巴直径也只有0.4毫米。它长大之后就开始繁殖,由一个分裂而变成两个。这样,老的就消失了,因此被称为"永生的虫"。阿米巴空腹时为寻觅食物而忙碌,找到食物时便快活地吃下,受了伤会痛苦地扭动,被强光照射而躲闪。在不受刺激的条件下,呈同心圆状扩张的形状,当然也会随时间而变化,其收缩节律与人类的脑电图节律存在相似性。尽管振幅有变动,但收缩总按照大体相等的周期无止息地持续着。有人据此猜测,或许从生命诞生之时起,原始的"脑"功能就已经诞生了。

不免机心因而犯有过错者当置于炼狱，唯有那些人品高洁的志士仁人的灵魂才配进入天堂，永享安乐。

由于志性指向未来、体现普遍和造就完满人格、呈现无限境界，所以正是基于这种心灵能力，人类才创造了宗教文化和圣哲之学。康德指出真正的形而上学必须超越知性领域，麦克斯·缪勒认为宗教源于超越感性和知性的第三种天赋，上述分析可以为之提供支持。

探究心灵的第三层面，不仅具有本体论意义，还具有方法论意义。感性、知性与志性之间，可形成多种"正－反－合"的关系。在逻辑学中，人们更有理由区分个别、特殊与一般，以及具体、抽象与总体，与其说它们是客观事物关系的反映，抑或人类理智（知性）的先天形式，不如说直接源于人类的心灵结构。在伦理学中，人们区分过去、现在和未来，以及个体性、群体性和全人类性，有助于考量事物价值的高下或优劣。至于依据志性的集－起或禽－辟的双向活动解析科学、道德和艺术诸领域的不同层次的二元对立，无疑能够对辩证法的矛盾法则形成有力的补充，我们在前面各章已多有列举。此外，坚持从心灵结构的角度考察人类的文化创造，自然会形成层次分析法和结构定位法，可以充实现代的系统论方法。

有些读者认为，在解释人类的认识活动时，"志性"总不及康德哲学的"理性"了当。这其实是一种习惯造成的错觉。就是在康德著作中，心灵第三层面与其说是一种认识能力，还不如说是一种信仰能力。罗素解读康德的思想说："纯然在理智（指知性认识——引者注）方面使用理性，要产生谬见；理性的唯一正当行使就是用于道德目的。"① 梯利的阐释可能更公允一些："理性的目的在于统一知性的判断。但是，这种较高的原则只是知性的主观的经济原则，极力把概念的应用尽量削减到最小的数目。这种最高的理性没有给物体规定规律，也没有解释人类关于这种物体的知识。"② 本书从志性滋生信念引导科学活动、志性从根本上制约认识的方法以及知性范畴的产生等几个方面论述其基础地

---

① 〔英〕罗素：《西方哲学史》下卷，何兆武、李约瑟译，商务印书馆，1963，第253页。
② 〔美〕梯利：《西方哲学史》，第449页。

位，所涉范围相对较宽。

  窃意若非致力于康德哲学本身的研究，就不必拘泥于康德所用的语词，应该更为注重直面事物本身言说。汉语的"志"和"志性"具有得天独厚的条件，兼备理想、意志、信仰、种子、圆成实等含义，是惟精惟一的道心，适于指称中外先哲所觉察到的心灵第三层面，实在值得珍视。迄今人们较多地以"理"为宇宙的本根，似乎它只是"钟"而不是"云"；以"理性"为心灵的本根，潜伏着剥夺人的自由而降格为机器的危险。

  也许有人会指斥对心灵第三层面的探究为"神秘主义"，对此麦克斯·缪勒在一个世纪前就予以否定的回答。我们还可以补充说，相对论和宇宙大爆炸理论不也曾让人觉得很神秘吗？既然不能排除宇宙构成和演化中的神秘之处，为何偏偏只是对心灵"小宇宙"的神秘之处噤若寒蝉？

  人们可能感觉本书的理想色彩太浓，倡导超越而不匍匐大地。虽然确有此弊，但也许这正是人文科学的本质特点：高扬理想的风帆以抗衡现实的沉沦。如果我们是在探究自然科学问题，情况就完全不同。人类生存不能囿于现实的视角和实用的目的，正如某西方学者所言：世界地图如果少了一个乌托邦国度就不值一瞥。人类的精神领域需要仰望天宇（庄子称为"邀乐于天"）的一维，从而与必不可少的俯就大地（庄子称为"邀食于地"）保持适度的张力。

  有的读者不免抱怨本书内容晦涩难懂，对此笔者只能表示深深的歉意。究其原因，一是问题本身艰深，二是综合古今中外虽然相关却颇多歧异的观点实属不易，三是作者的理解和表达能力有限，未能深入浅出地予以阐述。为了弥补这一缺陷，特添加一则附录：《曲径通幽处，禅房花木深——关于心灵第三层面的探讨》，该文是一气呵成的论稿，实为作者撰写本书之前对相关论域的一次巡礼，相对而言较为平易晓畅，敬请参阅。

  心灵第三层面属于人类集体无意识领域，还有很多问题尚不明了。例如从生理上看，志性的活动主要在脑干，它直接作用于感性（缘脑），又如何作用于处于新皮层的知性？荣格心理学论述了原型、情结和自我三者的关系，但远未揭开心灵三层次活动的整体面目。学术前沿召唤有胆识的后来者进入这一领域继续探险。

附录

曲径通幽处，禅房花木深
——关于心灵第三层面的探讨

启蒙主义思想家卢梭曾坦言，"人类的各种知识中最有用而又最不完备的，就是关于'人'的知识"①。200多年过去了，这种情况并没有根本的改观。一方面是由于人们普遍致力于认知外部世界以获取更多物质财富，相对忽视甚至藐视自家宝藏的开掘；另一方面是缘于人类认识自己的路途荆棘丛生，心理现象远没有物理现象那么容易把捉。特别是心灵的第三层面，因其玄奥幽微而往往让探索者望而却步，更有甚者则干脆斥之为神秘主义而嗤之以鼻。不过，玄奥之中藏真谛，幽微之所萌生机，人的整个精神系统的活动也许都是由这一层面奠定基础。

一 人类心灵应该存在第三层面

迄今为止，坚持经验主义立场的人只承认心灵具有感性与理性两个层面，以为人的认识行程是从感性认识上升并止于理性认识，而实践的行程则是将理性的目的与筹划见诸感性的劳作。如此看来，感性与理性的对立与统一就构成心理活动的整体。这种双层（感性与理性）与两维（认识与实践）的结构模式是当代世界的普遍认知。它其实只是发现个体人格的显见部分，对于其潜在部分则置于视野之外而未能觉察，由此导致一系列问题不得其解。

这种人格结构模式看似严整，但经不起认真的推敲，甚至多有贻

---

① 〔法〕卢梭：《论人类不平等的起源和基础》，第62页。

害。如果人类的认识活动止于理性层面,固然可获得科学知识,但道德之知无须基于感性材料的分析与综合,显然并非由此而来;科学之知无一例外地只是对世界各个方面的局部的认知,但人类却总是祈求把握世界的整体,因而自然而然地形成宗教和哲学文化,它们不免逾越了理性的界限。如果仅将人类的实践理解为理性见诸感性的活动,那么它的动力源泉只能是感性的需要,理性就只是手段而服从于满足感性需求的目的。也许正因为如此看待,荀子认定人性恶,弗洛伊德断言人无异于动物,只是赖文明之助才取得主宰其动物伙伴的地位而已。① 按照这种观点继续前行,就会认为人类几千年形成的价值系统都不过是人为的造作,是反于性和悖于情的异己之物,等等。

事实在呼唤人们探寻心灵中超越理性的第三层面,微观地着眼于个体人格的建构是如此,宏观地着眼于人类社会的建设也是如此。

无论是认识活动还是实践活动,都体现了人类的主观能动性,包括自由意志、超前意识和灵感思维等。所谓自由意志,是指自律的、自己决定自己的意志。它与实验心理学所讲的意志并非同一概念,后者是指人有意识、有目的、有计划地调节和支配自己行为的心理过程,实际上兼指自律与他律两种情形的意志。我国古代先哲深谙自律与他律之别,将前者称为志,而将后者称为意;如果说意随遇偶发,滋生于感性或理性层面,并受欲念与观念的支配,那么志则恒存恒持,当处在心灵第三层面。

人类之所以具有超前意识,主要缘于心灵深层之志,表现为心之所期,如见荒山而期变良田,遇沙漠而期成绿洲;仅凭纯粹的感性与理性能力,就只能局限于对现实的反映、认知或评价。一般说来,感性能力主要应对现在,理性能力更多包含过去,而指向未来的能力当来自心灵第三层面。形象一点描述,感性与理性能力一般执着于实实在在的大地,不可否认心灵还有一种可贵的能力是向往灵动缥缈的天宇。诚如麦克斯·缪勒所言,只有人才能面孔朝天②;在一些存在主义者看来,对

---

① 《弗洛伊德后期著作选》,第186页。
② 〔英〕麦克斯·缪勒:《宗教学导论》,第12页。有学者从词源上探究,古希腊的"人"(άνθρωπos)字含有"向上看的他"之意。

人生最具有意义的时态是将来时。这类观点今天已更容易接受，在一定意义上说，人的感性能力有可能弱于动物界，逻辑思维能力可能输给计算机①，他的优越地位尤其来源于心灵第三层面的潜在导航。

几十年前，钱学森先生倡导建立思维科学，提出人类拥有形象（直感）思维、抽象（逻辑）思维和灵感（顿悟）思维三种形式。遗憾的是，"思维学中只有抽象思维研究得比较深，已经有比较成熟的逻辑学，而形象思维和灵感思维还没有认真研究，提不出什么科学的学问"②。如果说形象思维与抽象思维分别属于感性层面和理性层面的活动，那么有理由认为，灵感思维源自意识阈下的心灵第三层面。迄今为止对灵感的研究一般停留于实际案例的描述和分析，其实还可以换一个角度对其形成机制进行探索，鉴于心灵第三层面是天人相接的部分，我们不妨依据乾坤推衍的普遍规律推测（科学发现常常起始于猜测），灵感也许根源于心灵深层之辟（滋生发散式思维）与翕（滋生收敛式思维）在特定情境下达到最优碰撞而突然闪现于意识层面的思想火花（顿悟）。

与能力具有同等地位的是人生的需要和动力。如果没有心灵第三层面，人的生活除了满足感性需求之外几乎别无价值目标和动力源泉。虽然人作为具体的感性存在而期望尽可能满足日益增长的感性需求无可厚非，但一些追求自我实现者更多是在为人类的理想和希望而奋斗，他们较之普通人过着更有价值的生活，并且更富有不屈不挠的顽强毅力，其动力当来自更为强大的源泉。马斯洛将人的需要由低到高区分为生理需要、安全需要、归属与爱的需要、尊重的需要和自我实现需要五个层次，其中最为根本的当是居于两端的生理需要和自我实现需要③，前者近于兽性或动物性，后者则近于神性，所谓人性其实存在于二者的张力之中。

在马斯洛看来，人人都有自我实现的潜能，只是有些人怀有"约拿情结"而未能付诸实践罢了。的确，在日常生活中，几乎没有人不怀抱

---

① 谷歌的工程总监库兹韦尔不久前甚至预言，计算机的智商在 2029 年将超过人类。
② 钱学森主编《关于思维科学》，第 16 页。
③ 安全需求是生理需要的延伸，而爱与自尊则是自我实现的具体表现，爱联系着厚德，自尊通于自强。

着理想与希望，尽管从价值角度可以将它们区分为不同的层级，但均具有超越现实而指向美好未来的特质。理想虽然见诸感性具体的形态，其实来源极深，决非感性与理性所能规定。康德曾指出："在吾人所谓理想，以柏拉图之见解言之，则为神性之理念……为'一切可能的存在中之最完善者'，为'现象领域中一切模本之原型'。"① 德国著名教育家威廉·冯·洪保德认为，人类的生活天性倾向于同一的理想。美国学者丹汉姆在《锁住的巨人》中也指出过，理想应该很大，足以囊括一切，它位于最遥远的将来之外；如果人们承认许多理想可以结成一个统一体，那么最高的理想也许具有那种可望而不可即的极限的性质。马斯洛写道："看来只有一个人类的终极价值，一个所有人都追求的遥远目标。……这个目标就是使人的潜能现实化，也就是说，使这个人成为有完美人性的，成为这个人能够成为的一切。"② 依照他的观点，如果不考虑人生最远大的抱负，就永远也不可能理解人生本身。理想是人生旅途的灯塔，是潘多拉匣子中的"希望"，任何忽视甚至藐视它的科学主义者，不管其学识多么渊博、思考多么绵密，充其量只能看到"人"的半截身子。

理想可以更朴实一些表述为梦想。一些崇尚理性且非常现实的人以为梦想犹如阳光下色彩斑斓的肥皂泡，在坚硬而粗糙的现实面前不堪一击而被碰得粉碎，殊不知它有树立起美好的生活目标并提供不竭的动力源泉，从而推动人不断进步的积极作用。弗洛伊德释梦，虽然有很多精彩之论，但局限于从生活的缺失而寻求代替性满足方面立论，忽视甚至不承认精神系统的超越性一维，导致他所宣扬的一些观念不仅偏颇而且灰暗。梦若只是因为缺失，就永远不能高于现实的情境，因为缺失只是相对于既有而言。今天人们在讲"中国梦""俄罗斯之梦"，难道不是在追求历史的超越吗？弥补缺失与寻求超越当是滋生梦境的两极，正像生理需要和自我实现需要构成人类生存动力的两极一样，二者相辅相成而促进个体乃至全人类的不断进步和发展。蔡元培先生说得好："理想

---

① 〔德〕康德：《纯粹理性批判》，第412页。
② 〔美〕马斯洛等：《人的潜能和价值》，第73页。

者，人之希望，虽在其意识中，而未能实现之于实在，且恒与实在者相反，及此理想之实现，而他理想又从而据之，故人之境遇日进步，而理想亦随而益进。""惟理想与实在不同，而又为吾人必欲实现之境，故吾人有生生不息之象。使人而无理想乎，夙兴夜寐，出作入息，如机械然，有何生趣？"① 这可谓是中的之论。

解析理想或梦想的基本构成，我们甚至可以发现其中蕴含天地之道。人们希望看到的世界是和平的与发展的，这两大主题恰好体现了坤之翕与乾之辟的双重作用。对于未来社会，全人类确实拥有共同的梦想，其主轴必定是发展繁荣与相处和谐的统一。现时炎黄的子孙们在广泛谈论实现民族伟大复兴的"中国梦"，这可以从各种不同的角度丰富其内涵，但必须在总体上牢牢把握住两个维度：一是保持公平竞争谋发展，二是妥善分配利益求和谐。前者是乾健精神的体现，要求自强不息，开拓进取；后者是坤顺精神的体现，要求厚德载物，有则有序。二者构成两个矛盾方面，既相互对立又相互依存，重要的是维护其适度的张力：竞争不至于冷酷无情，分配不至于天下均等；谋发展不能靠投机钻营，求和谐不能任腐败丛生。无论是相互抵牾还是沆瀣一气，都是张力的失度，与理想的状态背道而驰。

心灵第三层面涉及人类超越有限而指向无限的能力和需要，体现为感性与理性并不具有的超越现实局限而扶摇直上的精神。如果不承认它的存在，我们周围的许多文化现象便无从合理地解释：人在艺术活动中为何执着追求美？科学研究为何趋向更高统一性？道德观念在很多场合为何不待灌输就油然而生？宗教家与哲学家企求整体地把握宇宙与人生，揭示存在的本体，岂非荒唐可笑的不自量力？

持科学主义立场的人可能藐视艺术、道德、宗教和哲学诸文化形态所宣扬的人文精神，甚至讥笑其语言表达的模糊含混，但是若能冷静一些反思，便不能不觉察理性及其逻辑工具的限度。连维特根斯坦也曾坦率地承认："我们觉得，即使一切可能的科学问题都已得到解答，也还

---

① 《蔡元培全集》第二卷，第246页。

完全没有触及到人生问题。"① 比较而言，现代符号学哲学的奠基人卡西尔提出语言存在表达的下限与上限的观点甚为通达，道出了问题的原委：语言既不便于描述虽然有限但属于感觉的东西，如某人的相貌或情感等，这是其下限；更难以描述属于精神的无限之物，如神、道、理念等，所以不能因为语言本身的局限性而视无限之物为荒诞。② 人类文化中存在超越语言上限的符号，正是缘于人类心灵中存在超越理性的层面。

值得欣慰的是，今天我们谈论心灵的第三层面，已能得到现代心理学和脑科学的部分支持。首先应该感谢荣格，这位 20 世纪著名的心理学家独诣玄门，提出了"集体无意识"理论，实现了对弗洛伊德主义的超越。按照他所描述的人格结构，人的精神系统的最外层是意识，自觉意识的组织是自我；意识之下是个人无意识，其内容一组一组地聚集起来形成情结；个人无意识之下是集体无意识，这一层储藏着从人类祖先乃至动物祖先那儿继承下来的原始意象，被称为"原型"。其中有两个原型最为值得重视：一是阴影原型，它在人类进化史上具有极其深远的根基，是创造力与破坏力的源泉；二是自性原型，它被看作集体无意识中的核心，在心灵中发挥组织和秩序化的作用，使之趋向于和谐统一。荣格关于人格结构的描述，间接揭示了感性层面（个人无意识与部分意识）具有个体性、理性层面（意识的主要部分）具有群体性、超理性层面（集体无意识）则具有全人类性的特质；他所谓阴影原型在一些哲学家看来实为自由意志，与自性原型刚好构成对立的二元。

几十年后，荣格所描述的人格结构层次在一定程度上得到脑生理解剖的佐证。美国精神保健研究所脑进化和脑行为研究室主任麦克林发现，人脑其实是一个经过长期进化形成的三叠体：最外层是新皮层，它是尼人到智人阶段进化的产物，是智力的发源地；新皮层下边是缘脑，这是从哺乳动物遗传下来的部分，控制着情感；缘脑的里层是爬行动物

---

① 〔奥〕维特根斯坦：《逻辑哲学论》，贺绍甲译，商务印书馆，2009，第 104 页。
② 参见〔德〕恩斯特·卡西尔《语言与神话》，第 99 页。

脑,是人脑中最原始的部分,控制着一些本能的无意识的保卫自己或攻击对方的行为。① 其后,英国学者彼德·罗赛尔也在自己撰写的科普读物中介绍,爬行动物脑大约形成于1亿年前,缘脑形成于约5000万年前,至于晚近几百万年逐渐形成的人脑特有的新皮层,则具有"高级思维"的功能。② 应该说,人脑中司意志的爬行动物脑是最接近自然界、最直接体现天地之道的部分,关键在于其活动状态能否得到体认或呈现。

面对上述种种生活现象,似乎没有理由让我们怀疑甚至否认心灵第三层面的存在。如果说"认识自我乃是哲学探究的最高目标"③,那么当代学科前沿尤为需要在这一层面的体认上寻求突破。

二 中外哲学家已觉察第三层面

事实上,东西方的哲人早就觉察心灵的第三层面。特别是古代中国和印度的思想家,他们反身内视的能力远远超过我们现代人,所提出的见解直至今天仍很有启发意义。这里取"觉察"一词,是指觉(悟)而察之。

徐复观先生曾称中国传统文化主要是"心的文化",颇合历史事实。从先秦到明末清初,先哲对于心灵的体察之精微,除印度之外其他国度或民族简直无可比肩。正如牟宗三先生所说,中国哲学"无论道家,儒家,甚至后来所加入之佛教,皆在此超知性一层上大显精采,其用心几全幅都在此"④。

荀子在《解蔽》篇引述古《道经》(或为《尚书》的部分篇目)的思想,其中区分了"道心"与"人心",并认为前者微妙而后者危殆。这是人类认识自身历程中的一项重大发现。所谓"人心"当是指人的欲念之心(感性层面)和通常为它服务的智慧、机巧之心(知性

---

① 参见 Mary Long《爬行动物的脑子》,《世界科学》1981年第10期。
② 〔英〕彼德·罗赛尔:《大脑的功能与潜力》,付庆功等编译,中国人民大学出版社,1988,第18~19页。
③ 〔德〕恩斯特·卡西尔:《人论》,第3页。
④ 牟宗三:《中国文化的特质》,载《道德理想主义的重建》,第49页。

层面），往往为了遂一己之欲而机关算尽，故称"危"；所谓"道心"则指心灵的深层，它具有感通天下的性质，幽微而神妙，实即心灵的第三层面。

老子是我国第一位知名的善于反身观照的哲学家。他提倡少私寡欲，认为陶醉于五色、五音、五味等会造成心灵的昏暗和动荡不宁；主张绝圣弃智，绝仁弃义，深知称名的局限；真正追求的是沉潜于心灵深处，见素抱朴，体道抱一，因为这"一"是万物之奥，善人之宝。

可以肯定，《易传》的作者也有与老子相似的觉察。他崇尚"至精""至变""至神"，倡导"无思""无为"，寂然不动而感通天下，其所觉悟的万事万物"一阴一阳"的交替变化法则是一根本性的原理，超越科学研究的局部认知，故称"神无方而易无体"（《系辞上》）。

《中庸》被朱熹称为"孔门传授心法"之经典，它所讲的"诚明"是以天（性）合天（道）的大清明，远非通过知识灌输就可获得的理性认识。所谓诚，是指心灵的一条境界线，达到此境界线则敞亮天理之本然。所以"自明诚"与"自诚明"分属不同的心灵层次，不容混淆。

儒家中至孟子出，对心灵的体认更为细致。他一方面倡导"养心莫善于寡欲"（《尽心下》），另一方面也谈到"所恶于智者，为其凿也"（《离娄下》），真正追求的是"反身而诚"，"上下与天地同流"（《尽心上》），精神进入自由、无限的境地。他所讲的"本心""赤子之心"等都关涉心灵的第三层面，因而具有全人类的共通性。

在中国古代哲学家中，对心灵的三层面体认最清晰、对第三层面描述最多的是庄子及其学派。完全可以说，这是解读《庄子》的一把钥匙；如果没有理解和把握它，即使皓首穷经，也不过是得其一鳞半爪而已。关于"心斋"与"坐忘"的描述我们将留待后文讨论，兹先简要列举贯穿于此书内、外、杂三篇的基本理路：《齐物论》称"形固可使如槁木，而心固可使如死灰"，得意的是"吾丧我"；《应帝王》要求"无为事任，无为知主"，从而达到"体尽无穷"；《骈拇》指出"骈于明""骈于辩"之弊，珍视"性命之情（实）"；《马蹄》认为只有"同乎无欲""同乎无知"才其德素朴；《秋水》区分"物之粗者""物之精者""不期精粗"者；《知北游》重申"形若槁骸，心若死灰"，而真其实知;《盗跖》批判"小人殉财,君子殉名",主张"从天之理";等等。庄子轻视声色之欲和财货之需,批判仁义之教与智慧之用,一味醉心于游心于物之初或德之和,以《逍遥游》开篇,精神贯彻全书,旨在描述摆脱感性与理性的羁绊后心灵的自由和存在的澄明,亦即第三层面的敞亮。

孟、庄之后,思想界很长一段时间转向外倾,反身叩问而有所建树者甚少。至宋明,由于儒、道、佛三教合流,学界开始普遍认同心灵存在第三层面。程朱理学倾向道问学,虽然以理贯通形上与形下,但仍偏重于前者,更多立足于"理一"而不是"分殊";陆王心学倾向于尊德性,所讲的"心"排除了情欲与气禀,其实专就道心或"天下之同心"而言,也就是通天下之志。① 理学与心学的分立客观上反映出心灵第三层面的两维。这一时期较为值得注意的开新是张载提出"德性之知"和王夫之对"志"范畴的开掘。

按照张载的理解,"合性与知觉,有心之名"(《正蒙·太和》)。人有知觉,因而有见闻之知,它是有限的、狭隘的;而性命于德,所以若"穷理尽性,则性天德",即获得"天德良知"(《正蒙·诚明》),或称德性之知。需要注意的是,这里的"穷理"并非程朱所谓格物致知,而是由诚明而来。所谓"见闻之知",大致相当于今天所讲的感性认识与理性认识,"乃物交而知",不足以合天心;"德性之知"则体天下之物而不遗,所以"不萌于见闻"(《正蒙·大心》),是超越感性和理性的心灵层面的呈现。

王夫之处在明清交替之际,深切感受到时代变革的律动,会通儒、道、佛的相关思想,较为系统地开掘了"志"范畴的丰富含义,揭示了志为"心之本体"(《读四书大全说》卷一)的地位。它既向外发散,如孔孟之所谓;又向内凝聚,如庄周之所谓。他对志的论述,在继承了儒家思想传统的同时又注入了近代精神,力图克服中唐以后趋于疲软的民族精神,意欲建设儒家的新伦理。虽然未能完成,但功不可没。

与华夏文化相似,毗邻的印度哲人也颇为重视人自身的研究。佛学

---

① 请参见拙文《陆学之"心"试解》,《中国哲学史》1999年第1期。

在一定意义上可以说是一种深刻而系统的心灵哲学。尤其是小乘的说一切有部和大乘的瑜伽行派，他们关于心灵功能的揭示与划分，至今仍有强大的活力。

说一切有部将"心"分为集起、思量、了别三种功能，无疑是一项重大的发现。该派的经典著作《大毗婆沙论》卷七十二称，"滋长是心业，思量是意业，分别是识业"；《俱舍论》卷第四则表述为"集起故名心，思量故名意，了别故名识"。在这里，识、意、心三者虽然同为一心，但有层次之别；特别是以"集起"表述心灵最深层的功能，言简而意赅，尤为值得重视。三种功能中，"了别"主要指人类对外部世界各种事物的一种感性的把握，或者说人类依据自己的感官分别各种事物的现象，如眼识攀缘色境而分出黑白红黄蓝，耳识对应声境而分出宫商角徵吕等。在此基础上，"思量"则进而辨识事物的自性或其独特的质的规定性（即本质）的有无，探究一事物与其他事物的内在关联或者说因缘关系，这是人类知解力的活动，属于狭义的"意识"。"集起"当理解为联合式的合成词，"集"为聚集、收摄，"起"为生起、发散。既能摄，又能生，犹如种子，蕴藏在心灵系统（心体）的深层，可谓是人类的集体无意识领域。心体的这一层由于超越思虑，我们不妨称之为严格意义上的"灵魂"（荣格用Soi表述）。

属于大乘佛教的瑜伽行派的学说很大程度上是对说一切有部的继承和发展。其代表人物世亲既是说一切有部的总结者，又是瑜伽行派的开创者之一。瑜伽行派力倡"三性说"，可谓是上述"集起、思量、了别"之分的延展。三性说已见于《大乘阿毗达磨经》和《解深密经》，世亲进行了阐发和完善。他在《唯识三十颂》中写道："由彼彼遍计，遍计种种物；此遍计所执，自性无所有。"（第20颂）"依他起自性，分别缘所生；圆成实于彼，常远离前性。"（第21颂）对于世亲所讲的三性与三无性，南朝的真谛在玄奘之前曾做过翻译，对照二者的译名，或许有助于我们理解其本义。玄奘所谓遍计所执性，真谛曾译为"分别性"，与之相对的是"相无性"，显然与心灵的"了别"功能相通。对于色相无论是执为实有，还是以为它虚妄，当属于心灵感性层面的取舍。玄奘所谓依他起性，真谛曾译为"依他性"，还可译为"他根性"，与之相对的是"生无性"。关于事物存在的因缘的考察，是深入色相之内的成因发掘，由于追寻出"他根性"而领悟到这些色相其实是"假有"，当属于心灵"思量"的结果。玄奘所谓圆成实性，真谛曾译为"真实性"，与之相对的是"胜义无性"。在宗教和哲学文化中，人们往往以绝对之物、无限之境为真实。且在《唯识三十颂》的第25颂中，世亲将圆成实性直接表述为"真如"，达成这一层面也可以说是达到最高的真如境界，它正好对应于人类心灵的第三层面。

瑜伽行派还主张八识说，也与心灵的三层面密切相关。不过按照世亲的《唯识三十颂》所述，前六识的功能是了别，第七识的功能为思量，藏识或种子识的基础地位当是集起，即能摄与能生。对此我们可以持不同看法：参照现代心理学的研究成果，前五识属一个层次，而第六、七两识也应归为一个层次；从逻辑上看，"八识"说中的第七识似有蛇足之嫌，因为作为"六根"之一，前五识都未单列，唯独意识插入意根，有些不伦不类。① 应该说，《解深密经》的"心意识相品"采用"七识"说更为合乎逻辑：前五识为了别，第六识为思量（意识），第七识为集起（阿陀那识，亦称阿赖耶识）。

第三层面是如何能摄与能生的呢？传为马鸣所作的《大乘起信论》提出了"一心开二门"的理论，其体认之深切实在令人赞叹。其中写道："显示正义者，依一心法有二种门。云何为二？一者心真如门，二者心生灭门。是二种门皆各总摄一切法。此义云何？以是二门不相离故。"真如又可称为如来藏，是非生非灭的绝对的本体，"生灭"则是指色法具备因缘则生，失去因缘则灭，是具有相对性的万有。性质截然相反的两种门为何不相离？由于《大乘起信论》将每一个体灵魂都看作一个完整的精神系统，可知趋向于真如和趋向于生灭实为一体之两面。以门比喻既形象又贴切，关键是要将它理解为一个转轴门：向内转（收摄）是开心真如门，向外转（生发）是开心生灭门，因而二门不相离。

---

① 方立天先生曾指出，八识说"反映出佛教学者对认识活动分类的困难，对心理活动和生理机能关系的暧昧"（《佛教哲学》，第120页）。

正因为如此，它具有区别和通入两种意思：内、外是区别，进、出是通入。出真如境而入生灭境，是由绝对转入相对，谓之流转；由生灭境入真如境，是由相对进入绝对，谓之还灭。在佛家看来，前者是心生万法，后者是万法一如。无论是从绝对方面还是从相对方面看，其实都可总摄万有，即一切法。佛家以入真如境为净，入生灭境为染，即以一为净，以多为染。开真如门为"还灭"，于是见空（实相）、得一（真如）；开生灭门则为"流转"，于是滋生妄念、分别。说一切有派所谓集－起，于此发展为一个动态系统的描述。持积极入世态度的人们未必需要信从佛家的净、染之说，但不应轻易否认心灵深层具有一翕（集或入真如门）一辟（起或开生灭门）两种最基本的势用。

对于人类心灵的研究，近代以来居功至伟的当是康德。他期许在认识"小宇宙"方面实现一次"哥白尼式的革命"，的确达成了目标。在康德看来，由于心灵具有理解力（知），所以能认识现象界中蕴含的本质和规律，于是而有科学文化；由于心灵具有 Vernunft（尤其关涉到意志），所以企求把握无限和体现无限，于是建立起道德文化；由于心灵具有判断力（尤其关涉于情），所以形成审美文化。虽然三种精神文化是三种心灵能力的创造，但它们的根基均为心灵的第三层面，即 Vernunft。

康德对人类心灵第三层面的明确揭示，在西方几乎是前无古人的开创。他认为："把理念（即纯粹理性概念）同范畴（即纯粹理智概念）区别开来作为在种类上、来源上和使用上完全不同的知识，这对于建立一种应该包括所有这些先天知识的体系的科学来说是十分重要的。"[①] 黑格尔在阐述康德的哲学思想时甚为中肯地谈道："理性的产物是理念，康德把理念了解为无条件者、无限者。这乃是抽象的共相，不确定的东西。自此以后，哲学用语上便习于把知性与理性区别开。反之，在古代哲学家中这个区别是没有的。知性是在有限关系中的思维，理性照康德说来，乃是以无条件者、无限者为对象的思维。"[②]

---

① 〔德〕康德：《未来形而上学导论》，第105页。
② 〔德〕黑格尔：《哲学史讲演录》第四卷，第275页。

遗憾的是，康德的这一光辉思想在西方学界并未得到全面的继承和有力的推进。席勒借鉴康德关于判断力的论述考察审美现象，将道德的统一性与自然的多样性作为对立的二元，认为前者构成人的 Vernunft 本性而后者构成人的感性本性，他所展现的常是心灵的两层。黑格尔将无条件者或无限者作为可以透彻理解和确切言说之物，抹杀了信仰与知识的界限，实际上混淆了 Vernunft 与知性能力之所及。叔本华受到康德区分现象界与物自体的启发，断言世界是表象与意志的统一，但他凸显的是盲目的生命意志，仅赋予与之平行的理性以近于从属的地位，结果形成一系列非理性的观念，等等。

之所以缺少全面的继承者，除了由于心灵第三层面的玄奥幽微之外，还与康德选用"Vernunft"一词表达有关。此词在德文中与 Verstand（知性）都有表示理智之意，但它更强调缘由、推论的根据和醒悟，康德采用它指称心灵深层蕴藏的根本原理（理论 Vernunft）和自由意志（实践 Vernunft），可能是不得已而为之。他曾写道："制造新名辞乃在言语中立法，其事鲜能有成；且在吾人求助于此最后方策之前，不如在古语陈言中检讨，审察其中是否已备有此概念及其适切之名辞。即令一名辞之旧日用法，由引用此名辞者之疏忽而致意义晦昧……较之因不能使他人理解吾人之概念而致摧毁吾人之目的者，固远胜多矣。"①

然而事实并非如康德之所期。首先是他自己对"Vernunft"界定的含混。叔本华曾指出，"最为触目的是康德对于理性也从没作过一次正式的充分的规定，而只是相机的看每次［上下］关联的需要而作出一些不完备的、不正确的说明"。叔氏仅以《纯粹理性批判》一书为例，一气列举了 8 条令人费解的阐释。② 其次，虽然康德通过 Vernunft 和 Verstand 能力的区分将信仰与知识区别开来，但他认为信仰其实只是一"公设"，是人的 Vernunft 企求消除德行与幸福的矛盾的一种要求。这从中国传统哲学的立场上看是不能接受的，正像熊十力先生所说："怎么

---

① 〔德〕康德：《纯粹理性批判》，第 252~253 页。
② 〔德〕叔本华：《作为意志和表象的世界》，第 588~589 页。

可以说是假定？良知是真真实实的，而且是个呈现！"① 人类是大自然的产儿，其集体无意识中当蕴含着与天地合德的潜能。再次，"Vernunft"一词翻译为其他语种含义变得更为模糊不清。它在英语中被译为Reason，遗失了追寻无限的意味；再在汉语中转译为"理性"，连缘由、推论之根据的含义都遮蔽了。而据近代宗教学奠基人、德裔英籍的著名学者麦克斯·缪勒的看法，在英文中并没有能与Vernunft对译的词，因此他只好选择了"the faculty of faith"（信仰的天赋）指称心灵深层的第三种潜能。② 缪勒与黑格尔一样，牢牢把握住了康德哲学中"Vernunft"实指追寻无限者的意旨，但"the faculty of faith"并非一个单词，不便与"感性"和"知性"平列对举。

三 "志性"是第三层面的合适称谓

如何称谓心灵的第三层面，是一个不容忽视的问题，毕竟名不正则言不顺。康德从解决科学、道德、审美三大文化领域中包含的"二律背反"的命题出发，注意到它总是迫使人们"眺望到感性界以上去，在超感性界里寻找我们一切先验机能的结合归一之点"③；在认识领域他将其称为一"主观原理"，在实践（道德）领域则更多地称为"自由意志"。实际上前者是由多收摄于一，后者是由一发散于多，与佛家体悟到心灵深层具有"集－起"的能力殊途而同归。④ 就汉语而言，标示这种能力的合适称谓莫过于"志性"。

"志"是中国哲学的重要范畴，有着悠久的历史承传，具有丰富而深邃的含义。⑤

纵观我国古代思想史，大致可以说，"志"在《尚书》中就初具哲

---

① 转引自牟宗三《我与熊十力先生》，载《五十自述》。
② 〔英〕麦克斯·缪勒：《宗教学导论》，第12页。
③ 〔德〕康德：《判断力批判》上卷，第187~188页。
④ 在实践Vernunft运用的领域，"我们将从原理开始而进到概念，而从概念出发才尽可能地进达感觉；反之，在思辨理性那里我们则必须从感觉开始而在原理那里结束"（〔德〕康德：《实践理性批判》，邓晓芒译，人民出版社，2003，第17~18页）。
⑤ 请参见拙文《志：中国哲学的重要范畴》，《中国哲学与哲学史》1996年第12期；《新华文摘》1997年第1期。

学意味,如《皋陶谟》记述大禹曾说,"奚志以昭受上帝,天其申命用休",将志与命(涉及人与天)联系了起来。"志"在《论语》中已是哲学概念,孔子视志为心之存主:"三军可夺帅也,匹夫不可夺志也。"(《论语·子罕》)至孟子,更将志提升到范畴地位,将其与气对举,分析了二者的关系(《孟子·公孙丑上》)。与之对照,庄子学派从另一视角同样赋予它以很高的理论意义:一方面主张"彻志之勃"(《庄子·庚桑楚》),贬抑人为的造作;另一方面又崇尚"独志"(《庄子·天地》)以实现精神的自由,从而听气体道。这一人类学哲学范畴虽然在秦汉以后曾一度被冷落,但至中唐又开始赢得人们的重视,柳宗元将"志"与"明"看作天授予人的两种最为尊贵的能力。在宋明的哲学家中,人之志更是被广泛讨论的话题,陈淳撰《北溪字义》,专列论"志"的条目,可谓是阶段性的小结。真正的总结者是王夫之,他在《尚书引义》《诗广传》《读四书大全说》《张子正蒙注》《庄子解》《思问录》等一系列著作中对志的来由、含义和功用等进行了不同角度的论述,且一以贯之地将志作为探究人生的本体论范畴。

志从何来?柳宗元认为它来自天地间的刚健之气:"刚健之气,钟于人也为志,得之者,运行而可大,悠久而不息,拳拳于得善,孜孜于嗜学,则志者其一端耳。纯粹之气,注于人也为明,得之者,爽达而先觉,鉴照而无隐,盹盹于独见,渊渊于默识,则明者又其一端耳。明离为天之用,恒久为天之道,举斯二者,人伦之要尽焉。"(《天爵论》)这一观点虽有所偏但不无道理,志在人类生活中的确更多显现出刚健的一面。王夫之表达了类似于柳宗元的看法,不仅肯定它来自天,而且指出它来自道。天命之谓性,志乃"性之所自含"(《读四书大全说》卷八),且通常表现为"乾健之性"(《张子正蒙注·神化篇》)。志所以能治气,在于它"以道做骨子":"天下固有之理谓之道……故道者,所以正吾志者也。志于道而以道正其志,则志有所持也。盖志,初终一揆者也,处乎静以待物。道有一成之则而统乎大,故志可与之相守。"(《读四书大全说》卷八)志作为基本的心性因素,由于与道相守、兼具众理,所以它"本合于天而有事于天"(《庄子解》卷十九)。

"志"者何谓？其字形是心之所之，基本义是心之所期，心之存主。通常一是用它指称心灵活动的目的因，或表示目标、准的，如"予告汝于难，若射之有志"（《尚书·盘庚》）；或表示志向、理想，如"盍各言尔志?"（《论语·公冶长》）。二是用它指称心灵活动的动力因，或表示向慕、倾注，如"吾十有五而志于学"（《论语·为政》）；或直接表示意志力，如"刚中而志行"（《周易·小畜》）。此外，由于是心之所期，所以必然蕴含形式因，内含荣格所谓"自性原型"，因为人类祈盼的生存境界通常具有和谐、有序的特征。既然是心灵世界目的因、动力因和形式因的合体，那么它作为心灵之主的地位便不可动摇。心之主当是心之正者。王夫之曾批评朱熹释《大学》的"正心"只讲"心者身之所主"，不得分明；而认为"孟子所谓志者近之矣"："惟夫志……恒存恒持，使好善恶恶之理，隐然立不可犯之壁垒，帅吾气以待物之方来，则不睹不闻之中，而修齐治平之理皆具足矣。此则身意之交，心之本体也。……故曰：'心者身之所主'，主乎视听言动者也，则唯志而已矣。"（《读四书大全说》卷一）无论是心之主或心之正者，都只能是"一"（the One），其在心灵中的恒存恒持犹如种子之与大树。大树能郁郁葱葱，缘于种子的无限生机。王阳明发挥孟子的思想告诫说："夫志，气之帅也，人之命也，木之根也，水之源也。源不浚则流息，根不植则木枯……"（《示弟立志说》）清人叶燮曾解释《尚书》"诗言志"命题中的"志"说："在释氏，所谓'种子'也。"（《原诗·外篇》）与之同时的王士禛借陆机的诗句更形象地描述道："何谓志？'石韫玉而山以辉，水怀珠而川以媚'是也。"（《师友师传录》）

"志"者何功？首先，从立"体"方面看，它为人的生存奠定基石，为人生营造精神家园。高远之志具有通天下的性质，能让人超拔现实境况的粗糙与凡庸，为人类的美好明天而奋斗不息，赋予人生以价值和意义。正因为如此，诸葛亮告诫后辈"志当存高远"（《诫外甥书》），嵇康甚至讲"无志非人"（《示儿》）。一般说来，有志者必有德，因为如孟子所说，尚志意味着居仁由义；有志者更能发挥自己的智能，因为正像墨子所言，"志不强者智不达"（《墨子·修身》）。由此我们易于理解王夫之的一种人格分类看似奇异而实藏哲理，他基于张载"志公而意私"(《正蒙·中正》)的区分发挥道:"庸人有意而无志,中人志立而意乱之,君子持其志而慎其意,圣人纯乎志以成德而无意。"(《张子正蒙注·有德》)马斯洛的自我实现理论旨在让人生"再圣化",按照中国哲学,则可以说"尚志"而已矣。

其次,从致"用"方面看,正是犹如种子之志,制导着心灵的双向运动,直接或间接地统率着人的实践与认识行程。如果说心之所期和心之存主尤其体现为立"体",那么心之所之则特别表现于成"用"。在意识阈下,心之所之实为自由意志的活动。人们通常最易感受到它向外发散的场合是在道德实践领域,志率气而行义,仿佛出自先天律令,不容置疑且势不可当。此即孟子所言:"先立乎其大者,则其小者不能夺也。"(《告子上》)或表达具体一些:"居天下之广居,立天下之正位,行天下之大道。得志,与民由之;不得志,独行其道。富贵不能淫,贫贱不能移,威武不能屈。"(《滕文公下》)康德在道德研究中将实践 Vernunft 等同于自由意志,可能正是基于这样的洞察。往往被人们忽视的是自由意志在认知和体悟方面的功用,它是向内收敛的,支配精神活动趋向于更高乃至最高的统一性,趋向于一"主观原理"(康德)或"自性原型"(荣格)。"志"恰好还具有贮藏、内敛和凝聚之义,《荀子》中界定说:"人生而有知,知而有志。志也者,藏也。"(《解蔽》)儒道佛三家都注意到这方面的功用,孟子倡导"专心致志"(《告子上》),庄子赞赏"其心志,其容寂"(《大宗师》),慧能要求"志心谛听"(《坛经·般若品》)。庄子所讲的"心斋"就是志心听气而体道的过程,他还具体描述过自由意志的活动情状:"澹而静乎?漠而清乎?调而闲乎?寥已吾志,无往焉而不知其所至,去而来不知其所止。"(《知北游》)

如此看来,志既是体又是用,仿佛心灵中的"太极",其体是一,其用表现为一阴一阳之道,一翕一辟而成变,统领着心灵全域的活动。它不仅可以像王夫之那样表述为"性所自含",而且可以看作天命之性的核心或内核,因此称谓心灵第三层面或心灵超越感性、知性的第三种能力为"志性",实在是顺理成章。"志性"是将志作为天命之性、天赋能力,实际上已不同于理想、意志等,它是形而上的存在,后者则只是其具体表现。我们将它理解为心之本体，是潜藏于人类心灵深层的要求究天人之际、达于更高乃至最高的统一性（认识－体悟方面）和超越一切有限的现实事物、指归人生的理想境地（欲求－实践方面）的先天倾向或能力。前者缘于其蕴含自性原型，后者基于其体现为自由意志。

事实上，我国早有"志性"一词，已常用于人物品鉴，且多见于正史。如《晋书》卷十九称西戎中的吐谷浑王视连"幼廉慎，有志性"，含有理想、抱负之意；《梁书》卷四十四载徐妃之子方等慕庄周之志，感叹"鱼鸟飞浮，任其志性"，含有心之所期义；《魏书》卷六十四赞张彝"因得偏风，手脚不便，然志性不移"，含有意志强毅义。唐孙思邈撰《千金要方》，常运用于表示人的心力，如称"小蒜伤人志性"（卷七十九）。不过人们一般只是指个体心性或性情的特质，缺少深层的具有哲理意味的把握，如称某人"志性雅重""志性慷慨""志性抗烈"等。今天我们若基于哲学、心理学乃至生理学的成果而赋予它应有的丰富而深刻的内涵，有望使之恢复活力，焕发青春。因为它较之古往今来人们用以称谓心灵第三层面或第三种能力的"理性""灵性""智性"等均要适当一些。①

"理"字的本义为治玉，上古时人们将未经人工雕琢的玉石称为"璞"，按玉石的天然文理而治之，即是理。所以，"理"既指称事物固有的形式格局，又含有赋予事物以有序的形式之义。《论语》和《老子》中均无"理"字，至《墨子》《易传》才作为哲学概念。"理性"最初是动宾式的合成词，表示疏通性情之意，如徐干《中论·治学》中称"疏神达思，怡情理性"；后又作为联合式合成词，王通的《中说·立命》有"吾得之理性焉"之语，当是穷理尽性之化用。现今广泛使用的"理性"一词源于程朱理学，程颐曾言："性即理也，所谓理性是也。"（《二程遗书》卷二十二）现代学界赋予"理性"以多重含义，概而言之主要有两解：一是人所具有的合乎理的性，通常指理智、

---

① 当然，"志性"一词也有其弱点，如由多归一的趋向容易被忽视，内含形式因不明显，往往被认为是非理性的，等等。这与人们偏于将志性理解为意志而不是理想有关。

知性；二是某观念具有合理的性质，如逻辑性、合理性等。依前者，凡是出自知性的认识和评价一般是理性的，感性和心灵第三种能力正好与之对立，不容混淆；依后者，心灵要求和谐整一的倾向是理性的，因为它合乎清晰性、有序性、确定性等逻辑性兼备的尺度，要求自我实现的倾向则不然，往往展现个性与自由，充溢着浪漫气息，若用"理性"称谓第三层面，则忽略了非理性一维，不免以偏概全。也许正因为如此，服膺康德哲学且翻译过三大《批判》的牟宗三先生，也时常忌用"理性"一词指称他所谓"超知性的一层"。理性是心灵活动的形式因，本身并不具备动力因素和目的因素，一个人若排除了感性欲求和志性追求，他就类同于一台机器人。

"灵性"近于神性，不免神秘意味；在通常用法中外延小于神性，一般出现于认知或感悟的场合，与人的实践活动并无必然的联系。检索《四库全书》，在中国古代"子学"典籍中唯佛、道两家言及10余处，凡儒家典籍则不曾一见。如颜延之《庭诰》之二言及"灵性密微，可以积理"（梁释僧祐编《弘明集》卷十二），主要指人的思致；沈约《释迦文佛像铭》称"积智成朗，积因成业。……眇求灵性，旷追玄轸"（《广弘明集》卷十六），指的是佛家更为常用的"慧根"。

"智性"与知性有时可以通用，在《四库全书》收录的佛、道典籍中有30来处。儒家重智，多作为手段而非目的，以之服从于体知和践行仁德，故不用此词。王僧孺《礼佛唱导发愿文》写有"愿诸公主日增智性，弥长慧根"（《广弘明集》卷十五），为智、慧并举；沈约《佛知不异众生知义》解"觉"为"知（智）"，认为"众生之为佛性，实在其知（智）性常传也"（《广弘明集》卷二十二）；《三宝杂经出化序》称"灵照本同，皆有智性，卒莫反真"（《云笈七籤》卷三），是道教对佛教思想的吸收。这几例均指个体心灵的一种明觉能力，与灵性相似，因此智性的运用可称为灵照。在严格意义上，"智"不同于寻常之知，具有大清明的含义，所以佛家又有"转识成智"之说，以识为现象界所催生，多可明确言说；智则让本体界敞亮，超越语言："转识成智，不思议境，智照方明，非言诠所及。"（《五灯会元》卷十八）

灵性与智性可统称为悟性，"悟性"与"知性"一词的区别不太明显；虽然通常是指意识阈下的精神活动，同心灵第三层面密切相关，但偏于指称心灵的认知与体悟一端或聪明才智一面，德性与实践的意味则甚为淡薄。佛、道两家推崇的结果是言空言无，否定人类生存的现实和未来。如果人们普遍信从其说，必将导致退回到"同于禽兽居，族与万物并"（《庄子·马蹄》）的境地。虽然佛道之说有助于个体安顿灵魂，值得我们给予同情的理解，但毕竟不合人类历史的潮流和社会发展的趋势。由此可见，古代儒家不用此二词实为必然，今天我们若以之为心灵中与感性、知性相颉颃的第三种能力，必致学理失衡和价值偏移之弊。

志性可谓是心灵中的神性，它的觉醒意味着道的自觉自为，总是引导人们奔向理想的境界，统领着人类的认识和实践两种最基本的活动，显然它较之灵性与智性远为宽广。《孔子家语》讲"清明在躬，气志如神"，王阳明称颂先圣"精神流贯，志气通达，而无有乎人己之分、物我之间"（《传习录》中），其中当包含灵性或智性。从精神系统的深浅层次上看，志性是超理性的，亦如麦克斯·缪勒认为人的"信仰的天赋"超理性一样，尽管持科学主义观点者以之为非理性；就精神系统的两个维度而言，它又是理性与非理性的统一体，理想作为志性最为直接和纯粹的产物，清楚表现出不仅包含合规律性（基础在自性原型）的因素，而且兼具合目的性（基础在自由意志）因素。按照牛顿力学，宇宙仿佛是一架钟，依据非常有序的节律运行；而按照量子力学，宇宙更像是难以捉摸的云，时空可以伸缩，粒子的运动常常自由而无序；英国哲学家波普尔认为两种观点都有偏颇，主张宇宙的图景是云与钟的统一。人的心灵世界（小宇宙）也可如是观：理性似钟，自由意志是云，二者统一的根据是志性。这不由得让我们想起斯佩里在完成裂脑研究之后的感叹："继意识之后，自由意志也许是人脑第二个最宝贵的特性。"①

对于心灵第三层面即志性能力的开掘，能够较好地会通中、西、印三大哲学传统，切合现代心理学和脑科学前沿的相关研究成果，同时也

---

① 〔美〕罗杰·斯佩里：《脑功能进化中未解决的问题》，载〔英〕邓肯等编《科学的未知世界》。

构成一种解释人类文化的新维度。叔本华将生存意志主要理解为无休止的感性欲求，虽然赋予它本体地位但建立起一种悲观主义的哲学；人们一旦认识到较之意识更深的是体现天地之道的自由意志，哲学的性相就会出现质的改观。西方传统的知、情、意之分融入中国哲学转化为知、情、志之分①，它们不仅能标示过去、现在与未来，而且感性、知性与志性三层次刚好反映出人类观念系统的个体性、群体性与全人类性，在逻辑上体现了个别、特殊与一般。由于志性的集－起乃是体现坤道与乾道的两维，制约着感性层面的直观与体验、知性层面的认识和评价，这样形成的心灵结构便构成人类两种最基本的思维方式——收敛与发散，两种最基本的活动方式——认识与实践的先天基础。由此出发，将有可能顺理成章地解释科学、宗教与艺术等精神文化的由来和性相。

四 心灵第三层面的来由与体现

心灵的第三层面处在天人之际，属于集体无意识领域。依据中国传统哲学观念，它来源于天地之道，构成人的天地之性。中国哲学因此而具有突出的特点和优势，即本天道而行人道，依天德而树人德。这样一方面无须借助外在于己的神圣者而建立起稳固的价值系统，另一方面又能将人伦法则与宇宙法则贯通起来，不至于像印度佛学那样普遍否定现实人生（主张破除人我执），也不至于像康德哲学那样过度强调自由与必然的对立，导致以神圣者为人类心智的"公设"。对于中国哲学来说，头上的星空与胸中的道德律是可以贯通的，其联结点便是心灵第三层面。所谓"天命之谓性，率性之谓道"（《中庸》），正好揭示了人所具有的天地之性在其中的枢纽地位。

所谓天地之道又可以表述为乾、坤二道。生生之谓易，乾与坤为易之门户，或者说最基本的二元。按照《系辞上传》的论述，在天成象，在地成形，前者动而后者静，从中可见乾、坤二元一刚一柔的相摩相荡而促成万事万物的产生与发展，这就是"一阴一阳""一阖一辟"而变

---

① 康德正是继承了西方传统的知、情、意（志）的灵魂三分法而转化为感性、知性、Vernunft 的表述。

化不已之易道。乾、坤构成易道中既对立又统一的二维，它们各自具有不同的性质与功能："乾道成男，坤道成女"，有阳刚、阴柔之区别；"乾知太始，坤作成物"，有主导与执行的关系；"乾以易知，坤以简能"，一为事物变化的动力因，一为事物成形的形式因。① 变化是时间性的，故称"可久"；成形是空间性的，故称"可大"。落实于人，"可久则贤人之德"，是潜在的基础；"可大则贤人之业"，是显见的成就。"日新之谓盛德""富有之谓大业"，二者统一而实现了吻合易道的"开物成务"。所以无论是从自然万物的形成还是从人生德业的双修方面看，都体现了乾易、坤简的分立与和合，因此可以说，"易简，而天下之理得矣"。这些论述深刻而严密，我们从中不难发现这样的理路：

天－乾－动－刚—阳—辟－男－易－可久－德－开物……动力因
地－坤－静－柔－阴－阖－女－简－可大－业－成务……形式因

华夏民族的先哲所描述的二元对立不仅适合于解释自然万物的存在和发展样态，而且适合于分析人类的心体与性体。我们将心体理解为整个心灵系统，而性体则专指其中的天地之性部分，即心灵第三层面。几乎毋庸置疑的是，最能体现天地间生生不息之易道的天命之性当是志性而不是理性。从这种广阔的视域中，理性当属于坤顺之性，只是心性中的形式因。志性则不同，它支配着人们生命不息则奋斗不止，可谓是易道在心性中的直接体现；在日常生活中向外发散则寻求自我实现，体现着乾健精神，孟子之志便常是如此；在冥思活动中向内收敛则要求和谐整一，体现着坤顺精神，如庄子之志多为此类。值得注意的是，两种趋向都指归无限，都具有自由的属性。所以我们可以说，真正的自由不是任意而是任志。② 依据华夏民族的先哲之见，康德所谓实践 Vernunft 是乾道在心灵深层的体现者，理论 Vernunft 则是坤道在心灵深层的体现者，二者均属于天地之性，不过是一枚银币的两面而已。印度佛学所谓

---

① 请参见拙文《〈易传〉的"易简"新释——兼谈"易简而天下之理得"》，《周易研究》2007 年第 5 期。

② 请参见拙文《"任志"才是自由》，《社会科学》1996 年第 3 期。

"集-起"也可如是观。如果哪一天科学研究能解密人脑中的爬行动物脑的活动方式，中国哲学贯通天人的观念必将更能让人信服。

人类基于心灵的第三层面而追寻无限与绝对之域，这在艺术、宗教和哲学文化中表现最为明显。虽然我们难以认同黑格尔将宇宙演化史作为绝对理念表现自身的历史的观点，但在事实上不能不承认三者是涉足无限之域最多的文化形式。如何探究文化领域的第三层面呢？康德凭借其卓越的逻辑分析（属于知性）能力从各文化领域一些基本命题的二律背反中推论出它的存在，黑格尔则化身为绝对理念（超知性的对象）依据辩证逻辑且辅之以宏富的学识进行演绎式描述；我们在这里不妨换一种方式，尝试直接从文化事实本身进行剖析。

艺术与审美活动联系在一起，是人类的审美文化的主要部分。艺术形象源于艺术家对现实生活的审美观照，成为心灵化了的"第二自然"。陶渊明徜徉于东篱之中，菊花之淡雅，庐山之俊秀，雾岚之轻灵，归鸟之和鸣，一并诉诸感官，构成一幅悦耳悦目的生动画面，一方悦心悦意的生活空间；他陶醉了，忘我了，深切感受到这是理想的家园，蕴含着人生的真谛，但其奥妙却难以言说，不由得感叹："此中有真意，欲辨已忘言"（《饮酒》之五），进入超越语言的悦神悦志阶段。对于诗人来说，这种高峰体验决非孤例，陶渊明就有过多次诉说，如"纵浪大化中，不喜亦不惧"（《神释》），"俯仰终宇宙，不乐复何如？"（《读〈山海经〉》）；杜甫也曾慨叹："意惬关飞动，篇终接混茫。"（《寄高适、岑参三十韵》）艺术欣赏主要是对艺术形象的欣赏，它是一个心灵再创造的过程。诗僧冠九曾描述他读词的心理经验："是故词之为境也，空潭印月，上下一澈，屏知识也。清馨出尘，妙香远闻，参净因也。鸟鸣珠箔，群花自落，超圆觉也。"（《都转心庵词序》）不仅是读诗词，就是看小说，基于心灵的第三层面也能呈现悦神悦志的境层。梁启超谈到小说强大的精神感染作用时写道："夫既化其身以入书中矣，则当其读此书时，此身已非我有，截然去此界以入于彼界，所谓华严楼阁，帝网重重，一毛孔中万亿莲花，一弹指顷，百千浩劫……"（《论小说与群治之关系》）人们普遍认同美是形式与内容的统一，其实这只是美的基本特点之一，仅此美的作品其实赶不上许多自然物，所以艺术家们才追求巧夺天工；深入一层者更注意到美是合规律性与合目的性的统一，然而止步于此，并没有将美的作品与其他人工产品区分开来；所以应该更进一层看到，美是有限与无限的统一。后者才是美最基本的特点：科学是对有限的把握，宗教追寻无限而往往舍弃有限，艺术则将有限与无限、此岸与彼岸结合为有机的整体。审美活动指归于物我为一或天人合一，由于一而无对，所以是无限的境界；因为达到无限，所以才真正实现了精神的自由。

艺术还具体展现了心灵第三层面的二维。尼采形象地表述为酒神精神与日神精神。在他看来，酒神精神是整个情绪系统的总激发和总释放，是摆脱了一切束缚的激情的洪流，具有发散甚至扩张的性质；日神精神则代表造型力量，代表规范、界限和使一切野蛮或未开化的东西就范的力量，赋予事物以柔和的轮廓。酒神和日神都植根于人的至深本能，二者"酷似生育有赖于性的二元性，其中有着连续不断的斗争和只是间发性的和解"①。荣格的集体无意识理论中命名为"阴影"与"自性"的两个原型，同酒神与日神的功能颇为相似；参照《周易》的思想，二者恰好表现为乾易与坤简的对立和统一。早在尼采之前，歌德和席勒就有浪漫主义与古典主义之分，后来人们又将浪漫主义区分为积极的与消极的两种。这样人们更容易看出，浪漫主义艺术凸显了自由意志的升腾或跌宕，古典主义艺术则突出体现了自性原型的规范。在我国，艺术追求的最高境界是气韵双高，其中气盛则主辟，表现了乾健精神，形成阳刚之美，韵胜则主阖，表现了坤顺精神，形成阴柔之美。② 我国古代的艺术批评还创造了一对非常形象而贴切的名词：豪放与婉约，二者其实可以分别解读为豪而放——意志强毅且向外发散和婉而约——形式妍丽且向内收敛，等等。

西方曾有学者指出，艺术是最能体现完满人性的文化形式。的确，在审美和艺术活动中，人类心灵具有三层面和两系列的结构得到

---

① 〔德〕尼采：《悲剧的诞生》，第2页。
② 请参见拙著《气韵：艺术神态及其嬗变》，中国书籍出版社，2013，第一章："气韵理论的哲学基础"。

具体而鲜活的呈现，而且还便于人们透过形象世界窥见心灵第三层面的律动，因此它对人自身的揭示远远超出现代实验心理学的研究之所及。

宗教和哲学致力于营造人们的信仰领域，奠定人生安身立命的柱石，二者确有某种血缘关系。克罗齐曾指出："宗教是哲学，是正在形成过程中的、多少有点不完善的哲学。可是，哲学作为哲学，则是多少有些净化和精制的宗教……是绝对或永恒的宗教或思想。"① 这两种文化突出体现了人类超越有限而把握无限的志性追寻，用麦克斯·缪勒的话说是"信仰的天赋"。缪勒认为将人与其他动物区分开来的正是这种"心理能力或倾向"②，与王夫之的观点不谋而合："人之所以异于禽者，唯志而已矣。"（《思问录·外篇》）信仰既不能依据人的感性能力来解释，又超越了知性能力所能把握的范围。

最为显见的是，宗教和哲学都对宇宙和人生采用整体的视角，要求无所不该，无所不遍。《庄子》中批评道："不该不遍，一曲之士也。判天下之美，析万物之理，察古人之全，寡能备于天下之美，称神明之容。"（《天下篇》）日常生活中人们凭借感觉和思考能力，习惯于判分、解析和窥察，往往蔽于一曲，割裂道术，而哲人则要求视宇宙与人生为一体。《系辞上传》的作者期许："范围天地之化而不过，曲成万物而不遗，通乎昼夜之道而知故。"③ 这从科学实证的观点看，似乎是不自量力，可是它却是出自人类的天性。我们知道，各民族早期都有类似《旧约》中"创世记"的传说，且大都创造出全知全能的人格神，这类文化事实表明人类心灵深层存有共同的祈盼。

与之相关，宗教与哲学文化都力图穷究宇宙与人生的本根。宗教界一般很简易地处理了这个问题，归结为各民族自己的始祖或某种超自然的绝对存在，要求因信称义，无条件地信仰和服从其颁布的律令。哲学

---

① 〔意〕克罗齐：《美学原理·美学纲要》，第217页。
② 〔英〕麦克斯·缪勒：《宗教学导论》，第11页。
③ 〔美〕韩康伯注《易传》，将"知"与"故"断开，造成语不顺畅，宜纠正。"知故"即明其所以然。

界则提出各种方案，试图追溯形成天地万物的起点和存在于万事万物中的本体，并尽可能给予合乎逻辑的说明。对于这一绝对而永恒的存在，印度哲学通常谓之"梵"，华夏先哲命名为"道"或"太极"，欧洲传统哲学称之为"理式"或"理念"等。无论是超自然，还是内在于自然，这种绝对存在都具有超验的性质，在严格意义上既不可证实，又难以证伪。尽管如此，历史却证明这种文化是必要的；一方面能为人生奠定神圣的基石，让人站在整个族类的立场立法；另一方面还可滋生信念，引导人们对于物理世界的认知。

由于在广度和深度上都大大超出人的感性与知性能力，因此这一领域超越语言。人类发明语词，首先是为了区分不同的事物，于是具有相对性；其次是为了概括同类的事物，于是具有抽象性。基于前者，语言不可能确切标示绝对之物；基于后者，语言也难于描述事物的具体情状。无论有意识的区分还是概括，都是人类理解力的发挥，也就是理性的产物，所以无从指称那独一无二的、无限的存在。无怪乎老子喟叹："道可道，非常道；名可名，非常名"（《老子》第一章）；佛家意识到"拟向即乖"（《五灯会元》卷四）。威廉·詹姆斯甚至认为："在形而上学和宗教的范围内，只在我们说不出的对于实在之感已经倾向于这一个结论之时，说得出的理由才会使我们崇信。……我们用言语说出的哲学只是将它翻成炫耀的公式罢了。"① 当然，不能用言词确切表达并不等于放弃通过心灵切身体认。

就是在哲学的本体论中，也可见出第三层面的两维。哲学家们虽然都试图描述那莫得其偶的"一"，可是总不免在"力"与"数"之间游移。一般认为，西方文化源于古希腊文明与希伯来文明，总体上看，前者偏重形式的规范，后者偏重意志的屈伸，所以形成古希腊罗马哲学与中世纪哲学的分野；从文艺复兴到德国古典哲学，希腊哲学传统再度得势；至叔本华开启现代人本主义思潮，在某种意义上是在向中世纪回归，企求重新找回生存的根据，重建价值系统。就局部考察，古希腊哲学中就有偏重形式因（如毕达哥拉斯）和动力因（如赫拉克利特）的

---

① 〔美〕威廉·詹姆士：《宗教经验之种种——人性之研究》，第72页。

分野，德国近代哲学中又出现偏重理性（如黑格尔）和偏重意志（如叔本华）的对峙。特别是现代的人本主义思潮与科学主义思潮，它们在时间或空间、动或静等许多方面的不同偏重仿佛是乾、坤二道在哲学领域的显现。

即使是在科学领域，我们同样可以看到心灵第三层面发挥作用的踪影。它为科学研究提供不竭的动力源泉是显而易见的，马克思讲出了许多科学工作者的心声："科学绝不是一种自私自利的享乐。有幸能够致力于科学研究的人，首先应该拿自己的学识为人类服务。"① 它主导着思维的收敛与发散，为科学研究提供了基础条件已见前述。这里拟侧重谈谈由它滋生的信念可为科学发现导航的功能。大科学家的头脑中往往充盈着毕达哥拉斯主义精神，开普勒的科学论著很多是用乐谱写成的，因为他深信天体的运行会体现"几何上的完美"。爱因斯坦在发现狭义相对论后寻求广义相对论，建立广义相对论后又寻求统一场论，他总结自己的研究历程时写道："所有这些努力所依据的是，相信存在应当有一个完全和谐的结构。"② 这种信念肯定不是出自人的感受力和理解力，当是心灵中存有吻合自然根本法则的原始型式（自性原型）的呈现。特别是统一场论的探求，虽然迄今为止尚未得到证实，但却清楚地反映出心灵深层具有追寻更高乃至最高统一性的先天倾向。

人类在寻真、持善和求美的历史征程中建立起庞大的文化大厦，由于心灵第三层面是真善美三大价值的根基，所以它也是整个文化大厦得以建立的根基。

五　体认第三层面的方法与路径

心灵的第三层面看似无为，其实又无不为。一旦得到整体的呈现，个体就成为"天民"，"我（I）"字自然而然会大写，既自强又厚德；在社会活动中无须神授，必然主张自由、平等和博爱。如果人类的所有

---

① 转引自〔法〕保尔·拉法格等《回忆马克思恩格斯》，马集译，人民出版社，1973，第3页。

② 《爱因斯坦文集》第1卷，许良英等编译，商务印书馆，1976，第299页。

成员都有这样的自我觉醒，我们的社会该是多么美好！能否创造条件打开玄门，与之照面呢？古今中外一些哲人给予了肯定的回答，且所总结的反身内视的方法与路径多有异曲同工之妙，即采用"负的方法"或"减法"。

王弼解《老》，用"崇本以息末"（《老子注》）概括其精神，甚为贴切。本是道，其相无为；末是人的欲望和为它服务的观念和机巧，其相有为。本末之喻是将整个宇宙包括人类社会看作一棵大树，客观世界演化的进程是从本根生长出主干以及枝叶，体道的过程则正好是逆向的，要求舍弃枝叶而回归本根。但俗人舍本而逐末，一心追求欲望的满足，且孜孜不倦地积累与之相关的观念和机巧，即所谓"为学日益"；为道者正好相反，他关注的是本根的体认，所以不求日益，但求日损，"损之又损，以至于无为"（第四十八章），无为则近道矣。值得注意的是，在老子看来，道从心中来。他阐述的切身经验是："不出户，知天下；不窥牖，见天道。其出弥远，其知弥少。"（第四十七章）足不出户者是为道，其出弥远者是为学。后者向外求索，其实博而不知（道）；前者则是向心探寻，贵在逐渐减少乃至涤除繁杂的观念和欲念，敞亮或呈现其深层的情状。

《老子》中另有一段话清楚地描述了作者通过观照小宇宙而领悟大宇宙的过程："致虚极，守静笃。万物并作，吾以观其复。夫物芸芸，各复归其根。归根曰静，是谓复命。复命曰常，知常曰明。"（第十六章）"致虚"的途径就是清空所有既藏的东西，包括感性的欲念和知性的观念，于是心灵就成为一片虚空的区宇；"守静"方能抱一，静为躁君，归根则静；静则复命，复命则得性命之常。当然，其中还隐含着这样的心理过程：有起于虚，动起于静，心灵在至虚至静的时刻，万物以其自然样态一并呈现，周而复始的过程中显露出变化的轨迹；尽管万物有着千姿百态，其实都要回归其初始；静观其变化和所趋，就能发现其中恒存恒持的东西，此即常，也就是道，也就是一。观复则"知常"，知常便是大清明。由于"圣人抱一"，所以"为天下式"（第二十二章）。

老子所倡导的"日损"法，至庄子得到更为明晰而一贯的论述。这种"负的方法"旨在体认构成宇宙与人生本根的"一"，与日常生活包括科学活动中力图认知现象界的"多"存在质的区别。它超越逻辑推论的范畴，但也遵循合乎逻辑的行程，即有理路可寻。《庄子》一书多次谈到这种方法，最为值得品味的是所谓"心斋"与"坐忘"。

《人间世》假托仲尼教导颜回说："若一志，无听之以耳而听之以心；无听之以心而听之以气。耳止于听（从俞樾校改），心止于符。气也者，虚而待物者也。唯道集虚。虚者，心斋也。"何谓"心斋"？简言之即心灵达到虚静而让道得以呈现。具体一些分析，"耳"是感官的代表，感官一方面与无休止的欲望相关联，另一方面又让外部信息纷至沓来，常常会扰乱人的心灵的宁静；知解之"心"固然能认识事物，但局限于有限的领域，且往往服务于感性欲求，钻砺于功利机巧；因此，只有超越感性之"耳"和知性的"心"，才能达到无限的、个体与宇宙相通相洽的逍遥游的境界。这便是游于天地之一气，便是听气体道。

"坐忘"与"心斋"其实展现的是同一心理过程。"忘"是就过程而言；"斋"是就结果而言。《大宗师》也编了一个故事，讲述颜回多次向孔子汇报自己的修养心得，第一阶段是"忘仁义"，第二阶段进而"忘礼乐"，第三阶段终于达到"坐忘"。应孔子的要求，颜回解释说："堕肢体，黜聪明，离形去知，同于大通，此谓坐忘。"孔子听后不禁感慨："同则无好也，化则无常也。而果其贤乎！丘也请从而后也。"这段看似无端崖的叙述其实蕴含着严密的逻辑，剥露开来，庄子及其学派的思维模式清晰可见："离形"是摒弃感官欲念，使喜怒哀乐不入于胸次（无好）；"去知"是关闭引发知虑的见闻渠道，排除儒家宣讲的仁义之类滞理（无常）；通过这两重去蔽，心灵外生死而离是非，第三层面便得以敞亮，于是生命融入大化，同于大道。

老庄的这种方法在宋儒中得到毫不避讳的肯定和继承。邵雍主张"以物观物"，与庄子所讲"心斋"的理路如出一辙。陆九渊和王阳明都明确提倡"减担"法或"日减"法，以呈现他们所谓"本心"。不过，儒家讲得更多的是"寂然感通"与"诚明"，前者首见于《易传》，后者则出自思孟学派。

毋庸置疑，《周易》是先哲"近取诸身，远取诸物"（《系辞下传》）的产物，但决非如某些论者所讲的那样，只是来自对于社会和自然现象的经验归纳，而应该看作超验与经验相融合的创造。关键在于要注意其中的"身"还有指称心灵体悟的一面。由经验得出的命题一般是客观的，但未必是普遍的，圣人作《易》旨在弥纶天地之道，因而必然要沉潜于心灵深处。《系辞上传》正好有这样的描述："易无思也，无为也，寂然不动，感而遂通天下之故。非天下之至神，其孰能与于此？夫《易》，圣人之所以极深而研几也。唯深也，故能通天下之志；唯几也，故能成天下之务；唯神也，故不疾而速，不行而至。"由此可见，《易经》是圣人极深而研几的结晶。由于极深，所以能通达天下人的心之所期；由于研几，所以能成就天下的各种事务。将极深与研几合为一体而不露痕迹，既玄奥微妙又自然而然，可见其至神。推想《易经》之创作，当是圣人之心与易道相合，没有刻意地思虑，没有人为地造作，在寂然不动的状态中感而遂通天下之志和天地之道。无思与无为，是心灵深层敞亮的必要条件。

长期以来，学界广泛流行一种观念，认为寂然与感通是体与用的关系，严格说来并不确切。诚然，如果表述为"其体寂然，其用感通"，应该说并无纰漏；但若表述为"寂然是体，感通是用"则暴露出明显的破绽：寂然是形容词，描述的是一种状态，怎么能充当本体？本体当是圣人之心。寂然与其说是心之体，不如说是心之相，可理解为心灵虚一而静；感通是心之用，即感触浮现于心中的物事而直捷领悟宇宙人生的大道理。必须注意的是，感主要指收视反听的内感，只有在宽泛的意义上才包括感外物而起念。程颢曾指出："寂然不动，万物森然已具在；感而遂通，感则只是自内感，不是外面将一件物来感于此也。"（《二程遗书》卷十五）此说甚是。

由寂然而感通，其过程神妙莫测。黄宗羲在《明儒学案》中保存了不少这样的事例。其中罗念庵的一则描述甚为完整："当极静时，恍然觉吾此心中虚无物，旁通无穷，有如长空，云气流行，无有止极；有如大海，鱼龙变化，无有间隔。无内外可指，无动静可分；上下四方，往古来今，浑成一片，所谓无在而无不在。……'仁者浑然与物同体。'同体也者，谓在我者亦即在物，合吾与物而同为一体，则前所谓虚寂而能贯通，浑上下四方、往古来今、内外动静而一之者也。"（《明儒学案》卷十八)一旦进入心灵的第三层面,敞亮的是一派生机盎然的境界,似乎不用诗性的言语就无以传达那自由而和谐的体验。哲人与诗人因此而往往合为一体,如庄子、海德格尔等即是。

  儒家中的思孟学派崇尚"诚明",即由诚而明。他们所谓"诚者,天之道"就是指心灵向内凝聚为一点,此时以天合天,敞亮天理之本然,纯一而无伪,因此可以说不勉而中,不思而得,从容中道。儒、佛兼通的李翱对由诚而明有一段较好的描述:"诚而不息则虚,虚而不息则明,明而不息则照天地而无遗。非他也,此尽性命之道也。"(《复性书》上)在孟子看来,诚明就是通过尽心而知性以知天。"尽心"不宜像英国翻译家理雅各那样理解为"耗尽了心力"①,事实上孟子是主张"勿忘、勿助长"(《公孙丑上》)的②;也不宜像牟宗三先生那样理解为"充分实现他的本心"③,因为它并不具有实践的品格,属于圆照而非创生。孟子所谓尽心当是指反身回归心灵的深处,也就是他所讲的"反身而诚,乐莫大焉"(《尽心上》)。它是一种自由而愉悦的活动,因为深切感受到"万物皆备于我",万象森然于方寸之间。此时若能体认其性便了知天德,因为性为万物之一源,是心灵世界中与天接壤的部分。孟子对"尽心"的论述与《中庸》的思想相通相洽,《中庸》认为:"唯天下至诚,为能尽其性;能尽其性,则能尽人之性;能尽人之性,则能尽物之性;能尽物之性,则可以赞天地之化育;可以赞天地之化育,则可以与天地参矣。"

  尽心与诚明都是"反求诸己"(《孟子·离娄上》),是向内体认而非向外驰求。程颢曾谈道:"只心便是天。尽之便知性,知性便知天。当处便认取,更不可外求。"(《二程遗书》卷二上)刘宗周更撰专文讨论,认为道体本无内外,而学者自以所向分内外:所向在内,愈寻求愈归宿,亦愈发皇;所向在外,愈寻求愈决裂,亦愈消亡。他倡导"体认亲切":"学者须发真实为我心,每日孜孜汲汲,只辨在

---

① 理雅各译为"has exhausted all his mental constitution"。见于 James Legge, *The Works of Mencius*, 外语教学与研究出版社, 2011, 第 247 页。
② 《二程遗书》多次提及这一点。
③ 牟宗三:《智的直觉与中国哲学》, 第 162 页。

我家当：身是我身，非关躯壳；心是我心，非关口耳；性命是我性命，非关名物象数。"（《向外驰求说》）程、刘所言，当是直承孟子的思想。

印度哲学与宗教在反身叩问方面同中国哲学不分伯仲。在那里，瑜伽有着悠久的传统，《奥义书》便有记载。到《薄伽梵歌》出现，完成了瑜伽行法与吠檀多哲学的合一，其要旨是让精神不断收摄，止息杂念，使心神凝聚为一。钵颠阇梨所著的《瑜伽经》倡八支行法，通过持戒、精进、调息、摄心、凝神、入定等环节，以期达到"三昧"的最高境界。东晋高僧慧远曾解释道："夫三昧者何？专思、寂想之谓也。"（《念佛三昧诗集序》）瑜伽的思想广泛影响了印度各宗教，包括小乘佛教和大乘佛教；也为印度的正统哲学所认可，现代著名哲学家辨喜和奥罗宾多都同时是瑜伽大师，推动了瑜伽思想的现代发展和传播。

瑜伽讲究禅定，以为行、住、坐、卧皆可修。佛教尤重坐禅，也是要通过静心定神以发慧。相传释迦牟尼在菩提树下冥坐七天而开悟，可谓是佛家坐禅之始。经菩提达摩来东土大力倡导，形成中国佛教一个特有的宗派——禅宗。此宗宣称不立文字，教外别传，曾专以坐禅悟道为务，要求息虑凝神，明心见性。六祖慧能依靠自己的颖悟而深谙其中的佛理，他得衣钵后不得已向惠明传授了自己的切身经验，其具体过程是："屏息诸缘，勿生一念"，"不思善，不思恶"，如此冥坐一段时间，就有可能呈现自己的"本来面目"。事实确如他所说："汝若返照，密在汝边。"（《坛经·自序品第一》）

这种逐渐减担的"负的方法"看似神秘，其实合乎哲理。它是要排除屏障，直接与本体照面，迹近于胡塞尔所谓"现象学还原"。胡塞尔要求直面事物本身，因而倡导通过先验的还原即加括号的方法以达到去蔽的目的：一是"历史的括号法"，以排除一切传统知识的遮蔽，约略相当于庄子所谓"去知"；一是"存在的括号法"，以排除有关外部世界受限于时间和空间的直接知识，约略相当于庄子所谓"离形"。通过这两重去蔽，就有可能进行本质的还原，在流动不居的纯粹意识和现象中把握住恒常不变的本质和结构，此时"现象就是本质"，约略相当于中国哲学所讲的"即用即体"。

贺麟先生曾指出,柏格森的直觉主义思想与中国传统哲学存在相通之处。① 事实确是如此。柏格森所创的直觉主义与克罗齐所讲的直觉有着本质的区别,后者主要指感性直观,前者则要达到灵魂的感悟,可以称作一种"本体直觉"。在柏格森看来,知性是人们分解、认识事物的工具,它能帮助人们获得一些外在的、相对的知识,但不能把握生命和宇宙的整体,后者只有通过直觉才能获得。这种直觉是一种沉潜的心灵体验,"它使我们置身于对象的内部,以便与对象中那个独一无二、不可言传的东西相契合"②。达成这样的契合并非一蹴而就,其中有一个过程。柏格森还写道:"无论是绘画或雕刻,无论是诗或音乐,艺术的目的,都在于清除功利主义的象征符号,清除传统的社会公认的类概念,一句话,清除把实在从我们障隔开来的一切东西,从而使我们可以直接面对实在本身。"③ 功利属于感性层面,概念属于知性层面,必须通过这两重涤除,自由意志的活动才无滞无碍,绝对、无限之物才会朗然呈现。

在简略梳理了中、印、欧部分哲人体认心灵第三层面所循的路径之后,的确可以欣慰地说,东土西洋,心理攸同;古时现世,道术未裂。正所谓天下殊途而同归,圣贤百虑而一致。

综上所述,心灵的确存在超越感性和知性的第三层面,它是整个心灵活动起始和归宿的原点,向外发散时以自由意志显现,尤其在道德实践中表现突出;向内收敛时由自性原型制导,尤其在认知活动中表现明显。理想是它最为纯粹的外化,它绚丽多彩又兼具合规律性与合目的性,是真善美的统一体。整个心灵系统由于它的奠基变幻万千又能达成和谐。"问渠那得清如许?为有源头活水来!"(朱熹:《观书有感》之二)

近代以来,卢梭意识到人类知识大厦的欠缺而发出召唤,康德为此

---

① 贺麟:《现代西方哲学讲演集》,第 21 页。
② 洪谦主编《西方现代资产阶级哲学论著选辑》,商务印书馆,1964,第 137 页。
③ 伍蠡甫主编《西方文论选》下卷,第 278 页。

而投入了毕生的精力，在对心灵（小宇宙）的认识上实现了一次"哥白尼式的革命"。不过哥白尼提出的"日心说"不仅得力于伽利略等坚定的捍卫者，而且得益于开普勒那样勇敢的修正者。200多年过去了，康德关于心灵具有三层面且形成两系列的思想在当代同样需要捍卫和修正。但愿中外学界有一批志士投入这项工作，以推动人类认识自身的进程。

后　记

　　笔者自走上高校讲台之日起，便结合本职工作从文艺学、美学和哲学三个层次展开研究。在教学中深感人类心灵若无第三层面，人生的价值支柱便无以确立，精神家园就难以营造，人类高于动物界的自由定性就无所从来。品味先哲的思想遗产，尤其从我国的庄子和王夫之、西方的柏拉图和康德、印度佛学的瑜伽行派等处受惠良多，进而形成心灵为三层面、两系列的结构体的认知。以此为基础，先后写成美学、文艺学和中国哲学诸领域基础理论的系统性专著，所幸均得到学界同仁的好评。

　　心灵第三层面问题无疑是当代学界的前沿问题。窃意若抓住这个"牛鼻子"，当代人文研究必将开出新生面。2014年4月邀请武汉地区对于中、西、印三大文化传统造诣甚深的王先需教授、麻天祥教授、张廷国教授和刘为钦教授、杨彬教授等进行一次专题座谈，祈盼集思广益。与会专家列举了各种事例一致肯定探讨心灵第三层面对于当代人文诸学科的建设均有重要意义，但同时也中肯指出这一领域的探讨目前存在非常大的难度。这次座谈（《中国社会科学报》曾报道）促成笔者产生撰写一部专著的信心与决心。在此谨向当日与会的各位专家致以诚挚的谢意。

　　在撰写系列论稿期间，有幸认识法门寺的训导长隆慧法师。虽然僧俗殊途，观点不免歧异，但在关于当代人类精神家园的建构方面有许多相切点。隆慧法师尽其所能为笔者提供了大量印度佛学的原始资料，包括电子版《大藏经》和纸质多卷本《瑜伽师地论科句披寻记》等，一直令笔者感念。

后记

系列论稿分别发表于《哲学研究》《江汉论坛》等刊物，感谢这些刊物对于这项具有"探险"性质的研究的理解和支持。

拙著所以选择在社会科学文献出版社出版，是因为这家出版社具有强大的评审学术著作的实力，其背后拥有中国社会科学院一流专家团队的支持，而本书恰好主要是写给专家学者们看的。主管学术著作出版的宋月华编审自始至终表现出对于出版学术著作的热情和真诚，负责日常事务的杨春花女士也兢兢业业地及时上传下达，哲学宗教编辑室主任袁卫华博士在审阅拙稿时多有中肯的建议，其广博的学识和严谨的态度令人感佩。对他们的付出一并表示由衷的感谢。

胡家祥

2016 年 10 月 28 日

图书在版编目(CIP)数据

心灵第三层面探究/胡家祥著.--北京：社会科学文献出版社，2016.12
 ISBN 978-7-5097-9884-3

Ⅰ.①心… Ⅱ.①胡… Ⅲ.①心灵学-研究 Ⅳ.
①B846

中国版本图书馆 CIP 数据核字（2016）第 254790 号

心灵第三层面探究

著　　者 / 胡家祥

出 版 人 / 谢寿光
项目统筹 / 宋月华　杨春花
责任编辑 / 袁卫华

出　　版 / 社会科学文献出版社·人文分社（010）59367215
　　　　　地址：北京市北三环中路甲29号院华龙大厦　邮编：100029
　　　　　网址：www.ssap.com.cn
发　　行 / 市场营销中心（010）59367081　59367018
印　　装 / 三河市尚艺印装有限公司

规　　格 / 开 本：787mm×1092mm　1/16
　　　　　印　张：17.75　字　数：271千字
版　　次 / 2016年12月第1版　2016年12月第1次印刷
书　　号 / ISBN 978-7-5097-9884-3
定　　价 / 89.00元

本书如有印装质量问题，请与读者服务中心（010-59367028）联系

△ 版权所有 翻印必究